国家出版基金项目
NATIONAL PUBLICATION FOUNDATION

主　编　张宗亮
副主编　刘兴宁　袁友仁

大国重器

中国超级水电工程·糯扎渡卷

枢纽工程创新技术

刘兴宁　袁友仁　李仕奇　李宝全　等　编著

中国水利水电出版社
www.waterpub.com.cn
·北京·

内 容 提 要

本书系国家出版基金项目——《大国重器 中国超级水电工程·糯扎渡卷》之《枢纽工程创新技术》分册。本书共分为9章，对糯扎渡水电站勘测、设计、科研工作进行了系统总结，对其中的创新技术进行了重点阐述，本书主要包括综述、工程建设条件、心墙堆石坝、泄洪建筑物、引水及尾水建筑物、发电厂房建筑物、导截流建筑物、BIM应用、结语等内容。

本书可供大型水利水电工程设计、施工技术人员学习、参考，也可供相关领域科研人员及高等院校的师生参考。

图书在版编目（CIP）数据

枢纽工程创新技术 / 刘兴宁等编著. -- 北京 ： 中国水利水电出版社，2021.2
　（大国重器 中国超级水电工程. 糯扎渡卷）
　ISBN 978-7-5170-9456-2

Ⅰ. ①枢… Ⅱ. ①刘… Ⅲ. ①水利水电工程－水利枢纽－工程技术－云南 Ⅳ. ①TV752.74

中国版本图书馆CIP数据核字(2021)第040864号

书　　名	大国重器 中国超级水电工程·糯扎渡卷 枢纽工程创新技术 SHUNIU GONGCHENG CHUANGXIN JISHU
作　　者	刘兴宁 袁友仁 李仕奇 李宝全 等 编著
出版发行	中国水利水电出版社 （北京市海淀区玉渊潭南路 1 号 D 座　100038） 网址：www.waterpub.com.cn E-mail：sales@waterpub.com.cn 电话：（010）68367658（营销中心）
经　　售	北京科水图书销售中心（零售） 电话：（010）88383994、63202643、68545874 全国各地新华书店和相关出版物销售网点
排　　版	中国水利水电出版社微机排版中心
印　　刷	北京印匠彩色印刷有限公司
规　　格	184mm×260mm　16 开本　19.5 印张　475 千字
版　　次	2021 年 2 月第 1 版　2021 年 2 月第 1 次印刷
印　　数	0001—1500 册
定　　价	**190.00 元**

凡购买我社图书，如有缺页、倒页、脱页的，本社营销中心负责调换

版权所有·侵权必究

《大国重器　中国超级水电工程·糯扎渡卷》
编 撰 委 员 会

高级顾问　马洪琪　陈祖煜　钟登华

主　　任　张宗亮

副 主 任　刘兴宁　袁友仁　朱兆才　张　荣　邵光明
　　　　　　邹　青　严　磊

委　　员　张建华　李仕奇　武赛波　张四和　冯业林
　　　　　　董绍尧　李开德　李宝全　赵洪明　沐　青
　　　　　　张发瑜　郑大伟　邓建霞　高志芹　刘琼芳
　　　　　　曹军义　姚建国　朱志刚　刘亚林　李　荣
　　　　　　孙　华　张　阳　李　英　尹　涛　张燕春
　　　　　　李红远　唐良霁　薛　舜　谭志伟　赵志勇
　　　　　　张礼兵　杨建敏　梁礼绘　马淑君

主　　编　张宗亮

副 主 编　刘兴宁　袁友仁

《枢纽工程创新技术》
编 撰 人 员

主　　编　刘兴宁

副 主 编　袁友仁　李仕奇　李宝全　张四和　冯业林
　　　　　　赵洪明　沐　青　张发瑜

参编人员　郑大伟　岑黛蓉　邓建霞　严　磊　高志芹
　　　　　　顾亚敏　曹军义　李世杰　严铁军　杨子俊
　　　　　　刘琼芳　李函逾　邵天驰

　　土石坝是历史最为悠久的一种坝型，也是应用最为广泛和发展最快的一种坝型。据统计，世界已建的 100m 以上的高坝中，土石坝占比 76％以上；新中国成立 70 年来，我国建设了约 9.8 万座大坝，其中土石坝占 95％。

　　20 世纪 50 年代，我国先后建成官厅、密云等土坝；60 年代，建成当时亚洲第一高的毛家村土坝；80 年代以后，建成碧口（坝高 101.8m）、鲁布革（坝高 103.8m）、小浪底（坝高 160m）、天生桥一级（坝高 178m）等土石坝工程；进入 21 世纪，中国土石坝筑坝技术有了质的飞跃，陆续建成了洪家渡（坝高 179.5m）、三板溪（坝高 185m）、水布垭（坝高 233m）等高土石坝，标志着我国高土石坝工程建设技术已步入世界先进行列。

　　而糯扎渡心墙堆石坝无疑是我国高土石坝领域的国际里程碑工程。电站总装机容量 585 万 kW，建成时为我国第四大水电站，总库容 237 亿 m³，坝高 261.5m，为中国最高（世界第三）土石坝，比之前最高的小浪底心墙堆石坝提升了 100m 的台阶。开敞式溢洪道最大泄洪流量 31318m³/s，泄洪功率 6694 万 kW，居世界岸边溢洪道之首。通过参建各方的共同努力和攻关，在特高心墙堆石坝筑坝材料勘察、试验与改性，心墙堆石坝设计准则及安全评价标准，施工质量数字化监控及快速检测技术取得诸多具有我国自主知识产权的创新成果。这其中，最为突出的重大技术创新有两个方面：一是首次揭示了超高心墙堆石坝土料均需改性的规律，系统提出掺人工碎石进行土料改性的成套技术。糯扎渡天然土料黏粒含量偏多，砾石含量偏少，含水率偏高，虽然能满足防渗的要求，但不能满足超高心墙堆石坝强度和变形要求，因此掺加 35％的人工级配碎石对天然土料进行改性，提高了心墙土料的强度和变形模量，实现了心墙与堆石料的变形协调。二是研发了高土石坝筑坝数字化质量控制技术，开创了我国水利水电工程数字化智能化建设的先河。过去的土石坝施工质量监控采用人工旁站监理，工作量大，效率低，容易出现疏漏环节。在糯扎渡水电站建设中，成功研发了"数字大坝"信息技术，对大坝填筑碾压全过程进行全天候、精细化、在线实时监控，确保了总体积达 3400 余万 m³ 大坝优质施工，是世界大坝建设质量控制技术的重大创新。

糯扎渡提出的高土石坝心墙土料改性和"数字大坝"等核心技术，从根本上保证了大坝变形稳定、渗流稳定、坝坡稳定和抗震安全，工程蓄水至今运行状况良好，渗漏量仅为 15L/s，为国内外同类工程最小。系列科技成果大幅度提升了中国土石坝的设计和建设水平，广泛应用于后续建设的特高土石坝，如大渡河长河坝（坝高 240m）、双江口（坝高 314m），雅砻江两河口（坝高 295m）等。糯扎渡水电站科技成果获国家科技进步二等奖 6 项、省部级科技进步奖 10 余项，工程获国际堆石坝里程碑工程奖、菲迪克奖、中国土木工程詹天佑奖和全国优秀水利水电工程勘测设计金质奖等诸多国内外工程界大奖，是我国高心墙堆石坝在国际上从并跑到领跑跨越的标志性工程！

糯扎渡水电站不仅在枢纽工程上创新，在机电工程、水库工程、生态工程等方面也进行了大量的技术创新和应用。通过水库调蓄，对缓解下游地区旱灾、洪灾和保障航运通道发挥了重大作用；通过一系列环保措施，实现了水电开发与生态环境保护相得益彰；电站年均提供 239 亿 kW·h 绿色清洁能源，是中国实施"西电东送"的重大战略工程之一，在澜沧江流域形成了新的经济发展带，把西部资源优势转化为经济优势，带动了区域经济快速发展。因此，无论从哪方面来看，糯扎渡水电站都是名副其实的大国重器！

本卷丛书系统总结了糯扎渡枢纽、机电、水库移民、生态、工程安全等方面的科研、技术成果，工程案例具体，内容翔实，学术含金量高。我相信，本卷丛书的出版对于推动我国特高土石坝和水电工程建设的发展具有重要理论意义和实践价值，将会给广大水电工程设计、施工和管理人员提供有益的参考和借鉴。本人作为糯扎渡水电站建设方的技术负责人，很高兴看到本卷丛书的编辑出版，也非常愿意将其推荐给广大读者。

是为序。

中国工程院院士

2020 年 11 月

获悉《大国重器　中国超级水电工程·糯扎渡卷》即将付梓，欣然为之作序。

土石坝由于其具有对地质条件适应性强、能就地取材、建筑物开挖料利用充分、水泥用量少、工程经济效益好等优点，在水电开发中得到了广泛应用和快速发展，尤其是在西南高山峡谷地区，由于受交通及地形地质等条件的制约，土石坝的优势尤为明显。近30年来，随着一批高土石坝标志性工程的陆续建成，我国的土石坝建设取得了举世瞩目的成就。

作为我国水电勘察设计领域的排头兵，土石坝工程是中国电建昆明院的传统技术优势，自20世纪中叶成功实践了当时被誉为"亚洲第一土坝"的毛家村水库心墙坝（最大坝高82.5m）起，中国电建昆明院就与土石坝工程结下了不解之缘。80年代的鲁布革水电站心墙堆石坝（最大坝高103.8m），工程多项指标达到国内领先水平，接近达到国际同期先进水平，获得国家优秀工程勘察金质奖和设计金质奖；90年代的天生桥一级水电站混凝土面板堆石坝（最大坝高178m），为同类坝型亚洲第一、世界第二，使我国面板堆石坝筑坝技术迈上新台阶，工程获国家优秀工程勘察金质奖和设计银质奖。这些工程都代表了我国同时代土石坝建设的最高水平，对推动我国土石坝技术发展起到了重要作用。

而糯扎渡水电站则代表了目前我国土石坝建设的最高水平。该工程在建成前，我国已建超过100m高的心墙堆石坝较少，最高为160m的小浪底大坝，糯扎渡大坝跨越了100m的台阶，超出了我国现行规范的适用范围，已有的筑坝技术和经验已不能满足超高心墙堆石坝建设的需求。"高水头、大体积、大变形"条件下，超高心墙堆石坝在渗流稳定、变形控制、抗滑稳定以及抗震安全方面都面临重大挑战，需开展系统深入研究。以中国电建昆明院总工程师、全国工程勘察设计大师张宗亮为技术总负责的产学研用项目团队开展了十余年的研发和工程实践，在人工碎石掺砾防渗土料成套技术、软岩堆石料在上游坝壳的利用、土石料静动力本构模型、心墙水力劈裂机制、裂缝计算分析方法、成套设计准则、施工质量实时控制技术、安全综合评价体系等方面取得创新成果，均达到国际领先水平，确保了大坝的成功建设。大坝运行良好，渗流量和坝体沉降均远小于国内外已建同类工程，被谭靖夷院士评价为"无瑕疵工程"。

本人主持了糯扎渡水电站高土石坝施工质量实时控制技术的研发工作，建设过程中十余次到现场进行技术攻关，实现了高土石坝质量与安全精细化控制，成功建成我国首个数字大坝工程。

糯扎渡水电站工程践行绿色发展理念，实施环保、水保各项措施，有效地保护了当地鱼类和珍稀植物，节能减排效益显著，抗旱、防洪、通航效益巨大，带动地区经济发展成效显著，这些都是这个工程为我国水电开发留下来的宝贵财富。糯扎渡水电站必将成为我国水电技术发展的里程碑工程！

本卷丛书是作者及其团队对糯扎渡水电站研究和实践的系统总结，内容翔实，是一套体系完整、专业性强的高水平科研工程专著。我相信，本卷丛书可以为广大水利水电行业专业人员提供技术参考，也能为相关科研人员提供更多的创新性思路，具有较高的学术价值。

中国工程院院士　钟登华

2021 年 1 月

前　言

　　糯扎渡水电站是澜沧江中下游河段梯级规划"二库八级"中的第五级。工程以发电为主，并兼有下游景洪市（距坝址下游约 110km）的城市、农田防洪及改善下游航运等综合利用任务。电站装机容量 585 万 kW，是我国已建第四大水电站、云南省境内最大电站。电站保证出力 240.6 万 kW，多年平均年发电量 239.12 亿 kW·h，相当于每年为国家节约 956 万 t 标准煤，减少二氧化碳排放 1877 万 t。水库总库容 237.03 亿 m³，具有多年调节特性。枢纽工程由心墙堆石坝、左岸开敞式溢洪道、左岸泄洪隧洞、右岸泄洪隧洞、左岸地下引水发电系统等组成。心墙堆石坝最大坝高 261.5m，为国内已建最高土石坝，居世界第三；开敞式溢洪道规模居亚洲第一，最大泄洪流量 31318m³/s，泄洪功率 5586 万 kW，居世界岸边溢洪道之首；地下主、副厂房尺寸418m×29m×81.6m，地下洞室群规模居世界前列。糯扎渡水电站是世界极具代表性的土石坝枢纽工程。

　　中国电建集团昆明勘测设计研究院有限公司 1984 年启动糯扎渡水电站规划工作，30 多年来，得到各级领导、专家和建设各方单位的关心、帮助和信任。昆明院的项目团队发扬"团结、拼搏、敬业"精神，扎实努力工作；认真贯彻落实"保证工程安全、准确认识自然、注重节能环保、节约自然资源、做好移民安置、推进技术创新、降低工程造价、提高综合效益"的工程设计理念；与高等院校、科研院所团结协作，立足高起点，借助中外经验，博采众长，精心设计，按照以企业为主体，"产、学、研、用"相结合的模式，凝聚众多水电科技工作者的集体智慧；攻克了人工砾石土心墙防渗土料成套工程技术等许多世界级的技术难题，取得数字大坝—质量与安全控制信息管理系统等诸多创新成果，谱写了中国水电工程技术的华美篇章。

　　糯扎渡水电站工程建设质量及运行状况优良，技术创新成果突出，获得国家科技进步奖 6 项，省部级科技进步奖 8 项；获中国土木工程詹天佑奖、堆石坝国际里程碑工程奖、FIDIC 项目优秀奖。工程比计划提前两年完成，取得直接经济效益约 46 亿元，发电收益约 152 亿元；为澜沧江古水、如美，金沙江其宗，雅砻江两河口，大渡河双江口、长河坝等超高土石坝枢纽工程勘测设计、科研及建设提供了科技支撑和实践经验，推广应用价值显著；获得了十多家业主、审查、设计、科研、建设、运行单位的高度评价。具有中国独立自主知识产权的超高土石坝枢纽建设技术，对我国在黄河上游、大渡河、金沙江、澜沧江、雅砻江上游及怒江等西部地区即将兴建的 20 余座 300m 超高土石坝枢纽工程具有重大引领和重要借鉴作用。

本书总结了超高心墙堆石坝筑坝成套技术，高水头、大泄量泄洪消能设计研究，大型水电站分层取水进水口设计研究，大型地下厂房洞室群开挖支护设计研究，大流量、高流速、高落差山区河流导截流设计研究等 20 余项创新研究成果，以期对我国同类工程提供参考。

本书第 1 章由刘兴宁执笔，第 2 章由杨子俊、李宝全执笔，第 3 章由袁友仁、邓建霞执笔，第 4 章由郑大伟、冯业林、顾亚敏执笔，第 5 章由赵洪明、高志芹、严铁军执笔，第 6 章由沐青执笔，第 7 章由李仕奇、张发瑜、刘琼芳、岑黛蓉执笔，第 8 章由严磊、刘兴宁执笔，第 9 章由刘兴宁执笔；全书由刘兴宁统稿，刘兴宁、赵洪明、沐青、刘琼芳审稿。

本书所引用的很多成果是昆明院在糯扎渡水电站可行性研究、招标施工图设计实施阶段完成的各专项设计、专题和科研成果，其中包含了很多科研合作单位，如清华大学、天津大学、武汉大学、大连理工大学、四川大学、河海大学、昆明理工大学、中国水利水电科学研究院、南京水利科学研究院及中国科学院武汉岩土力学研究所等，各项成果的形成均得到了水电水利规划设计总院以及电站建设单位——华能澜沧江水电有限公司等的大力支持和帮助，在此谨对以上单位表示诚挚的感谢！

本书编写过程中得到了中国电建集团昆明勘测设计研究院有限公司各级领导和同事的大力支持和帮助，在此一并表示衷心感谢！

限于编者水平，疏漏和不足之处在所难免，恳请广大读者批评指正！

编者

2019 年 10 月

目　录

序一

序二

前言

第1章　综述 ………………………………………………………………………… 1

1.1　工程概况 …………………………………………………………………… 2

1.2　坝址选择 …………………………………………………………………… 3

1.3　坝型比选 …………………………………………………………………… 4

1.4　大坝安全运行现状 ………………………………………………………… 4

1.5　枢纽布置 …………………………………………………………………… 4

第2章　工程建设条件 …………………………………………………………… 7

2.1　水文气象条件 ……………………………………………………………… 8

2.2　主要工程地质条件 ………………………………………………………… 9

2.2.1　主要工程地质问题及评价 …………………………………………… 10

2.2.2　工程地质分区 ………………………………………………………… 15

2.2.3　进水口及溢洪道开挖料和填坝料详细勘察 ………………………… 16

2.2.4　坝基右岸断层渗透变形现场试验 …………………………………… 18

2.2.5　高压压水试验 ………………………………………………………… 20

2.2.6　水压致裂三维地应力测试 …………………………………………… 25

第3章　心墙堆石坝 ……………………………………………………………… 29

3.1　坝料试验方法和坝料设计 ………………………………………………… 30

3.1.1　坝料数值试验方法 …………………………………………………… 30

3.1.2　坝料试验内容及合理组数研究 ……………………………………… 31

3.1.3　坝料设计标准及指标要求 …………………………………………… 32

3.2　坝体结构与坝料分区设计研究 …………………………………………… 37

3.2.1　心墙型式比较 ………………………………………………………… 37

3.2.2　坝体分区设计 ………………………………………………………… 39

3.2.3　软岩堆石料的合理利用 ……………………………………………… 42

3.2.4　坝基混凝土垫层设计 ………………………………………………… 43

3.3 静力计算分析及变形和稳定控制 ·· 44
　3.3.1 堆石料的本构模型和变形计算方法的总结和改进 ··············· 44
　3.3.2 坝料流变特性及计算方法 ·· 48
　3.3.3 坝料湿化变形特性及计算方法 ·· 49
　3.3.4 坝料接触面试验及本构模型 ··· 51
　3.3.5 坝体变形反演分析方法 ·· 53
　3.3.6 心墙水力劈裂机理及计算分析 ·· 54
　3.3.7 坝坡稳定分析方法总结及改进 ·· 57
3.4 大坝抗震分析及工程抗震措施 ·· 61
　3.4.1 地震反应分析方法总结 ·· 61
　3.4.2 地震永久变形计算分析方法总结 ······································ 62
　3.4.3 抗震措施 ··· 63
　3.4.4 抗震安全评价 ·· 64
3.5 大坝防渗设计及渗流控制 ··· 65
　3.5.1 防渗心墙土料的防渗性能及渗透系数指标 ·························· 65
　3.5.2 防渗心墙土料的抗渗性能及抗渗性能指标 ·························· 66
　3.5.3 防渗心墙土料的填筑压实性能及填筑指标 ·························· 66
　3.5.4 岩基防渗帷幕控制指标的影响因素 ···································· 68
　3.5.5 坝基防渗处理要求 ·· 69
　3.5.6 渗流安全评价 ·· 69
3.6 人工碎石掺砾土料成套施工工艺 ·· 72
3.7 电站工程"数字大坝"系统 ··· 74
　3.7.1 系统功能开发与实现 ··· 74
　3.7.2 "数字大坝"综合信息集成 ·· 76
　3.7.3 现场压实质量检测方法研究 ··· 78
3.8 大坝安全评价与预警系统 ··· 79
　3.8.1 整体结构 ··· 79
　3.8.2 模块简述 ··· 79
3.9 主要设计特点及创新技术 ··· 82

第4章 泄洪建筑物 ··· 83
4.1 泄洪建筑物布置 ··· 84
　4.1.1 泄洪建筑型式选择 ·· 84
　4.1.2 泄洪建筑物运行组合及泄量分配 ····································· 84
4.2 溢洪道 ·· 85
　4.2.1 溢洪道布置方案优选 ··· 85
　4.2.2 新型预应力闸墩运用及溢流堰面优化研究 ························· 88
　4.2.3 基础处理 ··· 93

4.2.4 掺气减蚀措施研究 ･･････････････････ 94

4.2.5 消能防冲 ････････････････････････ 96

4.2.6 消力塘护岸不护底优化研究 ･････････････ 99

4.2.7 溢洪道抗冲磨混凝土及温控防裂研究与实践 ･･･ 108

4.2.8 泄洪雾化研究 ･････････････････････ 113

4.2.9 溢洪道高边坡设计 ･･･････････････････ 116

4.2.10 原型观测检验与对比分析 ･･･････････････ 120

4.3 左岸及右岸泄洪隧洞 ･････････････････････ 123

4.3.1 左岸及右岸泄洪隧洞布置方案优选 ･･･････････ 123

4.3.2 泄洪隧洞掺气减蚀研究 ･･･････････････ 126

4.3.3 挑流鼻坎体型比选 ･･･････････････････ 130

4.3.4 通风减噪研究 ･････････････････････ 131

4.3.5 原型观测检验与对比分析 ･･･････････････ 133

4.4 主要设计特点及创新技术 ･･･････････････････ 138

第5章 引水及尾水建筑物 ･････････････････････ 141

5.1 引水建筑物布置 ･･･････････････････････ 144

5.1.1 电站进水口 ･･･････････････････････ 144

5.1.2 引水隧洞 ･････････････････････････ 144

5.1.3 压力钢管 ･････････････････････････ 146

5.2 尾水建筑物布置 ･･･････････････････････ 146

5.2.1 尾水支洞 ･････････････････････････ 146

5.2.2 机组尾水检修闸门室 ･････････････････ 147

5.2.3 尾水调压室 ･･･････････････････････ 148

5.2.4 尾水隧洞 ･････････････････････････ 148

5.2.5 尾水出口建筑物 ･･･････････････････ 150

5.2.6 尾水出口边坡 ･････････････････････ 151

5.3 分层取水设计研究 ･････････････････････ 151

5.3.1 分层取水的由来 ･･･････････････････ 151

5.3.2 水库运行方式 ･････････････････････ 151

5.3.3 水库分层取水控制水位的选择 ･･･････････ 152

5.3.4 分层取水型式研究 ･･･････････････････ 152

5.3.5 叠梁闸门多层取水水力计算及水工模型试验研究 ･･･ 158

5.3.6 分层取水结构数值仿真分析 ･･･････････････ 163

5.4 尾水调压室设计研究 ･･･････････････････ 167

5.4.1 型式选择 ･････････････････････････ 167

5.4.2 调压室布置 ･･･････････････････････ 170

5.4.3 水力过渡过程数值计算与模型试验 ･･･････････ 171

　　　　5.4.4　尾水调压室复杂结构有限元分析研究 ································ 177

　　5.5　主要设计特点及创新技术 ·· 181

第6章　发电厂房建筑物 ·· 185

　　6.1　发电厂房建筑物总体布置 ·· 186

　　6.2　地下厂房永久洞室群布置 ·· 187

　　　　6.2.1　主洞室轴线的设计研究 ·· 187

　　　　6.2.2　地下厂房洞室群布置及间距 ······································ 187

　　6.3　地下厂房永久洞室群围岩稳定分析及开挖支护设计研究 ·········· 189

　　　　6.3.1　开挖支护设计的基本方案 ·· 189

　　　　6.3.2　围岩稳定分析 ·· 192

　　　　6.3.3　开挖支护动态设计 ·· 197

　　6.4　发电厂房主要建筑物结构 ·· 204

　　　　6.4.1　地下主厂房结构布置 ·· 204

　　　　6.4.2　吊车梁结构设计 ·· 205

　　　　6.4.3　蜗壳结构设计 ·· 207

　　　　6.4.4　机墩结构设计 ·· 213

　　　　6.4.5　风罩结构设计 ·· 213

　　　　6.4.6　机墩蜗壳结构共振研究 ·· 214

　　　　6.4.7　厂区防渗排水系统设计 ·· 217

　　　　6.4.8　钢网架设计 ··· 219

　　6.5　主要设计特点及创新技术 ·· 220

第7章　导截流建筑物 ·· 223

　　7.1　施工导流规划设计 ·· 224

　　　　7.1.1　导流方式 ··· 224

　　　　7.1.2　导流标准 ··· 224

　　　　7.1.3　导流程序 ··· 224

　　7.2　导截流建筑物布置 ·· 226

　　　　7.2.1　导流布置方案研究 ·· 226

　　　　7.2.2　导流隧洞布置 ·· 227

　　　　7.2.3　围堰布置 ··· 228

　　7.3　导流隧洞开挖、支护及结构设计研究 ··································· 229

　　　　7.3.1　导流隧洞断面型式比较 ·· 229

　　　　7.3.2　导流隧洞开挖支护研究 ·· 229

　　　　7.3.3　导流隧洞结构分析 ·· 233

　　7.4　围堰设计研究 ·· 234

　　　　7.4.1　围堰堰型选择 ·· 234

　　　　7.4.2　围堰结构设计研究 ·· 234

7.4.3　围堰防渗设计研究 ·································· 238

7.5　截流规划设计 ·· 239

7.5.1　截流时段及流量分析 ························· 239

7.5.2　截流水力学计算 ······························· 240

7.5.3　截流模型试验 ··································· 240

7.5.4　截流水力学指标分析 ························· 240

7.5.5　截流方案设计研究 ····························· 241

7.6　导流隧洞封堵及堵头设计研究 ····················· 242

7.6.1　导流隧洞封堵设计规划 ······················ 242

7.6.2　导流隧洞封堵体设计 ························· 244

7.7　主要设计特点及创新技术 ···························· 247

第 8 章　BIM 应用 ··· 249

8.1　BIM 应用总体思路 ······································ 250

8.2　规划设计阶段 BIM 应用 ······························ 251

8.2.1　数字化协同设计流程 ························· 251

8.2.2　基于 GIS 的三维统一地质模型 ············ 251

8.2.3　多专业三维协同设计 ························· 252

8.2.4　CAD/CAE 集成分析 ························· 253

8.2.5　施工总布置与总进度 ························· 253

8.2.6　三维出图质量和效率 ························· 257

8.2.7　数字化移交 ····································· 258

8.3　工程建设阶段 BIM 应用 ······························ 260

8.4　运行管理阶段 BIM 应用 ······························ 262

第 9 章　结语 ··· 265

9.1　工程设计特点 ··· 266

9.2　工程主要技术创新 ······································ 268

9.2.1　勘察主要技术创新 ····························· 268

9.2.2　心墙坝主要技术创新 ························· 268

9.2.3　泄洪消能主要技术创新 ······················ 272

9.2.4　引水发电主要技术创新 ······················ 273

9.2.5　导截流主要技术创新 ························· 274

9.2.6　数字化技术集成创新应用 ··················· 274

主要参考文献 ··· 276

索引 ··· 279

第 1 章

综述

1.1 工程概况

澜沧江发源于青藏高原唐古拉山，流经青藏高原横断山脉及云贵高原西部，由北向南经青海、西藏进入云南，从云南省西双版纳傣族自治州流出中国国境，出境后称湄公河，是一条国际性河流。澜沧江在我国境内河长约 2161km，落差约 5000m，流域面积 16.44 万 km²，其中云南省境内长 1240km，落差 1780m。澜沧江大部分位于深山峡谷，沿江无重要城镇、工矿等制约因素，淹没田地及迁移人口较少，流域内植被良好，水量丰沛而且稳定，水能资源十分丰富，是我国水能资源之"富矿"。

澜沧江中下游河段有良好的坝址位置，开发条件尤为优越。经对澜沧江中下游河段进行大量的地勘、测绘、选点和规划后，中国电建集团昆明勘测设计研究院有限公司（以下简称"昆明院"）完成了功果桥—南阿河口的"二库八级"方案，并经过审批。

糯扎渡水电站位于云南省普洱市境内，是澜沧江中下游河段梯级规划"二库八级"中的第五级，距昆明直线距离 350km，距广州 1500km，作为国家实施"西电东送"的重大战略工程之一，对南方区域优化电源结构、促进节能减排、实现清洁发展具有重要意义。

糯扎渡水电站工程以发电为主，兼有下游景洪市（坝址下游约 110km）的城市、农田防洪，改善航运，发展旅游、渔业等综合利用任务。水库建成后，景洪市远景（2030年）防洪能力将达到 100 年一遇洪水标准。通过水库调节，枯期流量的增加和汛期流量的减少，对下游河段通航条件有较大的改善作用，有利于促进澜沧江—湄公河国际航运的发展，还可发展渔业、库区旅游业等产业，将有利于促进库区及周边地区社会经济的发展。

水电站总装机容量 585 万 kW，建成时是我国已建第四大水电站、云南省境内最大电站。水电站保证出力 240.6 万 kW，多年平均年发电量 239.12 亿 kW·h，其中汛期发电量 125.18 亿 kW·h（占 52.35%），枯期发电量 113.94 亿 kW·h（占 47.65%）。相当于每年为国家节约 956 万 t 标准煤，减少二氧化碳排放 1877 万 t。

水库正常蓄水位 812.00m，死水位 765.00m，正常蓄水位以下库容 217.49 亿 m³，死库容 104.14 亿 m³，调节库容 113.35 亿 m³，库容系数 0.21，具有多年调节能力。水库汛期防洪限制水位 804.00m，防洪高水位 810.69m（洪水频率 $P=1\%$），相应防洪库容 20.02 亿 m³；大坝设计洪水位（洪水频率 $P=0.1\%$）810.92m，校核洪水位（PMF）817.99m，水库总库容 237.03 亿 m³。

水电站的装机大，并具有良好的多年调节性能，发电效益显著。可行性研究设计阶段提出水电站的供电范围为三个区域，分别为泰国和我国的广东、云南两省。因供电泰国实施受阻，水电站建成后实际供电范围为云南和广东两省。

水电站以 500kV 一级电压等级接入系统，出线三回，接入普洱换流站（普洱换流站经 ±800kV 直流线路送电广东江门侨乡换流站，普侨直流线路全长 1413km，额定输送容量 500 万 kW；普洱换流站另有两回 500kV 交流接云南思茅变）。水电站电力输送广东约 3000MW，其余留存云南省消纳，是云南省电力系统中的主力电站，在系统中承担腰荷、调峰、调频和事故备用的任务。

糯扎渡水电站枢纽工程由心墙堆石坝、左岸开敞式溢洪道、左岸泄洪隧洞、右岸泄洪隧洞、左岸地下引水发电系统等组成。心墙堆石坝最大坝高261.5m，为国内已建最高土石坝，居世界第三；开敞式溢洪道规模居亚洲第一，最大泄流量为31318m³/s，泄洪功率为5586万kW，居世界岸边溢洪道之首；地下主、副厂房尺寸为418m×29m×81.6m，地下洞室群规模居世界前列，是世界极具代表性的土石坝枢纽工程。糯扎渡水电站枢纽工程见图1.1-1。

图1.1-1 糯扎渡水电站枢纽工程

1.2 坝址选择

在工程规划阶段，比较了营盘山（小橄榄坝）坝段与糯扎渡坝段之后，选定糯扎渡坝段。

糯扎渡坝段位于云南省普洱市（左岸）和澜沧县（右岸）交界河段。坝段位于思澜公路里程碑K96～K102范围。K98～K102为上坝址，K96～K98为下坝址。上、下坝址首尾衔接。在所选坝段的上、下游不具备选择更好坝址的地形、地质条件。

在预可行性研究阶段前期，根据已获得的地质勘探成果，初步认为该工程上、下两个坝址的地质条件能适应建高混凝土重力坝和堆石坝两种坝型。所以确定在上、下游两个坝址同时开展两种基本坝型的枢纽布置研究。从地形、地质、枢纽布置、施工条件、工程造价等方面综合比较，下坝址优于上坝址，故推荐选用下坝址。

大坝坝基开挖后揭示的工程地质条件同前期勘察结论吻合。心墙坝基除顶部有少量沉积角砾岩外，其余部位均为花岗岩，以弱风化下部为主，岩体质量为Ⅲa类、Ⅲb类为主，建基面岩体满足设计要求。

1.3　坝型比选

根据下坝址的地形、地质条件，选择混凝土重力坝和心墙堆石坝两种坝型进行比较。

重力坝枢纽采用坝身泄洪，全部洪水从坝身表、中、底孔下泄，并采用挑流和消力塘联合消能，发电厂房布置在左岸地下的枢纽布置方案。坝基开挖及地基处理、大坝体形和坝身泄水孔口布置基本合理，坝体应力和坝基抗滑稳定安全性满足规范要求。混凝土重力坝方案水流归槽较好，但右岸坝基岩体风化深，构造发育，特别是构造软弱岩带顺河分布，最大宽度达100m 左右，带内岩体破碎，强度低，工程地质条件很差，处理的难度和工程量都很大。

心墙堆石坝枢纽采用左岸岸边溢洪道、左右岸各一条泄洪隧洞及左岸地下厂房的枢纽布置方案。最大泄量的 83.4% 从溢洪道下泄。堆石坝枢纽布置方案利用左岸有利地形条件，布置岸边开敞式溢洪道，使下游消能区远离堆石坝坝脚，易于保证泄洪安全。

从枢纽建筑物布置、泄洪消能安全性、大坝应力与稳定条件、地基及边坡处理措施的可靠性和工程量等方面综合比较，选择心墙堆石坝坝型。

1.4　大坝安全运行现状

2012 年 8 月 23 日，糯扎渡水电站首台机组投产发电。2014 年 6 月 26 日，电站 9 台机组全部投产发电，截至 2020 年年底，机组安全运行 3052 天，对云南省培育以水电为主的电力支柱产业、打造国家清洁能源基地和带动地方经济社会发展发挥着重要作用。

2014 年 12 月 14 日，枢纽工程竣工安全鉴定工作圆满完成。由中国水电工程顾问集团有限公司组织的安全鉴定专家组研究分析后，认为水电站枢纽工程可以安全运行，具备竣工专项验收条件。

2016 年 5 月 18 日，枢纽工程顺利通过国家发展和改革委员会组织的竣工专项验收。

2013—2017 年，工程 4 次经受了正常蓄水位 812.00m 考验，挡水水头 252.00m，根据安全监测资料分析与反馈计算，枢纽工程、机电工程及水库库岸各项安全监测指标与设计吻合较好，工程运行良好，在中国工程界有良好的信誉和品牌优势。

各建筑物安全监测成果表明，应力、变形、渗流与设计吻合较好，大坝渗流量仅 5L/s左右，坝体最大沉降 4.2m，占最大坝高的 1.6%，坝顶最大沉降仅 0.8m，远小于国内外已建同类工程，大坝运行良好。

1.5　枢纽布置

糯扎渡水电站枢纽建筑物由心墙堆石坝、左岸开敞式溢洪道、左右岸泄洪隧洞、左岸地下引水发电系统及地面副厂房、出线场、下游护岸工程等组成。

心墙堆石坝坝顶高程为 821.50m，坝体基本剖面为中央直立心墙型式，心墙两侧为反滤层，反滤层以外为堆石体坝壳。坝顶宽度为 18m，心墙基础最低建基面高程为560.00m，上游坝坡坡度为 1∶1.9，下游坝坡坡度为 1∶1.8。

开敞式溢洪道布置于左岸平台靠岸边侧部位，溢洪道水平总长 1445m，宽 151.5m。

引渠底板高程为 775.00m，共设 8 个 15m×20m（宽×高）表孔，每孔均设检修门槽和弧形工作闸门，溢流堰顶高程为 792.00m，堰高 17m，采用挑流并预挖消力塘消能。

左岸泄洪隧洞进口底板高程为 721.00m，全长 950m。有压段为内径 12m 的圆形断面，工作闸门为 2 孔，孔口尺寸为 5m×9m。无压段断面为城门洞形，宽 12m，高 16～21m，其后段与 5 号导流隧洞结合，出口采用挑流消能。

右岸泄洪隧洞进口底板高程为 695.00m，平面转角 60°，全长 1062m。有压段为内径 12m 的圆形断面，工作闸门为 2 孔，孔口尺寸为 5m×8.5m。无压段断面为城门洞形，宽 12m，高 18.28～21.5m，出口采用挑流消能。

水电站进水口引渠长 130～210m，底宽为 225m，底板高程为 734.50m。进水塔长度为 225m，塔顶部位因布置门机轨道需要，加长至 236.2m，塔体顺水流方向宽 35.2m，最大高度为 88.5m，塔顶高程同大坝坝顶高程为 821.50m。为了减免下泄低温水对下游水生生物的影响，进水口利用检修拦污栅槽设置叠梁门进行分层取水。顺水流向依次布置工作拦污栅、检修拦污栅（叠梁闸门）、检修闸门、事故闸门和通气孔；按单机单管布置 9 条引水道，单机引用流量为 381m³/s，引水道的直径为 9.2～8.8m。

地下主、副厂房总长 418m，跨度 29m（吊车梁以下），顶拱跨度 31m（吊车梁以上）。顺水流向从右到左依次为副安装场、主机间、安装场及地下副厂房。主机间共布置 9 台单机容量为 650MW 的发电机组，机组间距 34m。

地下主变室布置于地下主、副厂房下游，两洞室净距 45.75m。主变室总长 348m，跨度 19m，内设主变层、电缆层及 GIS 层。GIS 层为主变室中部高洞段（长 215.9m，高 38.6m），两侧为低洞段（左、右端长分别为 86.25m、45.85m，高均为 23.8m）。主变室上游设 9 条母线洞［断面尺寸为 11.3m×11.85m（宽×高）］与主厂房相连，下游设 2 条内径为 8.5m 的出线竖井通向 821.50m 平台地面副厂房。

地面副厂房、500kV 出线场、出线终端塔场地、值守楼、精密仪器库、进排风楼、发生灾情时用的停机平台等布置在主厂房顶 821.50m 平台上。

尾水调压室采用圆筒式。3 个圆筒按"一"字形布置，1 号调压室尺寸为 27.8m×92m（直径×高），2 号、3 号调压室尺寸为 29.8m×92m（直径×高），间距为 102m，尾水闸门室布置在尾水调压室上游 42.5m 处，643.00m 以上为启闭机室，断面尺寸为 10.7m×313.85m（宽×高）。3 个调压室后接 3 条尾水隧洞，洞径为 18m，1 号尾水隧洞长 465.500m，2 号尾水隧洞长 456.353m，3 号尾水隧洞长 447.505m，其中 1 号尾水隧洞与 2 号导流隧洞相结合，城门洞形断面尺寸为 16m×21m（宽×高）。尾水隧洞出口均布置 2 孔尾水检修闸门。

下游护岸范围从泄洪隧洞出口开始至消力塘末端以下 600m 处，总长 1300m。坝体下游左岸从上游至下游依次为左岸泄洪隧洞出口、1 号和 2 号导流隧洞出口、尾水隧洞及溢洪道出口。这些出口过流面开挖后已进行相应保护，上部开挖面也进行了支护，左岸需保护的范围为尾水隧洞出口与溢洪道消力塘末端右侧之间约 200m 长岸坡，消力塘出口底板及左岸开挖边坡保护归入溢洪道一并处理；坝体下游右岸至火烧寨沟口之间为右岸泄洪隧洞、3 号和 4 号导流隧洞出口，出口边坡开挖后已进行保护，右岸河道保护的范围为火烧寨沟口以下约 1000m 长岸坡，右岸护岸工程与施工道路结合，公路高程为 625.00m。护岸底部高程为 600.00m，顶部高程为 631.00m。枢纽总布置见图 1.5-1。

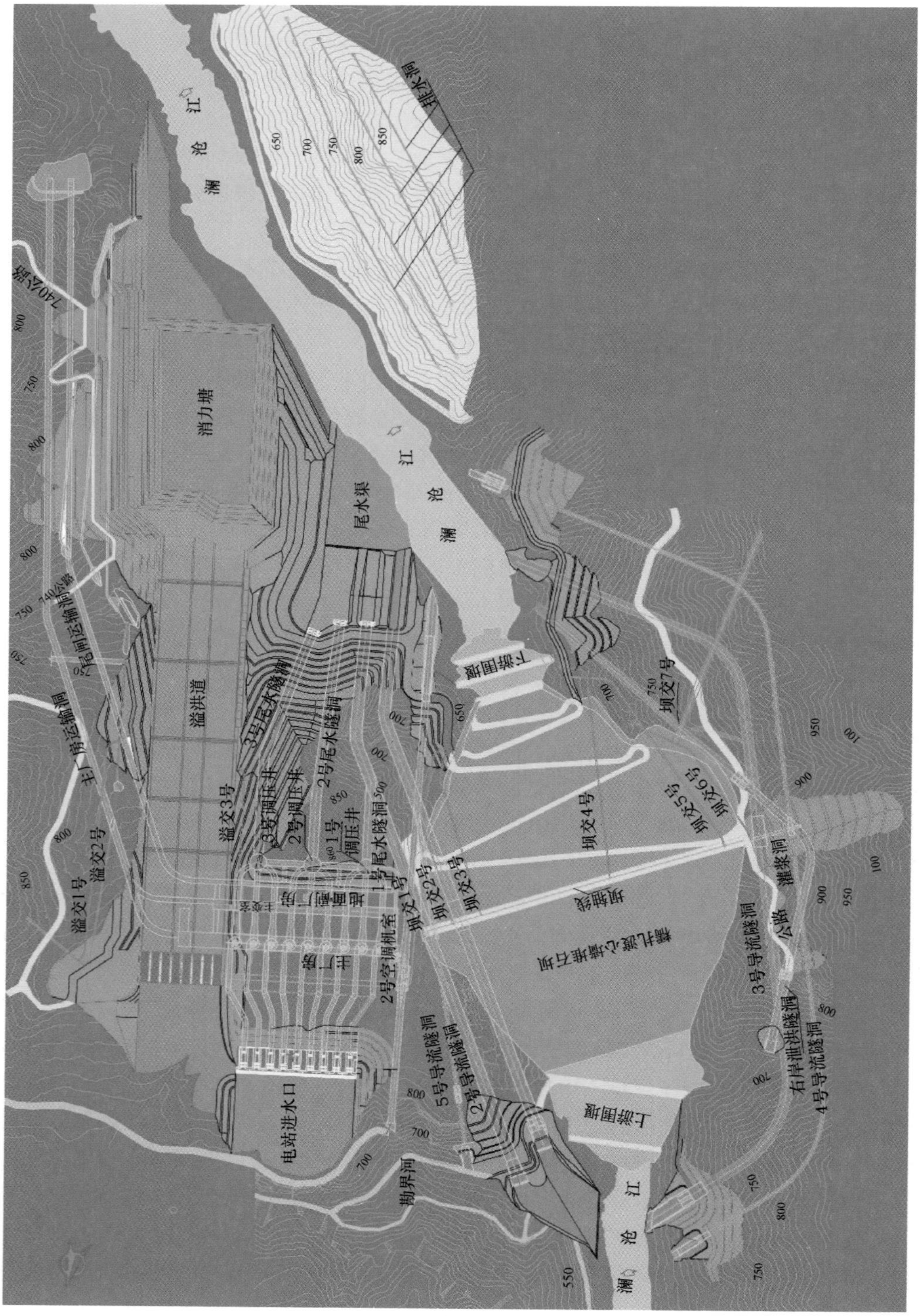
澜沧江
消力塘
尾水渠
溢洪道
电站进水口
上游围堰
下游围堰
排水洞
勘界河
灌浆洞
3号导流隧洞
4号导流隧洞
5号导流隧洞
2号导流隧洞
右岸泄洪隧洞
主厂房运输洞
尾闸运输洞
1号尾水隧洞
2号尾水隧洞
3号尾水隧洞
1号调压井
2号调压井
3号调压井
2号空调机室
坝交4号
坝交7号
溢交1号
溢交2号
溢交3号
740公路

图1.5-1 枢纽总布置图

第 2 章

工程建设条件

2.1 水文气象条件

1. 流域概况

澜沧江发源于青藏高原唐古拉山。流域位于东经 94°～102°、北纬 21°20′～33°40′，河流大体自北向南流，流域呈条带状。

澜沧江流域内自然地理条件差异大，大致分为三个地域。上游区位于青藏高原东南部，全区地势高峻，由西北向东南倾斜，平均海拔 4510m；中游区位于横断山纵谷区，地形崎岖，流域窄处平均宽度约 30km，地势呈南北略偏东方向倾斜，平均海拔 2520m；下游区纵贯云贵高原西部，地势自北向南逐渐降低，北部较崎岖，往南逐渐展开，水系发育，平均海拔 1540m。

流域纵跨 12 个纬度，天气、气候在地区上和垂直方向上有明显的差异。上游区属青藏高原高寒气候区，地势高，空气稀薄，气温低；中游区属寒带至亚热带过渡性气候区，山高、谷深、立体气候显著；下游区属亚热带气候区，地势低，气温高。从整个流域看，属大陆季风气候，干、湿季节分明。

2. 气象

糯扎渡水电站位于低热河谷区，长夏无冬，气温高，降水量充沛。1991 年 4 月开始在坝段进行气象和水温观测。根据观测资料，多年平均气温为 21.7℃，极端最高气温为 40.74℃，极端最低气温为 1.0℃；多年平均年降雨量为 1047.6mm；多年平均年蒸发量为 1432.9mm；多年平均相对湿度为 76%，最小相对湿度为 6%；多年平均风速为 1.5m/s，最大风速为 27.3m/s；多年平均水温为 18.87℃，最高水温为 25.0℃，最低水温为 12.0℃。

3. 水文基本资料

糯扎渡水电站位于戛旧和允景洪水文站之间，其水文设计的主要依据站为戛旧及允景洪水文站。戛旧水文站集水面积为 11.46 万 km²，可行性研究阶段使用实测水文资料年限为 1953—1999 年；允景洪水文站集水面积为 14.91 万 km²，可行性研究阶段使用实测水文资料年限为 1955—1999 年。两个水文站均为国家基本水文站，资料系列较长，质量较高。

4. 径流

澜沧江径流年际变化较均匀稳定，存在较明显的连续丰水年和连续枯水年。径流年内分配不均匀，枯汛期明显。径流主要集中在 6—10 月，上、中、下游各水文站汛期径流均占年径流量的 70% 以上。

坝址径流系列根据戛旧站和允景洪站径流系列，采用区间面积内插的方法求得，其多年平均流量为 1740m³/s。

5. 洪水

澜沧江洪水主要由暴雨形成，洪水和暴雨是相应的。流域年洪水主要出现在 6—9 月，但 10—11 月也会出现年洪水和较大洪水。坝址洪水计算的设计依据站为戛旧站和允景洪站。主汛期及后汛期设计洪水洪峰流量成果见表 2.1-1。坝址 PMF 洪峰流量为 39500m³/s。

表 2.1-1　　　　　　　糯扎渡坝址设计洪水洪峰流量成果表

频率/%	主汛期洪峰/(m³/s)	后汛期洪峰/(m³/s)	频率/%	主汛期洪峰/(m³/s)	后汛期洪峰/(m³/s)
0.01	35300	26000	2	17400	12800
0.02	33000	24100	10	12000	8800
0.05	29800	21900	20	9700	7060
0.1	27500	20200	50	6730	4700
1	19700	14500			

6. 厂址水位-流量关系

水电站采用堤坝式开发，地下厂房布置方式。下游有景洪水电站，景洪水电站水库泥沙淤积回水影响到厂址水位-流量关系。厂址水位-流量关系曲线为考虑景洪水电站水库30年淤积水平后，水库不同坝前水位回水计算后的多条水位-流量关系曲线，见图 2.1-1。

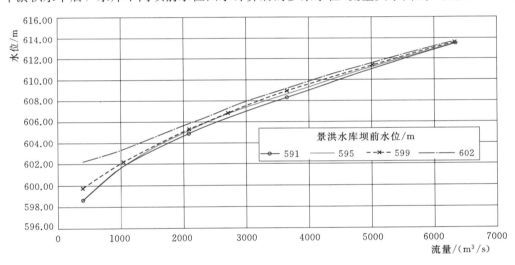

图 2.1-1　厂址水位-流量关系曲线

2.2　主要工程地质条件

糯扎渡水电站工程地质勘察，除按常规全面查清了枢纽区地质条件外，还针对工程区地形地质特点、工程特有的工程地质问题进行了专门的勘察研究，解决了以下几方面的工程设计难题：

根据枢纽区岩性、构造、风化、卸荷的不均一性，对工程地质条件进行了分区，为坝型选择和建筑物布置提供了可靠依据。

坝基右岸分布有 F_{12}、F_{13}、F_5 等断层，顺河向分布，连通水库内外，蓄水后可能产生渗漏和渗透破坏。因此在平洞中进行了现场大型渗透破坏试验，为渗透稳定性评价提供了依据。

坝前壅水高 212m，水压力巨大，可能对岩体产生劈裂，因此在引水隧洞钢管道、右岸软弱岩带及河床部位分别进行了水压致裂测试和高压压水试验，为工程设计提供了依据。

左岸地下引水发电系统洞室众多、规模巨大，地应力强度对洞室稳定性影响显著，因此在地下厂房、主变室等部位进行了水压致裂三维地应力测试，取得实际成果，为地下洞室设计提供了依据。

大坝工程填筑的石料需求量较大，而枢纽工程石方开挖量也是巨大的，充分利用开挖石料作为大坝填料，无疑会有巨大的经济效益，也可减轻弃渣压力，有利于环境保护。因此，前期勘察高度重视枢纽开挖料的勘察研究，确定了开挖渣料的利用标准，查清了可利用量。

2.2.1　主要工程地质问题及评价

（1）电站工程区在地貌上属滇西纵谷山原区之永平—思茅中山峡谷亚区范畴，地貌明显受地质构造控制。根据工程场地地震安全性复核成果，坝址场地不同超越概率基岩水平峰值加速度见表 2.2-1。

表 2.2-1　　　　　　　　坝址场地不同超越概率基岩水平峰值加速度

超越概率	50 年 63%	50 年 10%	50 年 5%	50 年 2%	100 年 2%	100 年 1%
峰值加速度/gal	71.7	203.7	257.3	324.3	379.9	436.6

坝址区 50 年超越概率为 10% 的基岩地震动峰值加速度为 203.7gal。100 年超越概率 1% 的基岩水平峰值加速度为 436.6gal，电站坝址场地基本地震烈度为Ⅷ度。

（2）澜沧江为水库区地下水最低排泄基准面，库区两岸主要为沉积碎屑岩、变质岩和火成岩，水库封闭条件好，不存在库水向低邻谷渗漏问题。可溶岩仅在左岸黑江至坝址的下游大中河之间分布，岩溶不发育，其间存在高于正常蓄水位的泉水出露，因此水库不存在向下游大中河永久渗漏问题。水库自蓄水并达到正常水位以来，上述地带未见地下水变化现象。

水库岸坡分布有 46 个较大滑坡，主要为古滑坡，多坐落于水库底部，处于稳定状态，对水库及大坝安全影响不大。开展了"糯扎渡水电站水库库岸稳定性蓄水响应与失稳预测"专题研究，针对蓄水过程、库水位消落等不同工况的库岸稳定性作出判断和评价。水库蓄水以来，通过多次巡视巡检，糯扎渡水电站近坝库段，包括干流左岸小黑江汇口下游段、黑河口以里约 15km 库段，未发生库岸滑坡、坍塌、明显裂缝等岸坡破坏现象，库岸稳定性好；远坝库段发生了一定的库岸滑坡、坍塌和裂缝现象，但规模都不大，附近无居民点和重要建筑物，对水库、枢纽工程无影响，对库岸居民点和重要建筑物无影响。

澜沧县打滚铁矿和迁德铁矿被淹没，两铁矿勘察工作程度低，报告未经批准，且没有列入云南省矿产资源储量表，没有开发价值，经济意义不大，经云南省国土资源厅审查同意压覆。

库区浸没影响小，景谷县益智乡政府所在地受浸没影响一般高出水库回水位 5~6m，团山村受浸没影响一般高出水库回水位 2~3m，石寨村受浸没影响一般高出水库回水位

2~4m。这些村镇的部分房屋已进行了搬迁处理。

水库区干流的忙窝—旧文帕、马台和邦东为3个水库触发地震危险区段，触发地震的震级上限估计分别为5.5级、4.0级、4.0级；左岸黑江库段大岩脚、南宋、肖塘箐、石头寨及和平为5个危险区，触发地震的震级上限估计分别为5.8级、5.8级、5.0级、4.5级、5.0级；水库触发地震对工程建筑物区的影响烈度均小于Ⅵ度，低于该工程区的地震基本烈度，对于震中附近的库岸稳定和居民点会有一定影响。

为了更好地了解水库区的本底地震和水库蓄水后的触发地震，在上述几个危险区建立了地震监测网站。电站库区地震监测台网共布置了12个台站，库首有那澜、糯扎渡、弯手寨和新城4个野外遥测台站，于2008年5月31日建成；其余库段的俅练、邦东、和平、黄草岭、干坝、麻栗坪、文东、忙糯8个遥测台站于2009年5月31日建成。经数年监测统计分析，水库蓄水后地震活动的频次增加，但震级微弱，以超微弱和微震为主，弱震及有感地震极少。

（3）大坝心墙坝基河床为微风化～新鲜的花岗岩，多为块状结构，Ⅱ类岩体，满足大坝设计要求。

心墙左岸坝基除顶部有少量沉积角砾岩外，其余部位均为花岗岩，以弱风化下部为主，有少量弱风化上部和强风化岩体，发育有4条小断层和8条挤压面，均为Ⅳ级结构面，并对断层带进行了挖除回填混凝土处理。建基面干燥，多以次块、块状结构为主，岩体质量以Ⅲa类、Ⅲb类为主，仅局部强风化地段为Ⅳ类岩体。尽管局部存在由于结构面组合不利而形成的楔形体或平面形失稳，采取了锚杆、锚筋桩等支护措施后，坝基边坡岩体稳定性好，坝基强度满足工程要求。

心墙右坝基为花岗岩，坝顶部位约2m厚度为强风化，向下依次为弱风化上部、弱风化下部、微风化～新鲜。分布有Ⅲ级结构面5条，分别为F_5、F_{14}、F_{12}、F_{13}、F_{16}断层，另有数条属于Ⅳ级结构面的小断层发育，这些断层均倾向山里，对边坡稳定有利。高程660.00～710.00m为构造软弱岩带，由F_{12}、F_{13}断层及所夹强风化、弱风化上部花岗岩体组成。建基面干燥，上部多以镶嵌碎裂结构为主，中部构造软弱岩带多以碎裂结构为主，下部以次块状、块状结构为主。坝基岩体质量按高程划分为：821.50～785.00m为Ⅳa类岩体，785.00～700.00m为Ⅲb类岩体，700.00～680.00m为Ⅳb类岩体，680.00～645.00m为Ⅲb类岩体，645.00～610.00m为Ⅲa类岩体，610.00～560.00m为Ⅱ类岩体。局部边缘的全风化花岗为Ⅴ类岩体。对断层带进行了挖除回填及固结灌浆处理，建基面岩体质量能满足设计要求。

坝壳堆石体部位建基面主要为强、弱风化花岗岩，少量全风化花岗岩，心墙部位发育的较大断层均向上、下游坝壳延伸，但对坝壳岩体的完整性影响不大。坝基强度和变形均可满足设计要求。

右岸坝顶以上边坡高达240m，为全、强风化花岗岩，节理裂隙发育，多倾向坡内，较大的断层有F_{11}，亦倾坡内，卸荷强烈，岩体松弛，多为碎裂结构、镶嵌碎裂结构岩体。边坡开挖坡比上部为1∶1.2，下部为1∶0.8，且采取了锚杆、锚索、网格梁支护，边坡稳定性较好。监测结果表明，边坡处于稳定状态。左岸坝顶与高程821.50m平台相连，不存在永久边坡问题。

（4）溢洪道部位分布的地层有砂岩、粉砂质泥岩、角砾岩和花岗岩，以弱风化、微风化～新鲜为主。Ⅱ级结构面有 F_1、F_{35} 和 F_3 断层等，Ⅲ级结构面有 11 条，Ⅳ级结构面有 30 条。地下水水位较低。

溢洪道引渠段右侧边坡及右侧底板岩层为三叠系中统忙怀组下段第二层（T_2m^{1-2}）底部的粉砂岩、细砂岩及砂砾岩，呈微风化～新鲜及弱风化下部。引渠段左侧边坡及中轴线左侧部分为 H_1 滑坡体。引渠段左侧底板滑坡已完全挖除，边坡部位设置重力式挡墙支护，满足工程安全要求。

溢洪道闸室段地基弱风化下部砂岩、粉砂岩完整性好，多为块状结构，属Ⅲa 类岩体，不存在明显的层间软弱夹层，不会向下游产生滑移破坏。总体上闸基工程地质条件满足工程要求。

泄槽段分布有砂岩、泥质粉砂岩、粉砂质泥岩、泥岩、角砾岩和花岗岩等，多为弱风化上部、弱风化下部、微风化～新鲜，两侧边坡顶部有全强风化。Ⅱ级结构面有 F_1、F_{35} 和 F_3 断层，分布在该段中部，Ⅲ级结构面有 F_7、F_8、F_{36}、F_{40}、F_{26}、F_{44} 和 F_{45} 等断层。受 F_1、F_{35} 和 F_3 断层影响，其附近节理很发育，岩体破碎。底板 F_1、F_{35} 和 F_3 断层部位经固结灌浆处理后，满足工程要求，其余地段多为次块状、镶嵌碎裂结构和块状结构岩体，属Ⅲb 类岩体，地基条件较好。左侧边坡受走向 NNW 倾 SW 和走向 NNE 倾 NW 结构面切割，多处形成楔形体破坏，经锚杆、锚筋桩和锚索等综合处理后，边坡岩体稳定。右侧边坡结构面组合较为有利，在断层影响带、全强风化岩体部位稳定性较差，经锚杆、喷混凝土支护，监测及巡视结果表明边坡亦处于稳定状态。

消力塘左侧边坡上部分布有砂岩、泥质粉砂岩、粉砂质泥岩、泥岩、角砾岩，左侧边坡下部、底板及右侧边坡为花岗岩，除左侧边坡顶部有少量全强风化岩体外，多为弱风化、微风化～新鲜岩体。底板有Ⅲ级结构面 F_{44}、F_{45}，节理裂隙较发育，主要有两组：走向 NNW 倾 SW 和走向 NNE 倾 NW。高程 600.00m 以下有少量地下水渗出，水量很小，对施工影响不大。底板的 F_{44}、F_{45} 断层规模较大，性状较差，进行了槽挖并回填混凝土处理。底板其余部位为微风化—新鲜、弱风化花岗岩，可满足不护底要求。消力塘左侧边坡最大高度 260m，上部为沉积岩，下部为花岗岩，岩体完整性较好，边坡整体稳定性好，但存在走向 NNW 倾 SW 和走向 NNE 倾 NW 的Ⅳ级结构面组合而形成局部楔形体或平面形块体塌滑，采用锚索支护后，处于稳定状态。右侧边坡结构面倾向坡内，对边坡稳定较为有利，但岩体风化较深，完整性较差，进行喷锚支护及混凝土衬砌，确保边坡稳定。

溢洪道引渠段、缓槽段、陡槽段、挑流鼻坎段及消力塘处边坡经采取综合支护措施，施工期及运行期多年监测数据平稳，表明上述部位边坡处于稳定状态。

（5）左岸泄洪隧洞进口边坡地表主要为弱风化花岗岩，节理裂隙较发育，地形陡峻，自然山坡稳定性好，隧洞进口边坡未做大的开挖，仅对自然山坡危石清理后直接进洞，边坡稳定性好。

洞身部位为微风化～新鲜花岗岩，发育有 F_9、F_{18}、F_{37}、F_{20} 等断层，这些断层与隧洞夹角小，除破碎带性状较差外，对两侧岩体完整性影响较小，岩体透水性较小，隧洞身干燥。总体上工程地质条件较好，除沿断层带为Ⅳ类围岩外，其余洞段多以Ⅱ类、Ⅲ类围岩为主。对 F_9、F_{18}、F_{37} 等断层带进行加强支护后，施工期、运行期多年监测结果表明隧洞围岩处于稳定状态。

出口边坡高度20m，为全、强风化花岗岩，节理裂隙发育，多张开夹岩屑和泥，以Ⅳ类、Ⅴ类边坡岩体为主，稳定性较差。边坡部位布置了锚索支护，施工期、运行期多年监测及巡视结果表明边坡处于稳定状态。

（6）右岸泄洪隧洞进口边坡主要为全风化花岗岩，底部有少量强风化花岗岩，节理裂隙发育，多为散体结构和碎裂结构，属Ⅳ类、Ⅴ类边坡岩体，稳定性差。边坡进行了锚拉板支护，施工期、运行期多年监测及巡视结果表明边坡处于稳定状态。

洞身主要为弱、微风化～新鲜花岗岩，分布有F_{28}、F_{14}、F_{27}、F_5等断层，隧洞大部分位于地下水水位以下，部分洞段存在渗水、滴水，未见大的涌水。隧洞以Ⅲ类围岩为主，Ⅳ类围岩次之，少量为Ⅱ类和Ⅴ类围岩。F_{28}、F_{14}、F_{27}、F_5等断层均加强了支护处理，施工期、运行期多年监测结果表明隧洞围岩稳定。

出口边坡最大坡高123m，为强风化花岗岩，顶部有少量全风化花岗岩。揭露有F_{28}、F_{38}、F_{39}等断层，节理裂隙较发育，边坡干燥，未见渗水、流水，多为镶嵌碎裂结构，属Ⅳ类边坡岩体，经布置锚杆、锚索支护，施工期、运行期多年监测及巡视成果显示边坡处于稳定状态。

（7）水电站进水口边坡大部为沉积岩，岩层呈中厚层状、厚层状，右侧底部为花岗岩。F_9断层分布于边坡右侧，对边坡岩体稳定影响较小。边坡岩体属于Ⅳ类、Ⅲ类岩体，稳定性较差。采取了综合支护措施，施工期、运行期多年监测成果表明，边坡处于稳定状态。水电站进水口1～4号闸门底板属于Ⅱ类岩体；进水口5～6号闸门底板属于Ⅲa类岩体；进水口7～9号闸门底板属于Ⅲb类岩体，地基强度可以满足要求。

引水隧洞上平段、竖井段和下平段绝大部分位于花岗岩中，局部位于沉积岩之中，地质构造不发育，岩体风化微弱，完整性好至较好，多属于Ⅱ类和Ⅲ类围岩；局部属于Ⅳ类围岩，隧洞围岩条件较好。施工期、运行期多年监测成果表明隧洞围岩处于稳定状态。

地下厂房位于风化微弱的花岗岩中，发育有F_{22}、F_{21}等规模较小的断层，岩体完整，大部分属于Ⅱ类围岩；部分属于Ⅲ类围岩；偶尔出现Ⅳ类围岩，地质条件好。施工期、运行期多年监测成果表明洞室围岩处于稳定状态。

主变开关室位于风化微弱的花岗岩中，发育有F_{22}、F_{21}等规模较小的断层，岩体完整，大部分属于Ⅱ类围岩；部分属于Ⅲ类围岩；偶尔出现Ⅳ类围岩，地质条件好。目前此部位已运行多年，监测成果表明洞室围岩处于稳定状态。

尾水闸门室、尾水调压室及尾水支洞位于风化微弱的花岗岩中，发育有F_{22}、F_{21}等规模较小的断层，岩体完整，大部分属于Ⅱ类围岩，部分属于Ⅲ类围岩，局部出现Ⅳ类围岩。目前此部位已运行多年，监测成果表明洞室围岩处于稳定状态。

1号尾水隧洞位于微风化～新鲜花岗岩中，地质构造不发育，岩体完整，属于Ⅱ类围岩。2号尾水隧洞、3号尾水隧洞位于风化较弱的花岗岩中，受F_3断层以及F_{26}等规模较小的断层影响，岩体破碎，大部分属于Ⅲ类、Ⅳ类围岩；断层破碎带及旁侧属于Ⅴ类围岩。施工期、运行期多年监测成果表明洞室围岩处于稳定状态。

尾水隧洞出口边坡花岗岩多呈弱风化及强风化，结构面发育，岩体破碎。根据边坡岩体分类标准，多为Ⅳ类岩体，局部为Ⅲ类岩体，边坡稳定性差，局部存在由于结构面组合不利形成的不稳定块体。施工期、运行期多年监测成果表明边坡处于稳定状态。

（8）主厂房运输洞、尾水闸门室运输洞受 F_1、F_3 及其他一些Ⅲ级断层影响，岩体破碎以及隧洞出口段全风化花岗岩洞段长度超过百米，Ⅳ类和Ⅴ类围岩占有较大比例，隧洞地质条件差；其他洞也以Ⅲ类围岩为主。施工期、运行期多年监测成果表明隧洞围岩处于稳定状态。

（9）1 号导流隧洞堵头长 50m，岩性为微风化～新鲜花岗岩，为Ⅱ类围岩，不存在控制围岩整体稳定的贯穿性软弱结构面。

2 号导流隧洞堵头长 50m，岩性为弱风化花岗岩，为Ⅲ类围岩，堵头的 NNW 向断层和挤压面对左壁岩体抗滑稳定存在一定不利影响，但采取了相应的支护措施，工程运行多年未见异常。

3 号导流隧洞堵头长 55m，位于弱风化上部岩体中，岩石较坚硬。前段 F_5 断层与隧洞交角中等，岩体破碎，多为碎裂结构，沿断层为散体结构岩体，属于Ⅴ类围岩。后段花岗岩属于弱风化岩体，节理较发育，属于Ⅲ类围岩。堵头段节理岩体抗滑稳定影响甚小，左壁下游 13～70m 发育的近 SN 向断层 F_{14} 及其影响带对左壁岩体抗滑稳定存在一定不利影响，但采取了相应的支护措施，工程运行多年未见异常。

4 号导流隧洞堵头长 30m，前段约 12m 花岗岩强风化，节理密集发育，产状凌乱，岩体破碎，属于Ⅳ类围岩；后段 23m 为弱风化下部花岗岩，岩石坚硬，岩体完整，属于Ⅱ类围岩。

5 号导流隧洞堵头长 25m，花岗岩风化微弱，岩体完整，洞室围岩为Ⅱ类围岩，工程地质条件好。

（10）坝基右岸相对隔水层顶界埋深为 40～155m，河床部位埋深为 30～50m，左岸埋深为 70～120m。坝基及两岸采用帷幕灌浆进行防渗，帷幕深度至岩体透水率小于 1Lu 界线以下不小于 5m。帷幕灌浆检查成果表明，灌后岩体透水率均小于 1Lu，满足设计要求。经对黏土心墙堆石坝坝基渗压计、渗漏量长期监测成果的分析表明，大坝帷幕上、下游渗透压力没有随库水位变化同步，坝基与坝后量水堰渗漏量均很小，最大渗漏量 24L/s，表明大坝渗控工程效果良好。

引水发电系统渗控工程效果明显，防渗帷幕经检查质量达到设计要求，各排水系统通畅，最终汇入主厂房右端集水井流量在 15L/s 以下，小于设计的抽排要求。

（11）大坝心墙防渗土料场位于上游 7.5km，为坡积层、全风化砂泥岩及强风化顶部混合开采，主要为黏土质砂（SC）和黏土质砾（GC）。颗粒组成中，砾（大于 5mm）占 34%、砂占 35%、粉粒占 14%、黏粒（小于 0.005mm）占 17%；小于 5mm 的土料的液限为 35.9%、塑性指数为 17.1%；天然含水量平均值为 18.9%，一般值为 11.3%～26.9%；在 1470kJ/m³ 击实功能下小于 5mm 的击实土的最优含水量 15.6%，最大干密度为 1.779 g/cm³；渗透系数为 2.10×10^{-7} cm/s；在 0.1～0.2MPa 压力下饱和浸水的压缩系数为 0.16MPa⁻¹，具中压缩性能；主要质量技术指标符合作碾压式防渗材料的基本要求。

经坝体沉降计算，心墙最终沉降量比较大，超出规范要求。与国际上其他高心墙坝相比，农场土料场的土料颗粒明显偏细，故又进行了土料掺砾石的研究。在混合土料中掺 35%人工碎石进行试验，掺砾料的变形指标及抗剪强度指标均较混合料有较大提高，分层总和法计算的混合料竣工期及最终心墙沉降量较掺砾料大20%以上，而土料的渗透系数并未因土料的砾石含量增大而发生本质改变，掺砾后土料的物理力学指标明显优于混合土料。最终用料采用混合土料掺35%人工碎石。

（12）混凝土骨料、部分坝壳填筑石料均由坝上游5km右岸的角砾岩、花岗岩区开采，质量、数量均满足要求。

糯扎渡水电站工程按详查深度对工程开挖料进行了勘察，充分利用了工程开挖料。

2.2.2 工程地质分区

根据枢纽区地层岩性、地质构造、风化卸荷、岩体蚀变及岩体结构类型等情况，将枢纽区按工程地质条件分为A、B、C、D、E、F 6个区，枢纽区工程地质分区示意见图2.2-1。

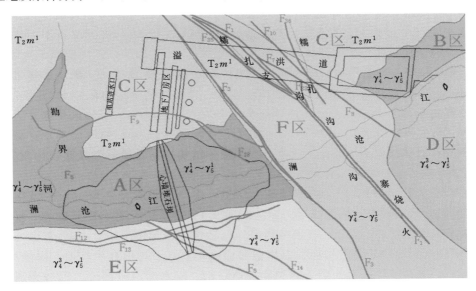

图2.2-1 枢纽区工程地质分区示意图

（1）A区位于坝址右岸构造软弱岩带高程约650.00m以下、河床及左岸F_3断层影响带上游的花岗岩体分布区。该区岩性主要为花岗岩；Ⅲ～Ⅴ级结构面一般发育，Ⅲ级结构面发育间距约为85m，Ⅳ级结构面发育间距约为23.5m；岩体风化浅、完整性好，据统计，全风化带底界垂直深度为0～10m，强风化带为10～20m；强卸荷带发育深度一般小于10～30m。在心墙坝基部位岩体结构多为镶嵌碎裂和次块状结构，坝基岩体质量以Ⅲ类为主；地下厂房区的岩体多为块状和次块状结构，属Ⅱ类、Ⅲ类围岩。工程地质条件最好。

（2）B区位于左岸F_1断层影响带下游部位的花岗岩体分布区，断层发育，Ⅲ级结构面较少，Ⅳ类、Ⅴ级结构面较发育，Ⅳ级结构面发育间距为5～20m；岩体风化较浅，完整性较好，据统计，全风化带底界垂直深度为0～14m，强风化带为15～35m；强卸荷带发育深度约为15m。溢洪道边坡开挖面和建基面部位的岩体结构多为镶嵌碎裂、次块状和块状结构。工程地质条件较好。

（3）C区位于坝址左岸T_2m^1沉积岩的分布区（不含F_3、F_1断层之间的沉积岩分布区）。该区岩性为 T_2m^1 中厚层状的砂泥岩；Ⅲ级结构面较少，陡倾角的Ⅳ级结构面发育间距大于 25m，缓倾的层间挤压带（或挤压面）较发育，一般分布在软硬岩石接触部位，属Ⅴ级结构面的节理较发育；风化较浅，据统计，全风化带底界垂直深度为 2～6m，强风化带为 4～10m；由于 T_2m^1 多分布在山顶或缓坡地带，卸荷作用不明显。但在陡坡部位卸荷发育深度一般在 30m 以上。溢洪道主要布置在该区中，岩体结构多为镶嵌碎裂、碎裂和次块状结构。工程地质条件一般。

（4）D 区位于 F_1 断层影响带下游河床及右岸部位的花岗岩体分布区，断层发育，Ⅲ级结构面平均发育间距为 58m，Ⅳ级结构面平均发育间距约为 10m；岩体风化较深，据统计，高程 610.00m 以上全风化带底界垂直深度为 0～27m，强风化带为 0～33m，高程 610.00m 以下（包括河床）基本无全风化，强风化带深度为 33～53m；右岸强卸荷带发育深度为 20～29m。溢洪道冲刷坑位于该区河床，冲刷区部位多为碎裂结构岩体；冲刷区对岸高程 610.00m 以上山坡多为碎裂、散体结构岩体；高程 610.00m 以下山坡多为碎裂、镶嵌碎裂结构岩体。工程地质条件较差。

（5）E 区位于坝址右岸构造软弱岩带高程约 650.00m 及以上、F_3 断层影响带上游的花岗岩分布区，构造复杂，Ⅲ～Ⅴ级结构面发育，Ⅲ级结构面发育间距约为 35m，Ⅳ级结构面发育间距约为 11m，右岸构造软弱岩带分布在该区下部；岩体风化深度大，据统计，全风化带底界垂直深度为 0～70m，强风化带为 20～130m；强卸荷带发育深度一般为 20～70m。岩体结构多为碎裂、镶嵌碎裂和散体结构，在心墙部位坝基岩体质量以Ⅳa类及Ⅳb类为主。工程地质条件差。

（6）F 区位于 F_3、F_1 断层之间及两断层上、下盘的影响带部位。岩性为花岗岩和 T_2m^1 砂泥岩，断层发育，属Ⅱ级结构面的断层有 F_3、F_{35}、F_1 等；受其影响，Ⅲ级、Ⅳ级、Ⅴ级结构面很发育，Ⅲ级、Ⅳ级结构面（包括挤压面、挤压带、小断层、大断层等）的发育间距为 5.6m，Ⅴ级结构面发育组数多而密集，且节理面性状较差；岩体风化深，完整性很差。溢洪道建基面处多为碎裂和散体结构，尾水洞通过部位的围岩类别多为Ⅳ类、Ⅴ类。工程地质条件很差。

枢纽区建筑物布置充分考虑了工程地质条件，做到了因地制宜。除坝体右坝肩和溢洪道中后段无法避开 E 区和 F 区外，主要建筑物均置于 A 区和 B 区。

2.2.3　进水口及溢洪道开挖料和填坝料详细勘察

水电站进水口及溢洪道开挖石料总方量约 3917 万 m^3，为充分利用开挖料以节约投资，对水电站进水口及溢洪道开挖区进行了详查级石料勘察，见图 2.2-2。根据勘察成果以及施工期揭露的实际情况，对开挖料进行分类并用于堆石坝填筑。

为详细查明溢洪道及水电站进水口开挖料的数量和品质，按 120m 左右的间距呈网格状共布置钻孔 20 个（孔深均达到设计工程开挖线底板以下 5.0m），总进尺 2537.69m；平洞 6 个，总深度 689.30m；共取物理力学性试验样品 50 组。

根据岩石物理力学性试验成果，结合设计对坝料分区的要求，对各种开挖料评价如下：

（1）第四系松散层（包括滑坡体和坡积层），全、强风化砂，泥岩和全风化花岗岩多

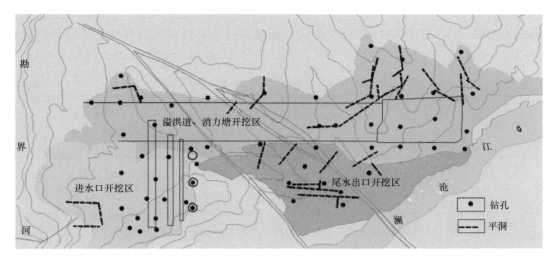

图 2.2-2　进水口、溢洪道及尾水隧洞出口开挖料勘探布置示意图

为黏性土和砾质土或砂性土，均不能作堆石料，为弃料。

（2）弱风化及以下岩石湿抗压强度平均值：泥岩为 8.8MPa、粉砂质泥岩为 13.6MPa，属软岩，且具崩解性（泥质含量越高，崩解性越强），不宜作为堆石料，以上两种岩层多为中厚层状构造，少量为薄层或厚层状，夹于其他中、硬岩中，对于集中分布或有一定厚度的上述岩层，予以剔除。

（3）在强风化花岗岩中共进行了 19 组岩石湿抗压强度试验，其平均值为 16.0MPa，属软岩，区间值为 3.7～33.8MPa；在 19 组试样中，有 11 组的试验成果小于平均值，占试验组数的 58%；试验值小于 10MPa 的有 6 组，占了 32%。试验成果说明强风化花岗岩不但强度低，且变化大，均一性差，不宜作为主堆石区堆石料，可考虑作干燥区堆石料。实际应用于坝下游Ⅱ区料（干燥区）。

（4）弱风化及以下岩石湿抗压强度平均值：泥质粉砂岩、粉砂岩和细砂岩为 40～50MPa，属中硬岩，结合岩石为泥质胶结，湿抗压强度相对较低，耐久性较差等情况，此类岩石宜作为次堆石区堆石料使用。实际应用于坝上、下游的Ⅱ区料。

（5）弱风化及以下的砂砾岩、角砾岩和花岗岩的岩石质量指标（Rock Quality Designation，RQD）值多大于 70%，岩体的完整性较好；岩石湿抗压强度平均值：砂、砾岩为 93.1MPa、角砾岩为 86.5MPa、花岗岩为 97.7MPa，属抗侵蚀、耐风化的坚硬岩石，干密度大于 2.4g/cm³，宜作为堆石料、反滤料及混凝土人工骨料。

根据地形地貌、地层岩性和地质构造及工程部位不同，将进水口及溢洪道开挖分为三个区，其中Ⅰ区为水电站进水口地段，即水电站进水口引渠及塔基的开挖范围；Ⅱ区为溢洪道引渠及缓流段部位，Ⅲ区为溢洪道消力塘段范围内。其中Ⅱ～Ⅲ区之间地形不完整，需通过糯扎支沟、糯扎沟，存在 F_1、F_{35} 和 F_3 等Ⅱ级断层，且断层间岩体破碎，完整性差，风化强烈，岩块强度低，Ⅱ～Ⅲ区的溢洪道开挖料视情况作为坝上、下游的Ⅱ区料。

根据勘探及试验资料，第四系松散层，全、强风化砂，泥岩及所有泥岩，全风化花岗岩为弃料，强风化花岗岩、弱风化及以下粉砂岩、泥质粉砂岩、砂砾岩、角砾岩及花岗岩为可用料。按储量分区及开挖体型线，采用平行剖面法计算的剥离量（包括剥离层及软弱夹层）约 480 万 m³，可用料约 2220 万 m³。水电站进水口及溢洪道开挖料储量计算成果见表 2.2-2。

表 2.2-2　　　　　　　　　水电站进水口及溢洪道开挖料储量计算成果表

区　号	开挖料总量 /万 m³	剥离量 /万 m³	可用料/万 m³		合计
			$T_2m^{1-1} \sim T_2m^{1-3}$ 层	$\gamma_4^3 \sim \gamma_5^1$ 层	
			弱风化及以下岩石		
进水口开挖区（Ⅰ）	547	91	340	116	456
溢洪道引渠及缓槽段开挖区（Ⅱ）	402	129	264	9	273
消力塘及以后开挖区（Ⅲ）	1749	257	364	1128	1492
合计	2698	477	968	1253	2221
	约 2700	约 480	约 2220		

2.2.4　坝基右岸断层渗透变形现场试验

水电站为高坝大库，大坝壅水高达 200 余米。坝基右岸岩体，尤其是构造软弱岩带中顺河分布的 F_{12}、F_{13} 断层，可能为一个潜在的渗漏通道，影响水库的蓄水并危及大坝的安全。断层破碎带现场渗透变形试验模拟水电站建成后的水力学条件，以了解断层破碎带及其影响带在高水头压力下的透水率变化情况，以及产生渗透破坏的形式（流土或管涌）等，为工程区渗流场的计算和防渗设计提供可靠的资料。

坝址右岸构造软弱岩带内，存在一系列 NE 向和 NW 向、倾向上游及山内的中等倾角或陡倾角的断层，其中以 F_5、F_{12} 和 F_{13} 断层的规模最大，性状较差，对坝基岩体影响最大。断层破碎带渗透变形试验就布置于上述 3 条断层带上，分 4 组完成，其中 F_5 断层带的渗透变形试验布置在 PD205 上游支洞洞深 58～72m 右壁，在洞深 72m 处向 S48°E 垂直 F_5 断层面方向进行钻探，孔深为 13.09m，在洞深 58～60m 处设观测面，观测渗透变形破坏情况。F_{13} 断层带的渗透变形试验分两组进行：一组在 PD205 洞深 36～48m 左壁，在洞深 48m 处布置 N57°E 方向的水平钻孔，孔深 11.90m，观测面设在洞深 36.5～39.0m 处；另一组在 PD227 洞深 91～108m 右壁，并在洞深 108m 处布置 N57°E 方向的水平钻孔，孔深 16.55m，观测断面布置在洞深 91～98m 右壁。F_{12} 断层带的渗透变形试验布置在 PD227 洞深 52～75m 的左壁，在洞深 75m 处布置 N57°E 方向的水平钻孔，孔深 22.77m，观测断面布置在洞深 52～59.4m 左壁。

F_5 渗透变形试验从 2002 年 8 月 6 日上午开始，起始试验压力为 0.03MPa，试验持续时间为 24h；经过 9 天多时间，于 2002 年 8 月 15 日中午结束，结束时试验压力为 1.50MPa，试验持续 3h，现场试验取得良好效果。从渗透变形试验过程和断层破碎带破坏情况来看，F_5 断层破碎带产生渗透破坏的临界水力坡降为 6，破坏水力坡降为 18。渗透变形破坏的产生形式为破碎带中的细小颗粒随地下水流失，即管涌。渗透变形试验段隔离示意图见图 2.2-3，渗透变形试验典型过程曲线见图 2.2-4。

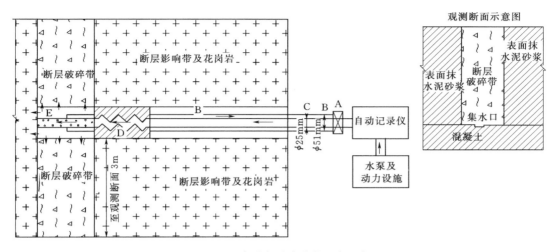

图 2.2-3 渗透变形试验段隔离示意图
A—孔口人工绞盘；B—φ51mm 工作管；C—φ25mm 工作管；D—止水栓塞；E—φ25mm 有眼花管

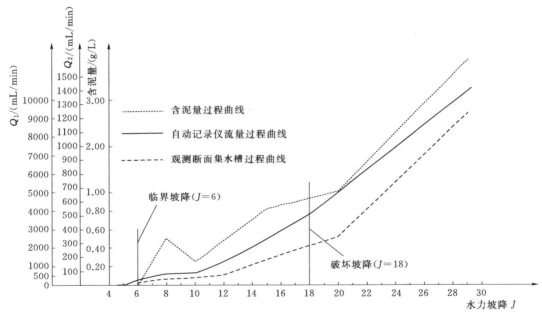

图 2.2-4 渗透变形试验典型过程曲线图
Q_1—孔口记录仪记录的水量；Q_2—观测断面集水槽水量

F_{12} 渗透变形试验从 2002 年 8 月 20 日上午开始，试验起始压力为 0.03MPa，经过 7 天共 15 个压力阶段的试验，于 2002 年 8 月 27 日上午结束，结束时试验压力为 1.20MPa。从渗透变形试验过程和断层破碎带破坏情况来看，F_{12} 断层破碎带产生渗透破坏的临界水力坡降为 12，破坏水力坡降为 30。渗透变形破坏的产生形式以破碎带中的细小颗粒随地下水流失为主，即管涌，同时断层影响带岩体裂隙中充填物被地下水冲刷流失。

F_{13} 渗透变形试验在 PD205 中从 2002 年 8 月 11 日下午开始，开始试验压力为 0.03MPa，经过 5 天时间，到 2002 年 8 月 16 日下午结束，结束时试验压力为 0.60MPa。从渗透变形试验过程和断层破碎带破坏情况来看，F_{13} 断层破碎带产生渗透破坏的临界水力坡降为 4，破坏水力坡降为 13.3。渗透变形破坏的产生形式为破碎带中的细小颗粒随地下水流失，即管涌。F_{13} 渗透变形试验在 PD227 中从 2002 年 8 月 20 日上午开始，试验起始压力为 0.03MPa，经过 7 天共 14 个压力阶段的试验，于 2002 年 8 月 27 日晚上结束，结束时试验压力为 1.50MPa。从渗透变形试验过程来看，PD227 中 F_{13} 断层破碎带在水力坡降为 50 的条件下仍然不会产生渗透破坏的原因是，试验时压入的水大部分沿其他张裂隙（估计是 NE 向陡倾角张裂隙）流失，而沿 F_{13} 断层破碎带渗出的水量非常有限，观测断面出水情况始终没有变化，说明 F_{13} 断层并不是此部位主要的渗漏通道。

试验成果表明，F_5 断层破碎带产生渗透变形破坏的临界水力坡降为 6，破坏水力坡降为 18。F_{13} 断层破碎带在 PD205 中产生渗透变形破坏的临界水力坡降为 4，破坏水力坡降为 13.3。F_{12} 断层破碎带产生渗透变形破坏的临界水力坡降为 12，破坏水力坡降为 30。水电站正常蓄水位为 812.00m，最大水头高度为 212.00m 左右，由于选定的黏土心墙堆石坝防渗层宽度大，加上上述 3 条断层走向基本顺河流及斜向右岸山体内展布，蓄水后的渗透途径大于 200m，即断层破碎带在正常蓄水位条件下的水力坡降不大于 1，与现场渗透变形试验的临界水力坡降或破坏坡降相差很多，故水电站修建后，库水不会产生沿上述 3 条断层带的渗漏，也不会对断层破碎带物质产生冲蚀破坏，对大坝也不会造成危害。

2.2.5　高压压水试验

水电站坝前水位高达 212.00m，坝基岩体承受的水压力巨大。由此需对河床坝基和坝址右岸构造软弱岩带的岩体进行钻孔高压压水试验，以了解岩体在高水头压力下产生劈裂的临界水压力、岩体裂隙对高压水流长时间冲蚀作用的抗御能力等。

对左岸压力管道部位的岩体进行钻孔高压压水试验，了解岩体在不同的高压水流下的透水性变化情况、岩体在高水头压力作用下的变形方式，以及岩体裂隙对高压水流长时间冲蚀作用的抵御能力等，为压力管道的设计提供可靠的资料。

钻孔高压压水试验在 3 个钻孔中完成。研究河床坝基岩体的钻孔布置在坝址 Ⅱ 勘线左岸思（茅）澜（沧）公路内侧，高程为 625.01m，钻孔编号为 ZK530，孔深为 151.58m；研究坝址右岸构造软弱岩带岩体的钻孔布置在坝址 Ⅱ 勘线右岸下游侧，高程为 724.05m，钻孔编号为 ZK481，孔深为 152.90m；研究左岸地下厂房压力管道部位岩体的钻孔在左岸山顶平台上，高程为 852.53m，钻孔编号为 ZK532，孔深为 300.30m。

钻孔 ZK481 和 ZK530 在前 3 个或 4 个试验段由于岩体较破碎，只进行了常规的三级压力 5 个阶段的压水试验，即 0.30MPa、0.60MPa 和 1.00MPa 压水试验；其下的试验段开始逐级加压，最高试验压力为 3.00MPa，压力梯级为 0.30MPa 或 0.50MPa，共进行七级压力 13 个阶段的压水试验，压力逐级增加，依次为 0.30MPa→0.60MPa→1.00MPa→1.50MPa→2.00MPa→2.50MPa→3.00MPa→2.50MP→2.00MPa→1.50MPa→1.00MPa→0.60MPa→0.30MPa。在试验的初期由于试验设备的原因，少部分试验段未能达到

3.00MPa 的压力就进行降压阶段试验。在钻孔 ZK481 中由于地下水水位已超过 30m，试验段的自然压力已超过 0.30MPa，所以未进行 0.30MPa 压力阶段的试验，从 0.60MPa 开始试验，降压阶段试验同样到 0.60MPa 结束。

钻孔高压压水试验采用长江科学院研制的 GJY－Ⅲ型和 GJY－Ⅳ型灌浆自动记录仪进行现场记录。调节回水阀门使压力尽可能接近每一个阶段的设计压力，或者让设计压力居于压力变化范围的中间，每 5min 或 2min 记录一个流量，每一个压力阶段不少于 5 个数据，连续 4 个流量达到有关流量稳定的要求，即可进行下一级压力的试验。为方便压水试验资料的整理，根据灌浆自动记录仪现场记录数据，现场手工填写压水试验记录表并进行岩体透水率计算，同时绘制压力-流量（即 $P-Q$）曲线并判断曲线类型，从而分析试验的准确性。

左岸压力管道部位的钻孔（ZK532）高压压水试验分两步进行：首先进行常规的三级压力 5 个阶段钻孔的压水试验，即 0.30MPa→0.60MPa→1.00MPa→0.60MPa→0.30MPa。由于钻孔中地下水水位低，当地下水水位埋深大于 30m 时，只进行 0.60MPa 和 1.00MPa 两级压力 3 个阶段的压水试验；连续 4 个流量达到有关流量稳定的要求，即可进行下一级压力的试验。当地下水水位埋深大于 100m 时，只进行 1 个压力阶段的压水试验，压力以充水到孔口让压力表产生微动为宜，每 10min 读取 1 个流量，连续 4 个流量达到有关流量稳定的要求，即可结束此次试验。然后根据该孔揭露的钻孔岩芯及工程特点，由国家地震局地壳应力研究所开展高压压水试验及岩体水力劈裂试验，共完成了 7 个试验段水力劈裂试验，同时还选取 3 个试验段进行单压力长时间的压水试验，钻孔 ZK532 水力劈裂试验成果汇总见表 2.2-3。

表 2.2-3 　　　　　　　　　　　ZK532 水力劈裂试验成果汇总表

试验段范围 /m	试验段地质条件	劈裂压力 /MPa	劈裂流量 /(L/min)	岩体透水率 /Lu
159.76～162.86	花岗岩，弱风化下部，次块状结构；岩芯完整，节理较发育，$RQD \approx 0.90$	3.17	15	1.53
186.16～189.26	花岗岩，微风化，次块及块状结构；岩芯完整，节理较发育，$RQD > 0.90$	5.34	11	0.66
231.87～234.97	辉绿玢岩，微风化，块状结构；岩芯完整，节理不发育，$RQD = 1.0$	18.00	9	0.16
246.00～249.10	花岗岩，微风化，块状结构；岩芯完整，节理较发育，$RQD > 0.90$	6.00	15	0.80
262.00～265.10	花岗岩，微风化，次块状结构；岩芯较完整，节理发育，$RQD \approx 0.70$	5.70	15	0.85
271.06～274.16	花岗岩，微风化，次块状结构；岩芯完整，节理较发育，$RQD \approx 0.90$	6.00	10	0.54
275.69～278.79	花岗岩，微风化，块状结构；岩芯完整，节理不发育，$RQD = 1.0$	7.00	8	0.37

钻孔 ZK481 布置于坝址右岸Ⅱ勘线下游 20m 左右，孔口高程为 724.05m，钻孔深度为 152.90m，完成了 4 段常规压水试验和 21 段高压压水试验。试验成果表明，在强风化、弱风化上部及构造蚀变带，由于岩体较破碎（包括部分微风化的次块状结构岩体），当有

很高的压力时，岩体中的裂隙会产生扩张，同时裂隙中的充填物也会被水流带走，造成压水流量的增大。根据试验成果，临界压力值较低，一般为 0.60～1.00MPa，$P-Q$ 曲线类型一般表现为 D 型（冲蚀型）。在微风化和弱风化下部的花岗岩中，大部分岩体完整，在 3.00MPa 的压力下一般不会产生新的裂隙，原有裂隙一般是闭合的或者被铁质和钙质充填，也不会被扩张；但在部分地段产生较小的新裂隙或者原有裂隙的扩张，且规模一般很有限。其临界压力值也较高，一般弱风化下部岩体在 1.50MPa 左右，微风化～新鲜岩体在 2.50MPa 左右，其曲线类型一般表现为 D 型（冲蚀型）。另外，在高压力下岩体透水率与 1.00MPa 压力下的岩体透水率变化规律不强，总体在同一范畴内。在高压力条件下岩体透水率略有升高的试验段占 38.1%，略有降低的占 23.8%，基本保持不变的占 38.1%。

钻孔 ZK530 布置于坝址左岸 Ⅱ 勘线上游 5～10m 的思（茅）澜（沧）公路内侧，孔口高程为 625.01m，钻孔孔深为 151.58m，共计完成 3 段常规压水试验和 43 段高压压水试验。在孔深 59.64m 以上，地下水流动受岩体中的裂隙状态影响，在 3.00MPa 压力下岩体和裂隙状态一般不会发生改变；在孔深 59.64m 以下地下水流动基本不受裂隙状态影响，3.00MPa 压力下仍然能够平稳地流动。但在孔深 51.64～53.64m 和 73.58～77.58m 处，在水压力超过 2.00MPa 后，岩体中局部裂隙被扩张或者原有的裂隙被破坏，但规模较小，只会对该试验段地下水活动有影响。试验成果还表明，在孔深 59.64m 以上，高压力条件下水流表现为紊流型，其透水率较 1.00MPa 压力时有所降低，但从量级上看，两者基本处于同一水平。在孔深 59.64m 以下，高压力条件下的透水率与 1.00MPa 时相比无明显变化。

钻孔 ZK532 布置在坝址左岸山顶平台，为地下厂房压力管道部位，地面高程为 852.53m，钻孔孔深为 300.30m。为查明地下厂房压力管道部位岩体在高水头压力条件下的渗透特性及变化情况，在钻孔中进行了水力劈裂试验和高压压水试验，并由昆明院先期完成全孔的常规压水试验。根据钻孔揭露地质条件，结合工程部位特性，在孔深 159.76～278.79m 范围内，选取 7 个试验段进行水力劈裂试验。

从试验成果可以得出如下几点：

（1）孔深 159.76～162.86m 试验段较其余试验段条件差，试验劈裂压力低，相应岩体透水率大。

（2）微风化花岗岩中岩体的劈裂压力为 5.0～7.0MPa，并且随着埋深增加其劈裂压力略有增大。

（3）微风化花岗岩中岩体劈裂后，岩体透水率均小于 1.0Lu，表明原有裂隙挤压紧密，连通性差，劈裂裂隙规模很小。

（4）7 个试验段的压力-流量曲线均突向 P 轴，升压阶段与降压阶段曲线不重合，呈顺时针环状，属 D 型（冲蚀型）。

（5）孔深 231.87～234.97m 试验段为微风化的辉绿玢岩，块状结构，劈裂压力为 18.00MPa，比同条件花岗岩高，说明辉绿玢岩的抗拉强度较花岗岩高。

钻孔 ZK532 高压压水试验的目的是确定在实际水压力作用下，岩体的透水特性，以了解试验段岩体的完整性和与附近裂隙的连通性。压水试验的方法是用双栓塞隔离试验段，试验段长度 3.10m，栓塞止水压力为 5.00MPa，用 4.00MPa 的恒定压力向试验段注水 30min，每分钟读取一次流量。如果岩体透水率低，则用 6.00MPa 的恒定压力再次注水 30min 以上，观测流量及压力随时间的变化情况。共选取了 3 个试验段进行了 4.00MPa 及 6.00MPa 恒定压力的高压压水试验，试验成果见表 2.2-4。

表 2.2-4 　　　　　　　　　　　钻孔 ZK532 高压压水试验成果表

试验段范围 /m	试验段地质条件	试验压力 /MPa	流量 /(L/min)	稳定时间 /min	岩体透水率 /Lu
178.36～181.46	花岗岩，微风化，镶嵌碎裂结构，节理发育，充填铁锈及钙质薄膜，*RQD* 在 0.75～0.80	4.00	0～1	30	0
		5.80	13	4	0.72
			14	5	0.78
		3.80～3.55	15	26	1.30～1.40
264.00～267.10	花岗岩，微风化，次块状结构，节理较发育，充填钙膜，*RQD*＝0.80	4.00	11～12	20	0.89～0.97
			13	10	1.00
280.57～283.67	花岗岩，微风化，块状结构，节理不发育，闭合，基本无充填，*RQD*＞0.95	4.00	5	10	0.40
			4	20	0.32
		6.00	5	10	0.27
			5～6	5	0.27～0.32
			5	15	0.27

从试验成果可以得到：

（1）在 4.00MPa 压力条件下孔深 178.36～181.46m 试验段基本不漏水，岩体透水率较常规压水试验值小许多；在 5.80MPa 压力条件下透水量明显增加，并在持续 9min 后产生劈裂，劈裂压力与水力劈裂试验值相近，相应的岩体透水率为 1.30～1.40Lu，仍比常规压水试验值小，说明劈裂裂隙规模小，与外部裂隙不连通。

（2）在 4.00MPa 压力条件下，孔深 264.00～267.10m 试验段持续 30min 没有产生劈裂，岩体透水率接近常规压水试验值；表明试验段岩体裂隙规模小，连通性差，而且挤压紧密。

（3）在 4.00MPa 和 6.00MPa 两级压力下孔深 280.57～283.67m 试验段均未产生劈裂，岩体透水率小于 0.40Lu，较常规压水试验值小许多。

坝址右岸在强风化、弱风化上部及构造软弱岩带内，由于岩体较破碎（包括部分微风化的次块状结构岩体），在较高水压力作用下，岩体中的裂隙会产生扩张，同时裂隙中的充填物也会被水流带走，造成压水流量的增大，其临界压力值较低，一般为 0.60～1.00MPa，*P-Q* 曲线类型多表现为 D 型（冲蚀型）。在微风化和弱风化下部的花岗岩中，大部分岩体完整，在 3.00MPa 的压力下一般不会产生新的裂隙，原有裂隙一般是闭合的或者被铁质和钙质充填，也不会被扩张；只会在部分地段产生较小的新裂隙或者原有裂隙被轻微扩张，且规模一般很有限，其临界压力值较高，一般为 2.50MPa 左右，*P-Q* 曲线类型表现为 D 型（冲蚀型）；在高压状态下岩体透水率与 1.00MPa 时相比，无明显的规律性，两者在量级上大致处于同一范畴。从钻孔 ZK481 高压压水试验成果看，坝址右岸岩体产生劈裂的最大深度不超过 137.72m。

坝址左岸临近河床部位在孔深 60m 以上，地下水流动受岩体中裂隙状态的影响，在

3.00MPa 压力下岩体和裂隙状态一般不会发生改变；在孔深 60m 以下，地下水流动基本不受裂隙状态影响，在 3.00MPa 压力下仍然能够平稳地流动。根据钻孔 ZK530 高压压水试验资料，岩体产生劈裂的最大深度为 77.58m，临界压力为 2.00MPa。当水头压力大于 2.00MPa 后，岩体中局部裂隙将被扩张或者原有的已胶结裂隙会被重新破坏，但规模较小，只对该试验段地下水活动有影响。在高压力作用下，表部岩体中地下水运动主要表现为紊流；在孔深 60m 以上，高压力条件下岩体的透水率较 1.00MPa 压力条件下的有所降低，但两者在量级上仍基本处于同一范畴。深部弱风化下部及微风化岩体中，地下水运动主要表现为层流，两者的透水率变化不大。

地下厂房压力管道部位弱风化下部花岗岩的劈裂压力为 3.17MPa，相应透水率为 1.53Lu；微风化花岗岩的劈裂压力为 5.00～7.00MPa，相应透水率均小于 1.0Lu。常规钻孔压水试验成果表明，岩体透水率随深度的增加而降低，变化明显，其值比同试验段单压力长时间高压压水试验的值要高。高压压水试验典型过程曲线见图 2.2-5，高压压水试验典型压力-流量曲线见图 2.2-6。

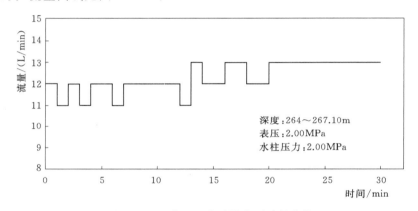

图 2.2-5　高压压水试验典型过程曲线

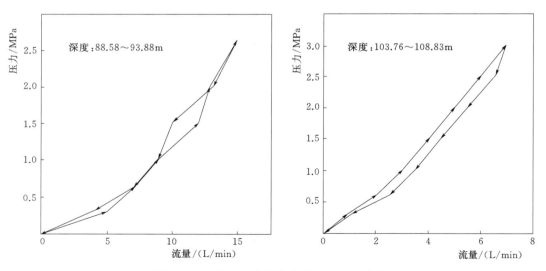

图 2.2-6　高压压水试验典型压力-流量曲线

2.2.6 水压致裂三维地应力测试

水电站位于热带-亚热带的崇山峻岭中，紧邻耿马-澜沧地震带和普洱思茅地震区，采用高坝、地下厂房设计方案，工程区应力状态及其稳定性分析研究是一项十分重要的内容。中国地震局地壳应力研究所开展的"糯扎渡水电站现场水压致裂法三维地应力测量与岩体水力劈裂试验"，主要任务是在坝址左岸地下厂房部位 PD204 中进行两组三维应力现场测量，在主变开关室部位的 PD412 中进行一组三维地应力现场测量。

以水压致裂法进行单孔应力测量，只能获得垂直于孔轴的平面应力场。要想得出空间应力场，需要对交汇的 3 个钻孔分别进行水压致裂应力测量。在不同方向的 3 个钻孔中，用水压致裂技术进行地应力测量，在获得平面应力数据的同时，如果测孔比较深，测量数据比较多，就可以根据平面应力数据确定出洞室开挖后二次应力的分布情况，并可以计算空间应力。如果洞室开挖后，围岩出现应力释放、集中等情况，则可根据实际情况分成几个组，分别计算出不同深度域内不同应力分布条件下的空间应力状态。如果该测点 3 个钻孔平面应力值随孔深变化不大，则可取应力的平均值进行计算。

PD204-3 测点，首先进行 ZK204-3(1)、ZK204-3(2) 和 ZK204-3(3) 3 个不同方向钻孔的平面应力的测量，然后利用平面应力的测量结果和各钻孔的参数进行了空间应力计算，三维应力计算结果见表 2.2-5，ZK204-1 测点三维应力测量结果及 ZK412 测点三维应力测量结果见表 2.2-6 和表 2.2-7。水压致裂及空间应力测试工艺结构见图 2.2-7、水压致裂及空间应力测试典型时程曲线见图 2.2-8、水压致裂及空间应力测试应力深度曲线见图 2.2-9、水压致裂及空间应力测试印模采集示意见图 2.2-10。

表 2.2-5　　　　　　　　　　PD204-3 测点空间地应力计算结果

主应力	量值/MPa	方位角	倾角/(°)	倾向
σ_1	11.36	N13°E	16	NNE
σ_2	7.02	N48°W	60	SE
σ_3	6.00	S84°E	25	NWW
应力分量计算结果/MPa				
σ_X	σ_Y	σ_Z	τ_{XY}	τ_{YZ}	τ_{XZ}
10.84	6.39	7.16	−0.96	−0.64	1.07

注 X 轴指向南为正；Y 轴指向东为正；Z 轴垂直向上为正。

表 2.2-6　　　　　　　　　　ZK204-1 测点三维应力测量结果

主应力	量值/MPa	方位角	倾角/(°)	倾向
σ_1	7.37	N8°E	4	NNE
σ_2	4.46	S89°E	59	NWW
σ_3	3.13	N80°W	30	SEE
应力分量计算结果/MPa				
σ_X	σ_Y	σ_Z	τ_{XY}	τ_{YZ}	τ_{XZ}
7.27	3.55	4.14	−0.57	0.54	0.32

注 X 轴指向南为正；Y 轴指向东为正；Z 轴垂直向上为正。

表 2.2－7　　　　　　　　　　　ZK412 测点三维应力测量结果

主应力	量值/MPa	方位角	倾角/(°)	倾向
σ_1	10.42	N8°E	1	近水平
σ_2	6.10	N87°W	79	SEE
σ_3	4.55	S82°E	11	NWW
应力分量计算结果/MPa				
σ_X	σ_Y	σ_Z	τ_{XY}	τ_{YZ}	τ_{XZ}
10.32	4.71	6.04	−0.78	−0.29	−0.11

注　X 轴指向南为正；Y 轴指向东为正；Z 轴垂直向上为正。

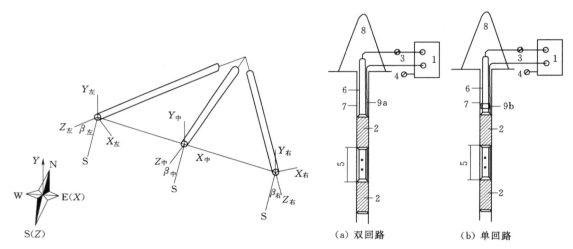

图 2.2－7　水压致裂及空间应力测试工艺结构图
1—高压泵；2—栓塞；3—流量计；4—压力表；5—压水段；6—钻杆；
7—钻孔；8—井架；9a—高压胶管；9b—高压转换阀

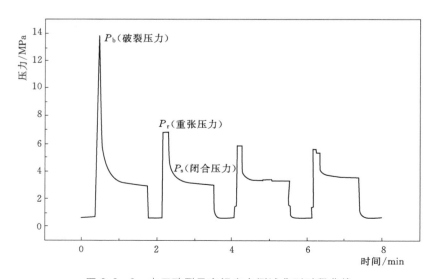

图 2.2－8　水压致裂及空间应力测试典型时程曲线

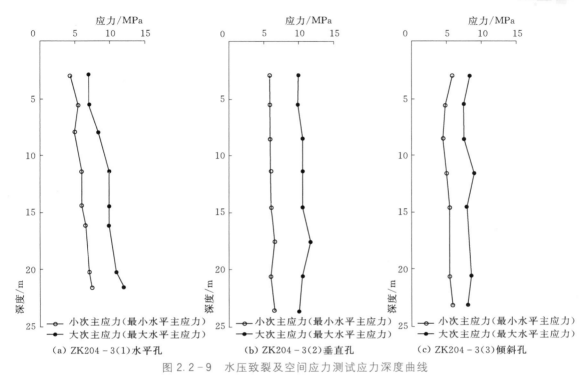

（a）ZK204-3(1)水平孔　　　　（b）ZK204-3(2)垂直孔　　　　（c）ZK204-3(3)倾斜孔

图 2.2-9　水压致裂及空间应力测试应力深度曲线

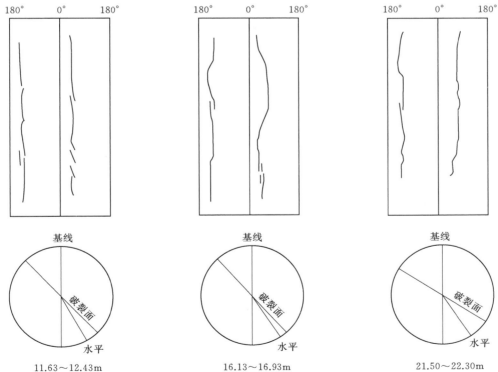

　　11.63～12.43m　　　　　　　16.13～16.93m　　　　　　　21.50～22.30m

图 2.2-10　水压致裂及空间应力测试印模采集示意图

27

同理计算出 ZK204 - 1 测点、ZK412 测点三维应力计算结果，分别见表 2.2 - 6 和表 2.2 - 7。

根据地下厂房与主变开关室三维地应力测试成果分析，可以得到如下结论：

（1）厂房区两测点岩石完整程度相差较大，平面与空间地应力测量结果明显受到局部地质条件的影响。ZK204 - 3 测点的应力值和相关力学参数明显高于 ZK204 - 1 测点。

（2）厂房区平面与空间应力的量值虽有差别，但应力场的基本格架相同。表现为：①NS 向应力分量最大，EW 向的应力分量最小，垂直分量居第二位，说明自重应力在总应力场中贡献较大；②两测点三维应力 σ_1、σ_2 和 σ_3 的方向大体一致，其中 σ_1 为 NNE 向，倾角 10°；③两测点各孔平面应力值随孔深分布变化不大，除个别孔浅部应力略有释放外，总体上看，洞室的开挖没有明显的应力集中现象。

（3）主变开关室部位的 ZK412 测点 σ_1 为 10.42MPa，σ_2 为 6.10MPa，σ_3 为 4.55MPa。

（4）测点各孔平面应力值随孔深分布变化不大，总体上看，洞室的开挖没有明显的应力集中现象。

第 3 章

心墙堆石坝

3.1 坝料试验方法和坝料设计

坝料试验方法和坝料设计方面的创新包括坝料数值试验方法、坝料试验内容及合理试验组数、200m 级以上高心墙堆石坝的坝料设计标准及指标要求。

3.1.1 坝料数值试验方法

土石坝是一种典型的由散体颗粒物质组成的坝体，土石坝建设中，筑坝材料的物理力学性质是其核心问题之一。随着目前土石坝工程规模的不断发展，超高土石坝建设已经成为趋势，由此也产生了一系列的岩土力学问题。如何从根本上解决或揭示筑坝材料的成料优化、分选及超高土石坝建设过程中可能出现的一些变形和破坏等工程问题，已成为超高土石坝工程建设研究的必然趋势。数值计算技术的发展为这类问题的解决提供了强大的技术支持，越来越多的研究者逐渐开始从细观层次上认识和解决岩土颗粒体系问题，并取得较好的成果。

依托水电站心墙堆石坝的心墙掺砾料，开展了土体掺砾后其变形破坏机理、力学特性等问题的初步探索，取得了一些初步结论。掺砾后数值试验模型见图 3.1-1。

图 3.1-1 掺砾后
数值试验模型

在高法向荷载作用下，试样在剪切过程中持续剪缩，并最终达到某一稳定值；而较低的法向荷载作用下，试样在剪切初期剪缩，剪切后期出现了剪胀现象，并最终达到某一稳定值。垂直应力越大剪缩现象越明显，垂直应力越小剪胀现象越明显。从各组的抗剪强度上来看，数值直剪试验的结果与原位直剪试验的结果非常接近，数值料的摩擦角比原位料的黏聚力更大一些。但总体来看，两者比较接近。

总体上数值试验和原位试验的应力应变关系很相似。峰值强度以及达到峰值强度的位移都比较接近，曲线形状相似，拟合结果良好。具体来看，围压较高时的两组数值试验与原位结果符合较好，而低围压下的模拟试验出现了明显的峰值，后期出现了较大的下降，显示出了一定的脆性破坏特征，可能是正应力较小时，颗粒之间的咬合不够，在较高的剪切位移之后会出现错动，球颗粒出现滚动特性。而原位试验中，颗粒为不规则形状，不会有球颗粒的类似滚动特性，而出现脆性破坏特性。

对于掺砾料，同混合料类似，在高法向荷载作用下试样在剪切过程中体积基本保持不变；而较低的法向荷载，在切向应变 6％的范围内持续剪胀，并最终趋向某一稳定值，在低法向应力下试验结束时仍然保持剪胀现象。垂直应力越大剪缩现象越明显，垂直应力越小剪胀现象越明显。总体上数值试验和原位试验的应力应变关系很相似。峰值强度以及达到峰值强度的位移都比较接近，曲线形状相似，拟合结果良好。

混合料在直剪过程中，随着剪切过程的进行，上剪切盒中颗粒的颜色不断地由蓝色向红色过渡，即颗粒的位移量不断地增加。表明在剪切过程中，上部颗粒发生了较大的位移。另外，在试样内部发生错动时，颗粒并非沿着剪切平面发生错动，而是沿着曲面发生滑动。观察上剪切盒内的试样，在剪切过程中，右上部分土体由于错动离开剪切盒，其下部没有受到其他颗粒或边壁的约束，其内部应力较小，高应力区的颗粒挤压使其位移增大。而处于高正应力带上的颗粒相互挤压，剪切初期位移相对低应力区颗粒较小。剪切后期，该方向上的颗粒受较高的正应力作用，再加上横向的水平剪切力，最后挤压下盒内土体，使其滑离本位而发生破坏。该滑裂曲面类似土体在软弱地基上的剪切滑坡的破坏面。

剪切初始时刻孔隙体积增量率基本为 0，随着剪切过程的进行，剪切口附近颗粒松动，孔隙增大，而内部高正应力区的颗粒由于受到挤压，孔隙减小。试样进入塑性变形阶段后，孔隙体积增量率基本保持不变，此时孔隙体积增量率沿着剪切带明显呈带状分布，且和正应力带对应。高正应力区孔隙减小，低正应力区孔隙增加。而在剪切面附近，由于颗粒的错动，孔隙变化剧烈。

向混合料中掺入砾石后，试样的黏聚力降低而摩擦角增加。在相同应变下，掺砾料有着更高的剪切应力。试样进入塑性变形阶段后，剪应力不再随应变的增加而增加，此时可以明显看出掺砾料的抗剪强度高于混合料，说明掺入砾石后，试样的抗剪强度得到了显著的提高。土料中掺入砾石后，剪切过程中土料内部法向接触力的分布规律被打破，显示出较为散乱的法向接触力分布情况。掺入砾石后，由于接触力可以沿着砾石的接触进行传递，应力在试样内部传播更深入，在整个试样中得以分散，因此也使得试样的抗剪强度得到了提高。而砾石的分布、形状等都较不规律，也使得掺砾料内部应力分布呈现较为杂乱的形态。

混合料的剪切带高度较低，而且其表面较为光滑平整，而掺砾料剪切带表面具有不规则凸起和凹陷，这些凸起部分是由块石存在于剪切带上造成的。这也说明了向土料中掺入砾石后，剪切带附近块石的咬合作用将会对剪切的发展产生阻碍，因此抗剪强度得以提高。通过对整个剪切过程中剪切面动态过程的观察，可以发现在剪切过程中剪切面上的砾石颗粒在初期起到了插销作用，阻止两剪切盒的相对位移。而在后续的剪切过程中，由于剪切作用的加剧，砾石开始随着周围土体发生旋转、滚动，逐渐脱离剪切面，此时，剪切应力不再增高，试样进入应力平台区。

3.1.2　坝料试验内容及合理组数研究

为了设计合理的碾压式土石坝断面尺寸及各种结构措施，必须在坝体设计前进行一定数量的土石料试验。土石料研究所需的试验项目及合理组数可视建筑物的等级、工程规模以及设计阶段有所不同。对于 200m 级以上高心墙堆石坝这类大型工程必须进行详细的土石料试验研究，而高坝坝料试验项目的合理组数以多少为宜，这方面可借鉴的工程资料很少，仍处于研究摸索阶段。

依托糯扎渡水电站工程开展了 200m 级以上高心墙堆石坝的坝料试验内容及合理组数的研究工作，得到结论如下：

（1）心墙料、接触黏土料所需进行的试验项目为含水率试验、比重及界限含水率试验、颗粒级配分析试验、击实试验、胀缩性试验、渗透及渗透变形试验、固结试验和三轴剪切试验，建议组数为 12 组。

（2）反滤料所需进行的试验项目为相对密度试验、渗透试验、固结试验和三轴剪切试验，建议组数为 16 组。

（3）堆石料所需进行的试验项目为渗透试验、固结试验和三轴剪切试验，试验组数按堆石料不同岩性、不同试验状态均进行 11 组。

（4）坝料动力试验所需进行的项目为细粒土的动力剪切模量和阻尼比试验、残余变形试验和动强度试验，粗粒土的动力剪切模量和阻尼比试验及残余变形试验。建议的试验组数：动力弹性模量及阻尼比试验为 2 组以上；动强度试验每种坝料至少进行 3 组平行试验；残余变形试验的固结比与围压最好各选 3 个，至少应当采用 2 个固结比及 3 个围压。

（5）坝料特性复核试验，各种坝料所需进行的项目及组数如下：

1）心墙料、接触黏土料：现场密度及含水率试验、比重及颗粒级配分析试验、渗透及渗透变形试验、固结试验和三轴剪切试验，建议组数为 12 组。

2）堆石料：现场密度及孔隙率试验、颗粒级配分析试验、渗透试验、固结试验和三轴剪切试验，建议组数为 11 组。

3）反滤料：现场密度试验、比重及颗粒级配分析试验、相对密度试验、渗透试验、固结试验和三轴剪切试验，建议组数为 8 组。

200m 级以上高心墙堆石坝的坝料试验内容及组数建议见图 3.1 - 2。

图 3.1 - 2 建议的坝料试验组数

3.1.3 坝料设计标准及指标要求

1. 合适的土料砾石含量范围

从已建的国内外土质防渗体土石坝筑坝经验看，高土石坝防渗体采用冰碛土、风化岩和砾石土为代表的宽级配土料越来越普遍。据统计，国外 100m 级以上的高土石坝中，有 70％以风化料或掺砾混合的砾石土作为防渗料；世界上几座 200m 级以上的高土石坝，大部分都是采用砾石土作为心墙料。

采用砾石土作为高堆石坝防渗体的优点是：压实后可获得较高的密度，从而提高防渗体的强度，降低压缩性，使得防渗体与坝壳料的变形模量更为协调，有效降低坝壳对心墙的拱效应，改善心墙的应力应变，减少心墙裂缝的发生概率，防止水力劈裂的产生；在防渗体开裂时，裂缝需绕过砾石料才能进一步延伸，因此粗颗粒砾石料的存在可限制裂缝的发展，并使裂缝起伏差加大，降低沿裂缝渗流的水力坡降，同时因缝壁粗颗粒不易被冲蚀，对限制沿裂缝的渗流冲蚀有积极作用，在反滤保护下裂缝的自愈效果也较好；采用砾石土便于施工，可采用重型施工机械进行运输和碾压，对含水率不敏感，多雨地区施工较黏土料容易。

掺砾土料作为高堆石坝防渗体具有如此多的优点，使其在工程中的广泛应用成为必然，而合适的砾石含量范围自然就成为工程设计中需要研究解决的问题。为了确定高心墙坝防渗土料合适的掺砾比例，依托糯扎渡水电站工程对 $1470kJ/m^3$ 击实功能和 $2690kJ/m^3$ 击实功能下不同掺砾量土料的物理力学性及水理性进行了系统的比较试验研究，重点是研究在相同击实功能下不同掺砾量土料的压实性、渗透性及抗渗稳定性、压缩特性、三轴抗剪强度及应力应变特性等。

采用农场土料场主采区典型部位 TK221 号探坑刻槽取混合土料，掺入白莫箐石料场弱风化以下花岗岩给定级配的碎石料进行相应项目的试验研究。$1470kJ/m^3$ 击实功能试验掺砾量分别为 0%、10%、20%……90%，试验项目包括比重、颗分、击实、渗透；$2690kJ/m^3$ 击实功能试验掺砾量分别为 0%、10%、20%、30%、40%、50%、55%、60%、70%，试验项目包括比重、颗分、击实、渗透、压缩、三轴。通过对两种功能不同掺砾量的击实、压缩、三轴试验资料的整理分析，总结了不同砾石含量土料的压实密度、渗透性能、压缩特性、抗剪强度及应力应变等工程特性。

根据上述几项试验研究可以得出结论：从压实特性角度考虑，土料掺砾量在 30%～40% 范围内较为合适；从压缩变形的角度来分析，掺砾量在 20% 以下时，对心墙料的压缩模量影响不大，掺砾量 50% 是上限值；从渗透系数和抗渗角度考虑，掺砾量宜低于 50%；而抗剪强度及变形参数随掺砾量的增加而有所提高。综上所述，对于 200m 级以上高心墙堆石坝，土料合适的砾石含量范围宜为 30%～50%，极限砾石含量不超过 50%，砾石含量在 20% 以下效果不明显。

2. 合适的土料击实功能选择

不同击实功能下土料的物理力学特性研究是坝料特性分析的一个重要方面，其对于合理的击实功能的选取及相应施工参数的制定都非常重要。依托糯扎渡水电站工程对混合土料和掺砾土料进行了轻型击实（$595kJ/m^3$）、重型击实（$2690kJ/m^3$）和 $1470kJ/m^3$ 击实三种功能的大型击实试验，同时，根据试验成果得出了合适的压实功能标准。对于 200m 级以上高心墙堆石坝，应该保证土料有较高的密实度，使防渗体具备强度高、压缩性低的特点，缩小防渗体与坝壳的变形差距，有效降低坝壳对心墙的拱效应，故不宜采用 $595kJ/m^3$ 轻型击实功能作为土料压实密度参考标准，应选择 $2690kJ/m^3$ 和 $1470kJ/m^3$ 两种击实功能进行细致的试验比较，以寻求适合 200m 级以上高坝防渗土料密实度所对应的试验击实功能。

对水电站农场土料场主采区共 6 个代表探坑刻槽取料，进行混合土料和掺砾土料在 $2690kJ/m^3$ 和 $1470kJ/m^3$ 两种击实功能下的试验研究，试验项目包括比重、颗分、击实、渗透、压缩、三轴，试验完成后对两种功能不同级配土料的击实、压缩、渗透、三轴试验成果进行整理分析，总结不同压实功能土料的压实密度、渗透性能、压缩特性、抗剪强度等工程特性。

从不同级配土料 $2690kJ/m^3$ 击实功能和 $1470kJ/m^3$ 击实功能下的试验成果看，提高击实功能，对提高混合土料、掺砾土料的干密度和细料的压实密度效果明显，压缩变形明显减小，渗透系数减少约一个数量级，抗剪强度及变形参数也有显著提高。故无论是混合料还是掺砾土料，对于200m级以上高心墙堆石坝而言，均宜采用 $2690kJ/m^3$ 击实功能作为土料的压实功能标准。

通过掺砾土料击实试验研究，分析了不同掺砾量、不同击实筒以及不同击实功能下土料的压实密度和含水率情况，明确了200m级以上高心墙堆石坝土料压实度的控制标准。研究结论为：推荐现场检测采用小于20mm细粒 $595kJ/m^3$ 击实功能进行三点快速击实的细料压实度控制方法，细料压实度应大于98%。根据击实试验研究成果，该细料压实度标准与全料 $2690kJ/m^3$ 击实功能95%压实度标准相当，由于规范要求砾石土应按全料压实度控制，故要求定期进行全料 $2690kJ/m^3$ 击实功能95%压实度的复核检测。

3. 反滤料级配设计方法

反滤料的级配设计是土石坝设计的核心问题之一。设计反滤料的依据是防渗料，因此，反滤料设计首先要研究防渗料的特性，若需掺料，还应认真研究掺料后的特性，然后才是反滤料自身的设计。

《碾压式土石坝设计规范》（SDJ 218—84）已明确提出了用宽级配被保护土的"细粒部分"来设计宽级配反滤料"细粒部分"的设计观念，研究了土的统一分类体系的核心概念，讨论了设计粗粒土防渗料的宏观概念和界限含量，指出：细粒组含量 $\eta_{0.075}$ 与临界含量（$P_5)_f$ 的范围并不是相互独立的指标，而是土的一对相关的特征值，而且"因土而异"，细粒组中黏粒含量应大于5%。若防渗料的细粒组是不含黏粒或少黏粒的粉土类，那么这种土是不能用作防渗料的。

基于谢拉德等人的研究成果、美国垦务局的反滤准则以及国内的试验研究和规范采用的刘杰建议，采用"开裂-自愈"假设，将土分为"骨架粗料"和"填充细料"两部分。"骨架粗料"是土体的承载骨架，不存在单纯渗透力作用下的渗透变形稳定问题，渗透变形稳定问题只针对"填充细料"提出。并且研究指出，用反滤料的"填充细料"来保护基土的"填充细料"是反滤料设计的本质，而"填充细料"刚好填满"骨架粗料"的孔隙，并与其共同发挥承载和防渗作用的临界含量 η_f 以及分界粒径 d_f 是反滤料设计的核心概念。建立了反滤料的"填充细料"填满"骨架粗料"孔隙的临界条件、防渗和排水条件、自愈能力以及内部颗粒结构的稳定条件，介绍了反滤料设计的步骤和依据。

运用研究的设计理念和设计方法，反滤料的最大粒径可大可小，更易于根据工程的实际条件，设计出较满意的反滤料级配，兼顾"反滤"和"适应较大变形"的要求。

4. 合适的反滤料相对密度标准

《水电工程水工建筑物抗震设计规范》（NB 35047）中规定："对于无黏性土的压实，要求浸润线以上材料的相对密度不低于0.75，浸润线以下材料的相对密度则根据设计烈度大小适当提高"。对于200m级以上的高心墙堆石坝，反滤料的压实要求，即相对密度要适当提高。在设计相对密度确定以后，还要考虑反滤料的强度安全性、应力应变和水流过渡的协调性问题，验证设计相对密度指标的合理性。依托电站工程，对反滤料在设计相对密度情况下的强度指标、变形参数和渗透系数均进行了系统的试验研究，论证了 200m 级以上高心墙堆石坝反滤料合适的密度标准。

从强度指标、变形参数和渗透系数等方面，研究分析了合适的反滤料密度标准，论证了高心墙堆石坝设计相对密度指标的合理性。电站工程中大坝反滤料的压实要求为：反 I 料相对密度 $D_r > 0.80$，参考干密度平均为 1.80g/cm^3；反 II 料相对密度 $D_r > 0.85$，参考干密度平均为 1.89g/cm^3。从强度指标来看，在设计压实要求的情况下，I、II 反滤料都具有较高的强度指标，这对高心墙堆石坝坝坡稳定是有利的。在反 I 料相对密度为 0.80、反 II 料相对密度为 0.85 时变形参数较为协调，有利于从心墙到坝壳的应力应变过渡。此外，渗透系数反 I 料比心墙防渗料大两个量级，反 II 料又比反 I 料大两个量级，坝壳堆石料比反 II 料大一个量级，坝料间的排水条件能够完全满足。因此，以糯扎渡水电站工程为典型实例，从以上三个方面可以得出结论：根据 200m 级以上高心墙堆石坝反滤料的压实要求，反 I 料的相对密度取 $D_r > 0.80$、反 II 料的相对密度取 $D_r > 0.85$ 是合适的。

5. 合适的堆石料孔隙率控制标准

《碾压式土石坝设计规范》（DL/T 5395）要求："土质防渗体分区坝和沥青混凝土心墙坝、沥青混凝土面板坝的堆石料的孔隙率可按已有类似工程经验在 20%～28% 间选取，必要时由碾压试验确定"。对于 200m 级以上高心墙堆石坝，堆石料的孔隙率及干密度设计标准应综合考虑多种因素，如堆石料的岩性和强度、坝高、坝坡以及堆石体与心墙变形性能的协调。不同工程的坝料岩性可能会相差很大，因而孔隙率和干密度控制标准会有所不同，给出具体的孔隙率标准值意义不大，需要具体问题具体分析。本节依托糯扎渡水电站工程，介绍心墙坝堆石料的孔隙率和干密度控制标准及设计思路，探讨堆石料压实要求需综合考虑的多种因素。

根据料源情况、坝料试验及坝体结构要求，大坝堆石料分为 4 个区：① I 区堆石料为料场及枢纽开挖的弱风化以下角砾岩和花岗岩，填筑于上游坝坡附近及死水位以上坝壳区、下游水位以下及水位以上坝坡附近的坝壳区；② II 区堆石料为坝址区开挖的弱风化以下 T_2m^1 沉积岩及强风化花岗岩，填筑于下游坝壳水位以上坝体内部的坝壳区；③ III 区堆石料为坝址区开挖的弱风化以下 T_2m^1 沉积岩与弱风化以下花岗岩各 50% 的混合料，填筑于上游死水位以下围堰下游坝体内部的坝壳区；④细堆石过渡料为料场及枢纽地下洞室开挖的弱风化以下花岗岩，填筑于反滤料与坝壳堆石料之间。

I 区堆石料为角砾岩和花岗岩两种岩性。不同岩性的比重不同，白莫箐石料场角砾岩比重为 2.63、花岗岩比重为 2.59，坝区开挖的花岗岩比重为 2.63～2.64，则 24% 孔隙率对应的干密度为 2.0g/cm^3、1.97g/cm^3、2.0g/cm^3，因最终上坝为三种坝料混合填筑，为便于质量控制，I 区堆石料设计干密度取 2.0g/cm^3。I 区堆石料均为硬岩，24% 孔隙率坝料在 0.1～0.2MPa 垂直压力下饱和、非饱和状态时的平均压缩系数分别为 0.007MPa^{-1} 和 0.006MPa^{-1}，压缩模量分别为 170MPa 和 203MPa，均属低压缩性；有效强度小值平均值线性指标为 $\phi = 39.4°$、$c = 148 \text{kPa}$，非线性指标为 $\phi_0 = 51.5°$、$\Delta\phi = 8.4°$；邓肯-张模型参数 K、n 平均值分别为 1425、0.26，具有较高的抗剪强度和抗变形能力，是理想的高堆石坝堆石料。

Ⅱ区堆石料岩性较多，强风化花岗岩比重为 2.63，泥岩、粉砂质泥岩、泥质粉砂岩为 2.74，粉砂岩为 2.76，角砾岩为 2.66，砂岩为 2.73，细砂岩、砂砾岩为 2.71，各种 T_2m 沉积岩岩性按百分含量换算的混合比重为 2.72，而招标阶段 T_2m 沉积岩不同配比料的混合比重为 2.74～2.76，按 22% 设计孔隙率计算得出的干密度分别为 2.12g/cm³ 和 2.15g/cm³，故Ⅱ区堆石料的设计干密度按 2.15g/cm³ 控制。Ⅱ区堆石料为软、硬岩混合料，软岩含量一般小于 30%，极限含量为 60%；当软岩含量在 60% 左右时，存在高应力下压缩变形较大以及一定的湿化变形问题。虽然其中的软岩可能存在泥化现象，对抗剪强度有一定影响，但泥化量在 25% 以下时，影响程度较小，且含泥化坝料（最高泥化量 63%）在 22% 孔隙率下，其抗变形性能并未显著降低。根据试验成果，其有效强度小值平均值线性指标为 $\phi=36.5°$、$c=120\text{kPa}$，非线性指标为 $\phi_0=49.1°$、$\Delta\phi=9.13°$；邓肯-张模型参数 K、n 平均值分别为 1530、0.175，其抗剪强度和抗变形能力可以满足高心墙堆石坝坝壳料要求。Ⅰ区堆石料渗透系数按不小于 $1×10^{-1}\text{cm/s}$ 控制，Ⅱ区堆石料按不小于 $1×10^{-2}\text{cm/s}$ 控制，可以满足自由排水要求，故Ⅱ区堆石料置于下游坝壳水上部位是合适的。

Ⅲ区堆石料为Ⅰ区堆石料 50% 和Ⅱ区堆石料 50% 的混合料，比重分别按 2.59 和 2.76 计算，孔隙率为 22%，则Ⅲ区堆石料控制干密度为 2.09g/cm³。Ⅲ区堆石料包含部分软岩料，软岩料含量一般小于 15%，极限含量为 30%。根据试验成果，即使Ⅲ区堆石料中软岩全部泥化（泥化量为 31.5%），22% 孔隙率坝料在 0.1～0.2MPa 垂直压力下饱和、非饱和状态时的平均压缩系数分别为 0.0062MPa^{-1} 和 0.0048MPa^{-1}，压缩模量分别为 208MPa 和 266MPa，均属低压缩性；有效强度小值平均值线性指标为 $\phi=34.4°$、$c=152\text{kPa}$，非线性指标为 $\phi_0=49.9°$、$\Delta\phi=11.1°$；邓肯-张模型参数 K、n 平均值分别为 1332、0.175，可以满足高堆石坝上游坝壳堆石料的要求。

细堆石过渡料与Ⅰ区堆石料岩性相同，均为硬岩，设计孔隙率为 24%，采用白莫箐石料场弱风化以下花岗岩开挖料，设计干密度为 2.0g/cm³。24% 孔隙率细堆石料有效强度平均值线性指标为 $\phi=40.8°$、$c=120\text{kPa}$，非线性指标为 $\phi_0=50.5°$、$\Delta\phi=6.73°$；邓肯-张模型参数 K、n 平均值分别为 1100、0.28，强度指标和变形参数满足心墙与坝壳的过渡。

6. 坝料强度参数采用非线性指标的必要性和合理性

通过对电站心墙坝多种坝料的大型三轴试验，证实了堆石等粗粒料随着围压的升高会发生颗粒的破碎现象，内摩擦角降低，其摩尔强度包线是向下弯曲的。即在比较大的应力范围内堆石的抗剪强度参数（内摩擦角 ϕ 值）与法向应力之间的比例关系并不是常数，而是随法向应力的增加而降低，呈现明显的非线性特征。因此，粗粒料采用非线性抗剪强度理论进行描述更为合理，《碾压式土石坝设计规范》（DL/T 5395）中也对此进行了规定，粗粒料强度参数采用非线性指标的必要性已得到确认。

通过对坝料非线性强度指标的研究分析，对其使用的合理性等相关问题可以得到以下结论：

（1）采用无黏聚力的线性指标进行稳定分析不能发现安全系数的极值，也不能发现一个具有物理意义的临界滑裂面。因此，这种模型不能用于堆石坝的坝坡稳定分析。

（2）在进行非线性坝坡稳定分析时，应注意使用 ϕ_0 和 $\Delta\phi$ 的小值平均值而不是均值。

通过对多个工程的堆石料抗剪强度试验资料的收集和整理，获得了堆石料抗剪强度参数的经验分布规律。一般情况下，对于硬岩堆石料，邓肯对数非线性指标 $\phi_0 = 53.0° \pm 2.0°$ 和 $\Delta\phi = 10° \pm 1.0°$，$\phi_0$ 的概率分布接近正态分布。线性指标 $c = 150\text{kPa} \pm 40\text{kPa}$ 和 $\phi = 40° \pm 1.5°$。德迈洛指数非线性指标 $A = 3.0 \pm 0.3$ 和 $b = 0.85 \pm 0.02$。

（3）根据试验确定的邓肯非线性参数的变异性要小于德迈洛非线性参数，且邓肯双曲线应力-应变模型在我国使用广泛，因此，使用邓肯非线性参数进行大坝非线性分析具有明显的优势。

（4）通过邓肯非线性指标、分段线性指标以及线性指标计算得到的坝坡稳定安全系数非常接近。对具有代表意义的一级面板坝剖面进行边坡稳定的确定性分析，发现如果按要求使用 ϕ_0 和 $\Delta\phi$ 的小值平均指标，安全系数为 1.5～1.6，和传统的线性参数相应值（安全系数允许值为 1.5）处于同一量级。因此，在进行非线性分析时，同样可以使用现有规范对坝坡稳定允许安全系数规定的标准，不需要对其进行调整。

3.2　坝体结构与坝料分区设计研究

3.2.1　心墙型式比较

以糯扎渡水电站心墙堆石坝为依托，对土质心墙堆石坝的两种心墙型式——直心墙和斜心墙进行了比较研究。用于比较的直心墙堆石坝及斜心墙堆石坝相应的最大横剖面详见图 3.2-1 和图 3.2-2。

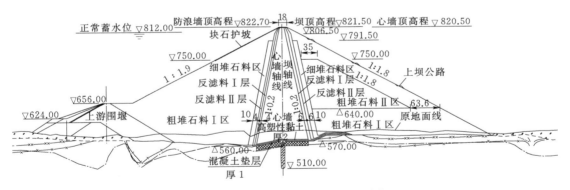

图 3.2-1　直心墙堆石坝最大横剖面（单位：m）

从地形、地质、枢纽布置、坝体和坝基渗流、坝坡稳定性、坝体应力和变形、坝体动力反应和抗震能力、大坝施工以及大坝工程量和造价等方面对直、斜两种心墙型式进行了比较和分析，结论如下：

（1）直心墙堆石坝方案和斜心墙堆石坝方案的枢纽布置无较大差别。

（2）左岸近河床部位，斜心墙堆石坝方案岩体风化带厚度较直心墙堆石坝方案稍大；右岸高程 700.00～750.00m 地段斜心墙堆石坝方案心墙距 F_{12}、F_{13} 与 F_{14}、F_5 断层交会带较近，该处构造软弱岩带宽度相对较大，达 50 余米。故斜心墙堆石坝的基本地质条件相

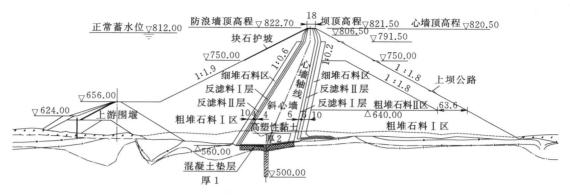

图 3.2-2 斜心墙堆石坝最大横剖面（单位：m）

对较差。

（3）斜心墙堆石坝方案心墙距下游 11 号冲沟较近，受其不利影响较大，且下游坝壳填筑工程量有所增加。

（4）斜心墙堆石坝方案心墙部位右岸坝基岩体质量总体上较直心墙方案略差，相对隔水层底板较直心墙方案深，坝基防渗及渗透稳定控制难度较大，从而该部位帷幕灌浆相对较深，灌浆工程量增加较多。但在各自设计的渗控措施条件下，坝基防渗及渗透稳定均满足要求，无较大差别。

（5）斜心墙堆石坝方案心墙坝基沿山坡斜向开挖，上游侧边坡高度比直心墙大。同时，其右岸高程 720.00～800.00m 范围上游侧边坡与 F_{14}、F_5 等 NNE 向断层成锐角相交；且右岸高程 700.00～750.00m 部位更接近于构造软弱岩带。故斜心墙堆石坝基开挖边坡的稳定性条件较直心墙堆石坝差。

（6）斜心墙堆石坝由于坝轴线向下游移了 35m，而从Ⅱ勘线向下游左岸风化逐渐加深，故其心墙基础开挖较深，坝体开挖工程量和填筑工程量有所增加。

（7）直心墙堆石坝坡稳定的安全裕度略大于斜心墙堆石坝。

（8）根据坝体应力和变形分析成果，直心墙堆石坝和斜心墙堆石坝无本质差别。直心墙堆石坝坝体变形小一些，斜心墙堆石坝拱效应略小一些，抗水力劈裂稍有利些，都满足要求。

（9）从坝体动力反应和抗震能力方面，直心墙堆石坝和斜心墙堆石坝的加速度反应和永久变形总体上基本相当，无本质差别，但直心墙堆石坝略小于斜心墙堆石坝，直心墙堆石坝的抗震性能略优。

（10）斜心墙堆石坝方案的工程量明显大于直心墙堆石坝方案。

（11）直心墙堆石坝方案和斜心墙堆石坝方案的施工导流方案基本相同，无较大差别。

（12）直心墙堆石坝方案和斜心墙堆石坝方案的施工工艺、上坝道路布置基本相同，无本质差别，发电工期和总工期相同，斜心墙堆石坝施工强度略大。

（13）直心墙堆石坝方案大坝工程的静态投资比斜心墙堆石坝方案节省约 0.79 亿元。

因此总体来说，直心墙型式优于斜心墙型式，故心墙堆石坝采用直心墙型式。

3.2.2 坝体分区设计

1. 分区方案的拟定

心墙堆石坝分区设计研究，首先拟定各种可能的分区方案，然后从各个方面研究其可行性，并对各分区方案进行比较，从而得出坝料分区设计准则。

共拟定了 4 个心墙分区方案进行研究，见图 3.2-3。方案 1 全部采用掺砾料，方案 2~方案 4 将心墙分为两个区，分别以高程 720.00m、700.00m 和 680.00m 为界，以下采用掺砾料，以上则采用不掺砾的混合土料。如以高程 720.00m 为界，则采用混合土料的最大坝高为 101.5m，如以高程 680.00m 为界，则采用混合土料的最大坝高为 141.5m（相当于小浪底堆石坝的坝高水平）。

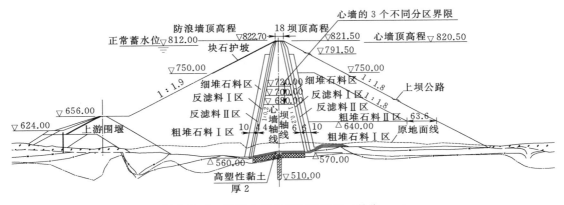

图 3.2-3　防渗心墙分区方案拟定（单位：m）

下游堆石坝壳共拟定了 3 个分区方案，见图 3.2-4。方案 1 将高程 640.00~750.00m 范围靠心墙侧内部区域设置为堆石料Ⅱ区，其外部为水平宽度 63.6m 的堆石料Ⅰ区。堆石料Ⅱ区略高于下游校核洪水位（636.98m），且高出设计洪水位（630.75m）9.25m，处于干燥区。方案 2、方案 3 在方案 1 的基础上，将堆石料Ⅱ区进一步扩大，厚度分别增加 10m、20m，但底部高程不变，因此仍处于干燥区。

上游堆石坝壳共拟定了 8 个分区方案。方案 1 为上游全部采用Ⅰ区粗堆石料。方案 2

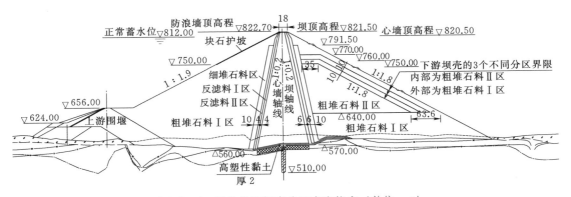

图 3.2-4　下游堆石坝壳分区方案拟定（单位：m）

将主围堰下游高程656.00m以下设置为粗堆石料Ⅱ区，以上设置为粗堆石料Ⅰ区，见图3.2-5。方案3将上游坝壳高程740.00m以下靠心墙侧内部区域也设置为粗堆石料Ⅱ区，其外部的堆石料Ⅰ区水平宽度为97.7m。该方案上游坝壳的堆石料Ⅱ区低于死水位，可不受水位经常波动的影响，同时坝顶有足够厚度的Ⅰ区堆石料，可满足抗震要求。方案4、方案5、方案6系在方案3的基础上，将堆石料Ⅱ区进一步扩大，但顶高程仍低于死水位。方案3～方案6分区布置见图3.2-6。考虑到泥岩、粉沙质泥岩长期浸泡在水中的不利影响，对上游堆石坝壳又拟定了方案7和方案8，其分区界限分别同方案2和方案3，只是将其中的Ⅱ区堆石料换成Ⅰ区堆石料和Ⅱ区堆石料的混合料（或称之为Ⅲ区堆石料）。

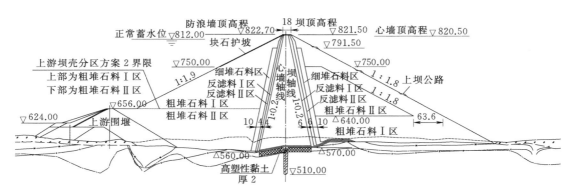

图3.2-5 上游堆石坝壳分区方案2（单位：m）

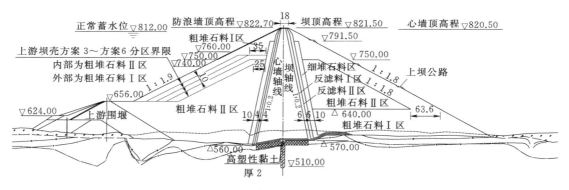

图3.2-6 上游堆石坝壳分区方案3～方案6布置（单位：m）

2. 坝顶沉降计算分析及比较

按照《碾压式土石坝设计规范》（DL/T 5395）规定的分层总和计算方法，分别对稳定渗流期和竣工期的坝顶沉降进行计算，两者之差为坝顶的后期沉降。计算中，土料的压缩曲线采用多组压缩试验成果的平均值。运行期的孔隙压力根据渗流计算得出的渗流场确定，竣工期的孔隙压力根据工程经验按总应力的20%确定。

从计算结果看出，除完全采用混合土料的方案不满足要求外，其余各方案的后期沉降占坝高的百分比均小于1%，满足规范要求。

3. 坝坡稳定计算分析及比较

根据对各分区方案进行的大量坝坡稳定计算分析成果，可得出坝坡稳定因素对坝料分区的影响如下：

（1）由于最危险滑裂面一般总是穿过心墙上部，因此心墙分区对坝坡稳定性基本没有影响。

（2）由于最危险滑裂面一般均比较深，会穿过位于坝体内部的次堆石料区，因此次堆石料的抗剪强度对坝坡的抗滑稳定安全性有较大的影响，应尽可能将次堆石料碾压密实，以提高其抗剪强度。

（3）一般情况下，随着次堆石料区范围的扩大，坝坡的抗滑稳定安全系数会有所降低，但当扩大到一定程度后，滑裂面穿过次堆石料区的范围不再增加，坝坡的抗滑稳定安全系数也不再降低。

因此，坝坡稳定因素对坝料分区的影响不是制约性的，可尽可能多地利用建筑物开挖料，以降低工程投资。

4. 坝体静力有限元应力应变计算分析及比较

委托清华大学及南京水利科学研究院开展各分区方案的坝体静力有限元应力应变计算分析及比较研究。清华大学采用邓肯-张的双曲线非线性弹性 E-B 模型按有效应力法计算，南京水利科学研究院采用沈珠江双屈服面弹塑性模型按有效应力法计算，并考虑坝料流变及上游坝壳湿化对坝体应力和变形的影响。南京水利科学研究院的计算参数与清华大学略有差别。

根据对不同分区方案的大量计算分析成果，可以得出应力及变形因素对坝料分区的影响如下：

（1）无论是采用邓肯-张的双曲线非线性弹性 E-B 模型计算，还是采用沈珠江双屈服面弹塑性模型计算，也无论是否考虑坝体流变及上游坝壳湿化变形的影响，各种分区方案坝体的变形和应力分布均符合一般规律，各种分区方案坝体变形总量及分布规律均能满足坝体变形控制的要求，各分区方案心墙土体内均未产生拉应力，即 $\sigma_3' > 0$，心墙土体不会出现拉裂缝，心墙发生水力劈裂的可能性均可以排除，各种分区方案均是可行的。

（2）坝体Ⅱ区堆石料分区的大小和位置对坝体应力变形的影响并不显著，各分区方案坝体变形及应力的最大差值分别不超过 7% 和 10%，可见增加Ⅱ区堆石料的分区范围从坝体应力和变形来看是完全可行的。

（3）心墙分区界限高程从 680.00m 变化至 720.00m，坝体应力及变形的差值很小，采用邓肯-张的双曲线非线性弹性 E-B 模型计算结果基本上没有差别。可见对电站心墙堆石坝，心墙分区界限在 680.00～720.00m 范围内均是可行的。

因此，从坝体应力及变形角度，扩大Ⅱ区粗堆石料（软岩料）分区以及在心墙上部直接采用不掺砾土料是可行的。

5. 坝体动力反应计算分析及比较

为研究坝体的动力反应，并对各分区方案进行比较，特委托大连理工大学开展了平面和三维的有限元动力反应分析研究。动力计算参数系根据中国水利水电科学研究院的试验成果整理而得。

根据上述对不同分区方案的大量计算分析成果，可以得出，分区方案对动力结果的影响并不十分明显，相对而言，不同地震波的输入作用对坝体动力反应的影响较大。

6. 填筑施工规划比较

根据坝体填筑施工规划方面对各分区方案进行的比较研究成果，从枢纽建筑物开挖的Ⅰ区堆石料、Ⅱ区堆石料利用率及需从石料场补充开采量方面考虑，上游堆石坝壳分区及下游堆石坝壳分区均以最大范围利用Ⅰ区堆石料的方案较优。从坝料调运及Ⅲ区料（Ⅰ区堆石料、Ⅱ区堆石料互层填筑）施工程序较复杂两方面考虑，Ⅲ区料的方案施工难度较大，不宜采用。

以上仅是针对电站堆石坝进行的施工规划比较，由于各个工程在开挖料性质、开挖料位置、开挖料数量、运输道路布置、存渣场布置以及料物调运方案等方面均会存在差异，故针对每个具体工程需根据其具体的实际情况进行详细分析比较后才能最终确定合适的分区方案。

7. 工程造价因素影响

一般来说，心墙采用天然土料越多，坝壳堆石料利用开挖料越多，工程造价会越省。

8. 分区方案综合比较结论

综合、统筹考虑以上各比较因素，坝壳分区以上游堆石料分区方案 6、下游堆石料分区方案 2 最优，心墙分区界限则从高程 720.00～680.00m 范围均是可行的。

3.2.3　软岩堆石料的合理利用

一般认为应将软岩料置于下游坝壳干燥区，而置于上游区可能存在湿化软化的不利影响。但堆石坝的特点是充分利用当地材料筑坝，因此从技术经济角度考虑，研究论证上游坝壳区设置含有部分软岩料的次堆石料区的可能性，以及对坝体应力变形的影响是必要的。以糯扎渡水电站心墙堆石坝为依托，开展了软岩堆石料合理利用的研究。

研究提出了能反映堆石料劣化的修正"南水"双屈服面模型，采用该模型可以模拟在大坝生命周期内由于堆石料力学性质劣化对大坝应力变形的影响，但相关计算参数需通过加速风化的单线法三轴试验进行确定，试验较为困难。特别是对于电站Ⅱ区堆石料而言，由于其中仅有泥岩、粉砂质泥岩及泥质粉砂岩是易风化料，而砂岩和角砾岩仍保持原状，试验更为困难。

由于修正"南水"双屈服面模型的参数试验很困难，可采用虚拟荷载法模拟堆石料力学性质劣化对大坝应力变形的影响，即通过对劣化前后不同状态的堆石料进行三轴剪切、湿化和流变的双线法试验，将应变差转换为等效虚拟荷载，通过已有成熟模型计算出堆石料力学性质劣化后大坝的应力和变形。

以糯扎渡水电站心墙堆石坝为例，对三种不同风化状态的Ⅱ区堆石料开展了针对虚拟荷载法的双线法试验，获取了相关计算参数。通过计算分析，堆石料力学性质劣化对大坝应力变形的影响可以归纳如下：

（1）堆石料风化程度加剧会使其压缩模量、渗透系数和变形模量降低，使其湿化变形和流变变形增大。

（2）堆石料变形模量的降低造成坝壳变形的增大以及其湿化变形和流变变形的增大，使坝体总体变形量增加，特别是心墙沉降量增加较多。

（3）堆石料变形模量的降低，使得其对心墙的拱效应的作用有所减少，心墙上、下游面的竖向应力及主应力均有所增加，这对防止心墙发生水平裂缝是有利的。

（4）虽然由于拱效应减少使得心墙上、下游面的主应力均有所增加，但大主应力增加较多，小主应力增加较少，从而使得心墙上游面的应力水平有所增加。针对电站心墙堆石坝进行的计算表明，即使Ⅱ区堆石料中的泥岩、粉砂质泥岩以及泥质粉砂岩均已完全风化（方案3），心墙应力水平最大值也只有0.84，不会出现塑性极限状态。

3.2.4 坝基混凝土垫层设计

由于坝体体积庞大而混凝土垫层尺寸相对很小，以往针对心墙堆石坝的有限元应力应变分析往往不模拟混凝土垫层，而简单地将其归为刚性坝基的一部分，故针对混凝土垫层应力分析的成果较少。以糯扎渡水电站心墙堆石坝坝基混凝土垫层为依托，共进行了31个方案的计算分析，以研究坝基混凝土垫层的应力分布规律，并据此研究混凝土垫层合理的结构设计方案。

1. 混凝土垫层拉应力产生机理

在顺坝轴线方向，由于坝体总体上从两岸向河床变形，受坝体变形的挤压和剪切作用，混凝土垫层在该方向总体上处于压应力状态，基本不会出现拉应力。

在垂直于坝轴线方向（顺河向），坝体自重作用引起坝壳、心墙以坝轴线为界分别向上、下游位移，从而带动混凝土垫层向外张拉，引起顺河向拉应力。当心墙基础岩体出现中间硬、上下游两侧软的情况时，更会加剧这种作用。同时，由于坝体拱效应，心墙自重会不同程度地传递到反滤层、过渡层，使得混凝土垫层上的竖向应力分布不均；边缘处较大，使得边缘处的上层单元受轻微弯拉作用。这两方面的原因导致垫层边缘出现顺河向拉应力。

2. 坝基岩体对混凝土垫层拉应力的影响

坝基岩体对混凝土垫层拉应力存在很多的影响。坝基岩体刚度越大，其对混凝土垫层的约束就越大，混凝土垫层与基岩整体性就越强，就越能一起抵抗坝体自重作用对混凝土垫层向上、下游方向的推力，从而降低混凝土垫层的拉应力值。

坝基岩体的不均匀性特别是突变会使混凝土垫层产生较大的拉应力，特别是在突变处，应尽量避免这种情况发生。

因此，当坝基岩体变形模量较低特别是不均匀时，应采取局部挖出置换、加强固结灌浆等措施来提高坝基岩体刚度尤其是坝基岩体均匀性。

3. 混凝土垫层宽度

从混凝土垫层拉应力产生机理看，混凝土垫层在上、下游方向越宽，坝体自重作用对混凝土垫层向上、下游方向的推力就越明显，混凝土垫层产生拉应力的范围及拉应力值就会越大。仅此而言，混凝土垫层应该尽可能地窄。

但混凝土垫层的主要功能是作为坝基固结灌浆的压重，其宽度应覆盖整个坝基固结灌浆的范围。

4. 混凝土垫层厚度

根据混凝土垫层的受力机理,当坝体体型确定时,坝体自重作用对混凝土垫层向上、下游方向的推力也已经确定。因此混凝土垫层越厚,其承受的拉应力也就越小。在坝基岩体质量较差的部位可考虑局部适当增加垫层的厚度。但混凝土垫层的厚度应从其功能要求、防裂要求以及经济性等方面综合考虑确定。混凝土垫层应配适当的钢筋以限制裂缝的开展。

5. 混凝土垫层分缝设计

应有针对性地在垂直于拉应力的方向设置分缝,才能起到释放拉应力的作用。根据混凝土垫层拉应力的产生机理,在反滤层与心墙交界部位及在顺坝轴线方向设置结构纵缝,可以较大幅度地降低垫层的拉应力。

3.3 静力计算分析及变形和稳定控制

3.3.1 堆石料的本构模型和变形计算方法的总结和改进

3.3.1.1 堆石料常用本构模型及其特点

堆石料通常是指直接由山体爆破开采或将岩块经一定程度破碎而得到的岩石碎块类集合体。堆石体变形的主要原因是在荷载的作用下堆石颗粒发生的错动以及颗粒本身或其棱角的破碎。通常认为,堆石料特性与砂的特性基本类似,因而堆石料强度与变形的表达式大都是在砂土相应表达式的基础上予以改进和修正得到的。然而堆石料具有颗粒粒径大,颗粒存在的初始缺陷较多,较低围压下也常会因压实和剪应力作用而破碎等特点。在剪切过程中,堆石颗粒间可发生滑移和错动,其结果可产生显著的体积变形。在堆石体密度较小、围压力较大时,常发生剪缩。而当密度较大、围压力较小时,常出现剪胀。因此,堆石料的变形除具有非线性、压硬性、应力路径相关性等特点之外,还有显著的剪胀和剪缩特性,表现出有别于砂土的复杂工程性质,合理的本构模型应能较好地反映堆石体变形的这些特点。

有关堆石体本构模型的研究是我国具有特色的一个研究领域,多年来众多学者结合国家科技攻关项目以及多个重大土石坝工程的实践,在该领域进行了卓有成效的研究工作,提出了多个带有鲜明特点的本构模型,其中许多至今仍在土石坝工程中得到较为广泛的应用。例如:清华大学非线性解耦 K-G 模型、沈珠江双屈服面弹塑性模型、殷宗泽双屈服面弹塑性模型、四川大学 K-G 模型和清华弹塑性模型等。此外还有美国的邓肯-张提出的非线性弹性 E-B 模型。下面主要结合邓肯-张非线性弹性 E-B 模型、清华大学非线性解耦 K-G 模型、沈珠江双屈服面弹塑性模型展开讨论,它们是三个典型的堆石料本构模型,多年来在我国均被广泛地应用于土石坝的变形分析。

1. 邓肯-张非线性弹性 E-B 模型

邓肯-张 E-B 模型属于非线性弹性模型,加载时使用增量形式的应力应变关系,有ϕ_0、$\Delta\phi$、R_f、k、n、k_b、m 和 k_{ur} 共计 8 个模型参数,可由常规三轴试验确定。

邓肯-张 E-B 模型是非线性弹性模型的典型代表。该模型的弹性模量是应力状态的函数，可以描述土体应力应变关系的非线性和压硬性。模型对加卸载分别采用不同的模量，可以在一定程度上反映土体变形的弹塑性。但由于它是建立在广义胡克定律的基础上，因此不能描述土体的剪胀和剪缩性。邓肯-张 E-B 模型具有模型参数少、物理概念明确、所需试验简单易行等优点，在土石坝的变形分析中得到了非常广泛的应用，积累了大量的经验。

2. 清华大学非线性解耦 K-G 模型

清华大学非线性解耦 K-G 模型是典型的考虑体应变和剪应力耦合关系的非线性模型。清华大学非线性解耦 K-G 模型是建立在对土石材料进行的大量常规及特别设定的应力路径的大型三轴试验（包括等应力比及其他复杂应力路径试验）的基础之上。根据试验结果，总结出了一系列有关粗粒料变形特性的重要规律。据此所建立的清华非线性解耦 K-G 模型能适应土石坝等土工结构各种复杂应力路径的变化，能反映土体应力应变的非线性、弹塑性、对应力路径的依赖性以及剪缩性等主要的变形特性。该模型参数少，且有明确的物理意义。通过建立与模型配套的模型参数回归方法，模型参数可以从不同应力路径的单调加载试验（包括常规三轴试验）求出。通过与三轴试验结果及原型观测结果的比较，证明清华大学非线性解耦 K-G 模型与邓肯-张非线性弹性 E-B 模型相比，具有明显的优越性。

该模型共 7 个无因次的试验参数 K_v、H、m、G_s、B、d、s，可由一组单调加载的等应力比或其他应力路径的三轴剪切试验（如常规三轴剪切试验等）确定。这些参数都有一定的物理意义，其中：K_v 为体积模量数；H 为体应变指数；m 为剪缩指数，反映剪应力通过应力比 $\eta(\eta = q/p)$ 对体应变的影响；G_s 为剪切模量数；B 为剪应变指数；d 为压硬指数，反映在土体加载过程中体积应力 p 对土料压硬性和剪应变的影响。

在应变增量的计算中，包含了应力状态、强度发挥度和应力增长方向等的影响，因而可以较好地反映土体的变形特性。这种增量形式的应力应变关系经大量试验结果证实，可直接应用于其他复杂应力路径的情况。

3. 沈珠江双屈服面弹塑性模型

沈珠江双屈服面弹塑性模型属于双屈服面弹塑性模型，弹塑性模型将应变增量分成弹性部分和塑性部分。沈珠江双屈服面弹塑性模型假定通过应力空间中一点有 2 个屈服面通过，即体积屈服面和剪切屈服面。每一屈服面的屈服均对塑性应变产生一定贡献。沈珠江双屈服面弹塑性模型采用体积屈服面和剪切屈服面 2 个屈服面来描述土体的屈服特性。

沈珠江双屈服面弹塑性模型共有 ϕ_0、$\Delta\phi$、R_f、k、n、c_d、n_d、R_d 和 E_{ur} 等 9 个模型参数，它们均可由一组常规三轴压缩试验结果确定，且除 c_d、n_d 和 R_d 外，其余参数均与邓肯-张模型共用。

沈珠江双屈服面弹塑性模型既反映了堆石体的剪胀（缩）性、应力路径转折后的应力应变特性，同时又可以采用常规三轴试验确定其模型参数，使用非常方便。将采用不同堆石本构模型的计算结果与堆石坝实际观测资料对比发现，由沈珠江双屈服面模型得到的堆石坝应力和变形的结果比较符合实际，较邓肯-张模型更为合理，当坝体应力路径变化较为复杂时尤其如此。

沈珠江双屈服面弹塑性模型采用抛物线描述体应变 ε_v 与轴向应变 ε_1 的关系，当剪应变较大时，剪胀体变往往偏大，为此张丙印和贾延安对该表达式进行了改进，建议将建立的修正 Rowe 剪胀方程引入沈珠江双屈服面弹塑性模型，研究表明该方程可较好地反映堆石体和砾石土料的剪胀特性。

4. 关于常用堆石料本构模型特点的讨论

（1）邓肯-张非线性弹性 E-B 模型对 q-ε_s 曲线和 $(\sigma_1-\sigma_3)$-ε_1 曲线的拟合结果比较接近试验曲线，说明该模型能反映土体应力应变关系的非线性和压硬性。而对体变曲线和 p-ε_v 曲线的拟合结果则不甚理想，在剪缩和剪胀阶段拟合曲线都与试验点相去甚远，表明邓肯-张非线性弹性 E-B 模型不能反映土的剪胀和剪缩特性。

（2）清华大学非线性解耦 K-G 模型对 q-ε_s 曲线和 $(\sigma_1-\sigma_3)$-ε_1 曲线的拟合结果比较接近试验曲线，说明该模型能反映土体应力应变关系的非线性和压硬性。而对体变曲线和 p-ε_v 曲线的拟合结果，同邓肯-张非线性弹性 E-B 模型相比则有明显的改善。尤其是对 p-ε_v 曲线，由于在清华大学非线性解耦 K-G 模型中，对 p-ε_v 关系考虑了应力比的影响，故而使得模型本身具有了反映堆石体剪缩性的能力，由清华大学非线性解耦 K-G 模型反算的 p-ε_v 关系不再为直线，在试验的剪缩段同试验结果吻合较好。但清华大学非线性解耦 K-G 模型尚无法反映堆石体变形的剪胀性，因而剪胀现象则无法模拟。

（3）沈珠江双屈服面弹塑性模型对 q-ε_s 曲线和 $(\sigma_1-\sigma_3)$-ε_1 曲线的拟合结果比较接近试验曲线，说明该模型能反映土体应力应变关系的非线性和压硬性。对 p-ε_v 关系，沈珠江双屈服面弹塑性模型可统一考虑土体的剪胀和剪缩特性，在对 p-ε_v 关系的拟合方面，不论是在剪缩或剪胀段，相对邓肯-张非线性弹性 E-B 模型和清华大学非线性解耦 K-G 模型，沈珠江双屈服面弹塑性模型均给出了较为满意的结果。但对 ε_v-ε_1 体变曲线拟合的结果也表明，该模型使用抛物线拟合两者之间的关系使得在应力水平较高时剪胀量的计算值偏大。

3.3.1.2 堆石料本构模型验证

大量的工程实测结果和计算分析研究均表明，土石坝内堆石料在填筑期的应力路径可近似为等应力比的路径（q/p＝常数）；蓄水期的应力路径将发生转折，呈复杂应力路径。

为深入研究在复杂应力路径下常用堆石料本构模型的适用性，使用电站高心墙堆石坝主堆石料典型复杂应力路径大型三轴试验结果，对邓肯-张非线性弹性 E-B 模型、清华大学非线性解耦 K-G 模型和沈珠江双屈服面弹塑性模型进行比较验证。首先根据常规三轴压缩试验成果分别确定了 3 个本构模型的模型参数，然后选择典型复杂应力路径试验的结果，使用各模型分别预测计算上述应力路径上的应力应变关系，并同试验结果进行对比，讨论各模型对这些复杂应力路径的适应性。

利用得到的 3 种模型的模型参数计算了堆石体三轴试验在等应力比应力路径上的应力应变关系，并将反算结果与试验结果进行了比较，通过对比分析，初步研究和探讨了 3 种本构模型对等应力比应力路径的适用性。

1. 邓肯-张非线性弹性 E-B 模型

研究结果表明，邓肯-张非线性弹性 E-B 模型计算的不同应力比的加载曲线完全重合，说明该模型不能反映剪应力对体变的影响，即邓肯-张非线性弹性 E-B 模型不能反映土的剪胀和剪缩性。如前所述，邓肯-张非线性弹性 E-B 模型的上述特点是由该模型建模的理论基础，也即增量形式的广义胡克定律所决定的。根据广义胡克定律，体积变形同体应力直接相关，而同剪应力无关，所以对等应力比路径，无论其应力比有多大，由邓肯-张非线性弹性 E-B 模型计算得到的 p-ε_v 关系是唯一的，与应力比无关。上述特点再次表明邓肯-张非线性弹性 E-B 模型无法反映堆石体的剪胀和剪缩特性。

试验 q-ε_s 曲线的预测结果表明，除应力水平较小时，邓肯-张非线性弹性 E-B 模型计算曲线的斜率偏大外，总体看邓肯-张非线性弹性 E-B 模型对 q-ε_s 曲线的拟合结果比较接近试验曲线，说明该模型能反映土体应力应变关系的非线性和压硬性。

2．清华大学非线性解耦 K-G 模型

清华大学非线性解耦 K-G 模型计算等应力比三轴试验的结果表明，在所进行的等应力比试验中，应力比的变化范围为 $R = \sigma_1/\sigma_3 = 1.5 \sim 4.0$，对于堆石体此时主要表现为剪缩特性。在该应力比范围内，清华大学非线性解耦 K-G 模型给出了较好的 p-ε_v 关系的预测值，表明该模型在描述堆石体体积剪缩性方面对不同的应力路径具有一定的适用性。

q-ε_s 曲线计算结果表明，在应力水平较小时模型计算的剪应变偏大，而在应力水平较大的曲线后段计算和试验的斜率差别不大。在试验的初始段，由于应力较小，由制样过程所致的超固结作用可能使得试验中量测的变形偏小。

3．沈珠江双屈服面弹塑性模型

从计算结果总体看，由沈珠江双屈服面弹塑性模型计算得到的体积变形普遍偏小，这可能同前面提到的该模型在一定程度上过大地计算了堆石体的剪胀特性有关。对于 q-ε_s 关系，从总变形上来看，由沈珠江双屈服面弹塑性模型计算的剪应变值有些偏大，不过总变形的差别主要由曲线的初始段产生，在各曲线应力水平较大的曲线后段计算和试验的斜率差别不大。在试验的初始段，由于应力较小，所以由制样过程所致的超固结作用可能是使得计算和试验结果相差较大的原因。

4．三种模型对比

清华大学非线性解耦 K-G 模型和沈珠江双屈服面弹塑性模型对试验结果的预测计算有明显的改善。尤其是对 p-ε_v 曲线，由于邓肯-张非线性弹性 E-B 模型建模理论基础的限制，不能考虑堆石体的剪缩和剪胀特性，这同堆石体的体积变形特性相差较远。在清华大学非线性解耦 K-G 模型和沈珠江双屈服面弹塑性模型中，考虑了堆石体剪缩（后者包括剪胀）特性，从而更好地反映了堆石体的体积变形特性。对于 q-ε_s 关系，尽管从总变形上来看，由清华大学非线性解耦 K-G 模型和沈珠江双屈服面弹塑性模型计算的剪应变值总体偏大，不过总变形的差别主要由曲线的初始段产生，在各应力比曲线应力水平较大的曲线后段计算和试验的斜率差别不大。在试验的初始段，由于应力较小，所以由制样过程所致的超固结作用可能是使得计算和试验结果相差较大的原因。

3.3.1.3　坝料本构模型选择及其适应性

由于土体变形特性的复杂性，在土石坝应力变形分析中常用的几个本构模型在某种程度上并不能很好地完整反映坝料的变形特性。对于高心墙堆石坝，由于坝址区地形条件多变以及坝体材料分区、施工填筑和蓄水过程非常复杂等因素，可造成坝体内部应力水平高、应力路径多变，给坝体的应力变形计算分析带来了较多的困难，其中坝料本构模型的选择即为困难的问题之一。

邓肯-张非线性弹性 E-B 模型或者邓肯-张非线性弹性 E-μ 模型是目前在我国土石坝应力变形计算分析中得到广泛应用的本构模型。尤其是邓肯-张非线性弹性 E-B 模型，在糯扎渡、双江口和两河口等超高心墙堆石坝的设计论证过程中均作为主算模型，因此积累了大量宝贵的经验。已有经验表明，尽管邓肯-张非线性弹性 E-B 模型在反映土体的剪胀特性、复杂应力路径的影响以及进行加卸载判别等方面存在一定的不足，但在合理确定模型参数的基础上，总体尚能反映心墙堆石坝整体应力和变形的规律，尤其作为方案的比较和论证是合适的。计算经验表明，邓肯-张非线性弹性 E-B 模型相比邓肯-张非线性弹性 E-μ 模型具有相对较优的计算稳定性和收敛性。

在土体的本构模型方面，我国学者也提出了多个带有鲜明特点的本构模型，其中许多至今仍在土石坝工程中应用。例如，沈珠江双屈服面弹塑性模型、清华大学非线性解耦 K-G 模型、清华弹塑性模型、殷宗泽双屈服面弹塑性模型等，这些模型各具特点。已有的一些研究成果表明，相比邓肯-张模型，这些模型具有更强的描述土体应力变形特性的能力，尤其是可以更好地反映复杂应力状态和复杂应力路径上土体的变形特性。因此，对于高心墙堆石坝，除了选取邓肯-张非线性弹性 E-B 模型作为基本模型进行主要方案的计算之外，应该结合具体工程的特点，选定 1~2 个其他的模型进行对比计算分析，以对比不同本构模型计算结果的差异。尤其是当需要研究和分析一些复杂应力区域坝体或结构的应力或变形性状时，选取合适的弹塑性模型进行计算是需要的。根据以往的计算经验，沈珠江双屈服面弹塑性模型较为合适。

3.3.2 坝料流变特性及计算方法

土体发生流变的根本原因是在主固结完成之后，土体中仍有微小的超静孔隙水压力存在，驱使水在颗粒间流动，即所谓的次固结现象。

堆石体与土体的粒径、粒间接触形式以及颗粒组成不同，它们发生流变的机理也不同。堆石体由于排水自由，不存在固结现象。从机理上说，在荷载作用下堆石体内石块的破碎对堆石体的流变过程有非常大的影响，这种影响在堆石流变的初期阶段尤为明显，虽然这种影响难以通过微观分析进行定量研究，但并不妨碍人们对堆石体的流变进行宏观上的把握。堆石体的流变在宏观上表现为：高接触应力—颗粒破碎和颗粒重新排列—应力释放、调整和转移的循环过程。在这种反复过程中，堆石体体变的增量逐渐减小最后趋于相对静止。

为了揭示坝料的流变特性，采用大型高压三轴仪对糯扎渡水电站心墙坝筑坝材料进行了流变试验，研究了角砾岩、花岗岩、泥质砂岩和心墙含砾土（掺砾 35%）在不同应力状态下的流变性状。试验结果反映坝料流变与自身性质有关，心墙土流变较堆石料大，颗粒强度低的堆石料流变较颗粒强度高的堆石料大，饱和堆石料的流变较风干堆石料的流变大。虽然不同坝料的流变量有所差别，但各种坝料在不同应力状态下表现出来的流变性状基本是相同的，根据流变试验结果，可以得到以下几条规律：

（1）在较低围压下，坝料的体积流变量较小，而在高围压下坝料的体积流变量则有较为明显的增加。

（2）坝料的体积流变不仅与围压有关，而且与剪应力水平有明显关系。坝料的剪切流变主要与剪应力水平有关，围压的影响相对较小。

（3）在高围压下，坝料的体积流变明显高于剪切流变。在低围压下，当应力水平较低时，坝料的流变仍以体积流变为主，但随着应力水平的升高，剪切流变量将超过体积流变量。

（4）不同应力水平下的流变试验结果显示，当围压较低时，体积应变随应力水平的增加而减小；当围压较高时，体积应变随应力水平的增加而增加。

（5）双曲函数和指数函数都可以较好地拟合试验的流变曲线，在围压较低时双曲函数能更好地描述堆石体的 $\varepsilon - t$ 关系，但在高围压状态下采用双曲线拟合，则使其后期变形的发展过于平缓，过早地到达终值 ε_f。鉴于糯扎渡水电站心墙堆石坝坝高达到 260m，坝体大都处于高应力状态，坝料流变衰减曲线选用指数函数更合适。

流变模型的确定通常有两个途径：①借鉴土体的流变理论建立模型；②根据流变试验揭示的流变特性，采用经验模型。应用较多的是应用基于应力-应变速率的经验函数型流变模型，主要有指数衰减型模型和双曲函数模型等。

在土石坝应力变形计算中考虑流变的工作近年来逐渐受到重视，Parkin A. K.（1985）采用固结仪对堆石体的流变速率进行了试验，认为堆石体流变速率与时间在对数坐标下呈线性关系，其斜率近似于 1，并对澳大利亚塔斯曼尼亚水电委员会所属的几座土石坝进行了分析。沈凤生等（1990）假定天生桥面板坝与 Foz Do Areia 面板坝具有相同的流变特性，选用一个三元件黏弹性模型进行了考虑流变的应力变形计算。沈珠江（1991）选用指数型衰减的 Merchant 模型来模拟常应力下的 $\varepsilon - t$ 衰减曲线，建议了一个简单的三参数流变模型，并用于多个工程的计算，研究了不同坝料的流变参数。王勇（2000）结合殷宗泽双屈服面模型，通过在硬化规律中考虑时间因素，提出了一个堆石流变模型。在以往的研究中，多数都假定体积流变只由体积应力（或小主应力）引起、偏应力只引起体积不变的流变变形。李国英（2003）采用大型三轴仪研究了公伯峡水电站面板堆石坝主要筑坝材料的流变特性，试验显示，体积流变不仅与围压有关，而且与轴向荷载明显相关，并结合堆石料流变试验结果，考虑围压和剪应力对堆石料颗粒破碎的影响，对最终体积流变 ε_{vf} 与剪切流变 γ_f 计算公式进行了改进。

3.3.3　坝料湿化变形特性及计算方法

堆石体湿化变形的机理是，堆石体在一定应力状态下浸水，其颗粒之间被水润滑，颗粒矿物发生浸水软化，使颗粒发生相互滑移、破碎和重新排列，从而出现体积缩小的现象。水库蓄水过程中，尽管水对心墙坝上游坝壳有浮力作用，但大坝变形观测资料表明，在蓄水过程中上游坝壳在浮力的作用下并未发生上抬现象，而是出现了下沉。这是由于湿化变形的存在，不仅抵消了因浮力作用而产生的上抬变形，而且出现了不同程度的下沉。

采用单线法浸水变形试验研究了糯扎渡水电站心墙堆石坝角砾岩、花岗岩和泥质砂岩 3 种坝壳料在不同应力状态下的浸水湿化变形特性。试验研究结果显示，堆石料的湿化变形与浸水前所处的应力状态以及堆石料本身的特性有关。相对泥质砂岩而言，角砾岩和花岗岩颗粒强度高，浸水不易软化，颗粒破碎量较小，所以浸水后湿化变形量较小。角砾岩和花岗岩相比，其强度稍高一些，故其浸水后的湿化变形量也略小一些。但不同堆石料在不同应力状态下浸水时所表现出的湿化变形规律是一致的，可归结为以下几点：

（1）当试样浸水前处于低围压和低应力水平状态时，湿化变形主要表现为体积收缩。当试样浸水前处于低围压和高应力水平状态时，湿化变形主要表现为沉陷及侧向膨胀。

（2）不同应力水平下的湿化变形试验结果显示，浸水前围压较低时，湿化体应变随应力水平的增加而减小；浸水前围压较高时，湿化体应变随应力水平的增加而增加，表明在低围压下试样的剪胀是明显的。

（3）坝料浸水引起的体应变包括两部分：一部分是围压 σ_3 引起的增量；另一部分是偏应力 q 引起的增量。前者随围压的增加而增加，后者与围压有关，引起的体应变可能增加也可能减小。

（4）浸水变形引起的广义剪应变与围压 σ_3 关系不大，主要与应力水平有关，随着应力水平的增加而增加。

国外学者在 20 世纪 70 年代初（E. S. Nobari 和 J. M. Duncan，1972）便研究土石坝湿化变形的计算方法。在国内，湿化变形的研究起步于"七五"期间，主要结合小浪底斜墙堆石坝进行。经过多年的研究，提出过多种湿化变形计算模型与方法，主要有：E. S. Nobari 与 J. M. Duncan 的基于双线法的全量初应力法（1972），殷宗泽的基于双线法的增量初应力法（1990），李广信的割线模型与弹塑性模型（1990），沈珠江的基于单线法的湿化模型（1989）以及在此基础上的改进模型。

Nobari 等从干、湿两种应力-应变关系曲线上确定"初应力"的基本思路是合理的，是用有限元法计算浸水变形的基本方法，但是采用全量的应力-应变关系必然会带来一些缺点；殷宗泽在 Nobari 方法的基础上加以改进，采用增量的应力-应变关系计算初应力，配合椭圆-抛物线双屈服面弹塑性本构模型进行计算，能较好地反映浸水时的变形特性。但在计算过程中利用双线法的试验结果，跟实际情况相比有一定的差距，将给计算结果带来误差；沈珠江在单线法试验的基础上提出了浸水体应变和剪应变的计算公式，配合双屈服面弹塑性本构模型进行计算，能较好地反映蓄水期上游坝壳的应力变形特性。但将湿化体应变近似为常数，没有考虑浸水前应力状态的影响，与实际不符；改进的湿化模型虽考虑了围压对体积应变的影响，但试验结果显示，剪应力水平对体积应变也有影响，而且围压不同时影响也不同。

根据糯扎渡水电站心墙堆石坝上游坝壳料湿化变形试验揭示的规律，堆石体湿化变形计算数学模型见式（3.3-1）。

$$\left.\begin{aligned} \Delta\varepsilon_v &= c_w \left(\frac{\sigma_3}{P_a}\right)^{n_w} + d_w \frac{\sigma_3 - \sigma_{3d}}{P_a} S_l \\ \Delta\gamma &= b_w \frac{S_l}{1-S_l} \end{aligned}\right\} \tag{3.3-1}$$

式中　c_w、d_w、n_w、b_w——模型参数；

　　　　S_l——应力水平；

　　　　σ_{3d}——随应力水平增加湿化体积应变减少或增长之围压的分界值。

3.3.4 坝料接触面试验及本构模型

1. 坝料接触面试验

在土石坝工程中，由于坝体填筑涉及多种材料，经常会遇到不同材料的接触面。由于接触面两侧材料特性的差异，在界面两侧常存在较大的剪应力并发生位移不连续现象，从而导致较为复杂的应力和变形状态。在土石坝工程中，存在着不同散粒体之间的接触面（如心墙土料-反滤料）以及散粒体材料与连续材料接触面〔如反滤料-基岩、坝体土石料-基岩（混凝土底板）、混凝土面板-堆石体〕等不同类型的接触面。接触面两侧材料由于刚度不同，会表现出不同的变形性状；在接触面附近，还可能出现脱开、滑移和张闭等非连续变形现象。不同材料接触面的存在对坝体相关部位应力和变形的性状有较大影响，经常出现不连续变形以及由之引起的拱效应现象，通常是坝体易发生事故的薄弱环节，需要得到足够的重视。

土与结构物接触面试验是接触面力学特性研究的基础，常用的试验类型包括直剪试验和单剪试验。接触面本构模型是描述接触面应力变形特性的数学模型，包括刚塑性、弹塑性、非线性弹性等模型。本构模型参数的确定与验证，必须通过室内试验和现场试验来解决。对接触面问题进行有限元数值分析，通常需要一定的有限单元形式模拟接触面的几何和物理特征，进而结合接触面本构关系进行数值分析。

对糯扎渡水电站高心墙堆石坝两种散粒体坝料进行的接触面试验研究，见图 3.3-1，结果如下：

（1）接触面的强度和变形特性由接触面附近材料共同作用的结果所决定。

（2）两种散粒体材料间接触面的强度包线为其单相材料强度的下包线。

（3）在两种散粒体接触界面处，其剪切变形分为两个阶段，在达到破坏强度前，不存在变形的不连续现象；而当达到破坏强度后，会产生集中的"刚塑性"接触面剪切变形，其位置发生在强度最低处。

（4）对散粒体的接触问题，可用"刚塑性"模型描述其切向的变形特性并忽略法向变形特性。

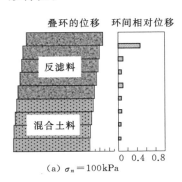 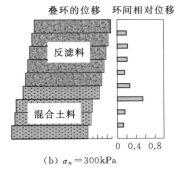 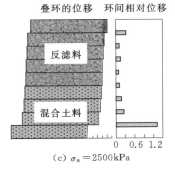

图 3.3-1 接触面试验

2. 常用接触面本构模型

描述不同材料接触面力学特性常用的本构模型包括：刚塑性模型、理想弹塑性模型、克劳夫-邓肯非线性模型等。

　　针对糯扎渡水电站堆石坝坝料，根据求得的本构模型参数，采用有限元计算程序对散粒体间接触面单剪试验进行数值模拟，以比较不同本构模型的特点。

　　针对砾石料-反滤料 I 接触面单剪试验简化为平面问题进行数值模拟，土料本构关系均采用邓肯-张非线性弹性 E－B 模型，接触面本构关系分别采用刚塑性模型、理想弹塑性模型和克劳夫-邓肯非线性模型。

　　结果表明，三种接触面本构模型都可以模拟剪切应力-相对位移关系曲线的非线性特征。接触面单元并非同时达到破坏，而是由两侧向中间渐近破坏，由此可以解释刚塑性模型可以模拟曲线型应力-位移曲线关系这一现象。由于刚塑性模型参数少，容易确定，能够反映应力-位移关系的非线性特征，在模拟不同材料接触面力学性质方面具有一定的优越性。

　　3. 设置接触面单元对坝体应力及变形特性的影响

　　对糯扎渡水电站高心墙堆石坝进行了二维和三维的应力变形非线性有限元计算分析，着重研究和分析了在坝体不同材料的交界处（心墙土料和过渡料以及在基岩和坝体间）设置接触面单元对坝体应力和变形计算结果的影响。根据不同的研究目的，进行了二维和三维有限元计算分析，模拟了坝体的施工和运行过程。

　　二维计算的重点在于考察接触面单元的设置以及不同接触面本构模型对坝体整体和局部应力及变形状态的影响，考虑四种方案：①不设接触面单元；②设置刚塑性模型接触面单元；③设置理想弹塑性模型接触面单元；④设置克劳夫-邓肯非线性模型接触面单元。

　　三维计算侧重于考虑在坝体和基岩面间设置接触面单元时对坝体应力和变形计算结果的影响，采用两种计算方案：①不在坝体与基岩间设接触面单元；②在坝体材料与基岩间设置接触面单元，接触面本构关系采用克劳夫-邓肯非线性模型。

　　二维计算结果表明：设置接触面单元以及采用何种接触面模型对坝体总体的应力和变形计算结果的分布规律并无显著影响，但对接触面附近和局部应力和变形的计算结果却有相当的影响；当在两者之间采用接触面单元时，可以模拟计算发生在堆石体和心墙接触面上的位移不连续现象，从而比较合理地反映堆石体对心墙拱效应的影响，并会使得心墙表面单元的竖直应力增加；接触面单元采用 3 种本构模型计算得到的心墙和堆石体接触面不连续的竖直沉降分布规律基本相同。

　　三维计算成果分析表明：在坝体材料和基岩间设置接触面单元后，接触面部位出现了竖直沉降、横河向水平位移不连续现象，其影响范围在接触面附近一定范围内；降低了基岩对坝体材料的约束作用，使得坝体整体位移增大，这对于横河向水平位移影响最为显著；对坝体变形约束作用的降低同时也使得坝体材料的应力略有增加。

　　坝体和基岩在岸坡处位移的特性尤其是两者之间的不连续相对位移的大小，对坝体的设计工作和坝体运行期的安全状况是重要的。因为土石坝工程的实践表明，坝体与岸坡的接触面处是土石坝发生事故的危险部位，而该处两者之间所发生的不连续剪切变形和由此可能导致的坝体裂缝，通常被认为是导致大坝事故的重要原因之一。在进行高心墙堆石坝三维有限元计算分析时，在坝体和基岩间设置合适的接触面单元，可以合理地反映心墙堆石坝坝体和基岩间在荷载作用下所发生的位移不连续现象。尽管对坝体总体的应力和变形分布影响不大，但对于合理地模拟坝体与岸坡基岩交界处剪切位移的不连续现象、反映岸坡基岩对坝体拱效应作用，从而合理地分析坝体与岸坡和基岩接触面处应力和变形的性状具有重要的意义。

3.3.5　坝体变形反演分析方法

由于问题的复杂性，土石坝位移反演分析常需采用数值计算的方法进行，也即采用正分析的过程，利用最小误差函数通过迭代逐次逼近待定参数的最优值。传统的最优化方法需多次反复调用有限元计算程序，计算时间长，收敛速度慢，计算结果受给定初值的影响，易陷入局部极小值，解的稳定性差，使得其在土石坝位移反演分析中的应用受到限制。

人工神经网络模型近年来发展迅速，在岩土工程的反演分析中得到了广泛的应用。对于复杂的强非线性岩土工程问题，充分利用人工神经网络模型的映射能力，近似代替结构有限元分析计算，可以克服寻优过程中需要大量有限元正分析的缺点。演化算法仿效生物学中进化和遗传的过程，从随机生成的初始群体出发，逐步逼近所研究问题的最优解，是一种具有自适应调节功能的搜索寻优技术。在岩土工程位移反分析中，采用演化算法代替常规的优化方法，可以避免陷入局部极小值，得到全局最优解。

使用具有强非线性映射能力的人工神经网络模型代替有限元计算，采用全局优化的演化算法和快速算法同时优化神经网络的结构和权值，并使用演化算法代替传统优化算法进行参数的反演分析，可建立适用于高土石坝工程的位移反演分析方法。该法主要包括 4 个计算流程：①替代有限元计算的模拟神经网络模型的形成和优化；②模拟神经网络模型的误差检验；③应用建立的神经网络模型进行坝料模型计算参数的反演计算；④应用反演获得的坝料参数进行坝体应力变形的计算分析。

1. 模拟神经网络模型的形成和优化

在有限元网格确定的情况下，有限元计算的目的即为求解方程式 $u = u(\varphi)$，式中，φ 为模型参数；u 为节点位移值。由于在反演分析过程中需要反复进行结构的正分析即调用有限元程序，其计算工作量一般较大，对于大型的非线性问题尤其如此，有时可使得反演分析无法进行。利用神经网络建立一种模型参数与位移之间的映射关系，代替有限元计算，计算效率将大为提高。

所建立的基于神经网络和演化算法的土石坝位移反演分析方法的第 1 个流程为生成和优化替代有限元计算的模拟神经网络模型。为此，需要首先形成训练样本，然后使用所生成的训练样本对初始设定的神经网络模型进行结构优化和训练。

2. 模拟神经网络模型的校验

对采用训练样本优化得到的神经网络模型，需要测试将其应用于非训练样本时的计算情况，以估计神经网络可能的计算误差。测试样本的输入参数组采用随机的方法进行构造，对各输入参数组分别进行有限元的正分析计算，其结果作为判断神经网络计算精度的标准。当神经网络输出的模拟结果与有限元计算的结果误差较大时，需增加训练样本的数量和密度，并重新对神经网络进行优化和训练。

3. 模型计算参数的反演计算和坝体的应力变形分析

用优化好的神经网络代替有限元计算,采用演化算法对模型参数进行优化。种群中的个体(实数数组)代表模型参数,具体的优化过程与上文优化神经网络的过程基本相同,只是减少了采用对神经网络训练的过程。

由于反演分析的不唯一性,一般给出几组较好的模型参数,用户根据经验选取合理的模型参数组。

当根据反演分析的结果取得坝料的模型计算参数后,则可使用所得参数进行坝体应力变形的计算分析,并根据计算结果分析坝体的应力变形特性。反演分析流程见图 3.3-2。

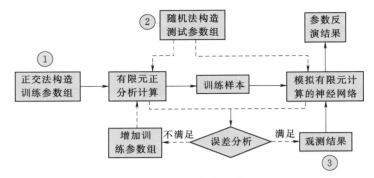

图 3.3-2　反演分析流程

3.3.6　心墙水力劈裂机理及计算分析

1. 坝体及心墙开裂控制

依托电站高心墙堆石坝开展了黏性土张拉断裂特性的试验研究,建立了张拉裂缝计算的有限元模拟方法,并开展了心墙堆石坝张拉裂缝及水力劈裂的机理及发展过程研究,得到结论如下:

(1)将基于现场监测变形的变形倾度法进行了扩展,通过在有限元计算程序中嵌入变形倾度计算模块,发展了基于有限元变形计算的变形倾度有限元法。该法简洁实用,是分析和判别土石坝是否会发生表面张拉裂缝的实用方法。采用土工离心机模型试验验证了变形倾度有限元法的适用性,试验结果表明,目前工程中临界倾度值取 1% 也基本合适。

(2)计算分析结果表明,对电站高心墙堆石坝,当计算所得坝顶最大沉降约为 1.03m(约占坝高的 0.39%)时,在坝体左、右坝肩的上、下游表面表现了一定范围的横河向变形倾度大于 1% 的区域(见图 3.3-3),即变形倾度值达到发生开裂的经验判断值。因此,坝顶最大沉降占坝高的 0.4% 大致可作为发生坝体表面裂缝的控制工况。

(3)影响坝体发生表面张拉裂缝的因素十分复杂,包括河谷形状、坝料分区及其变形特性、施工和蓄水过程、后期变形的大小等,对于实际工程进行具体的计算分析是十分必

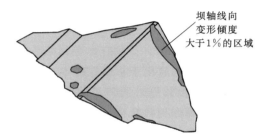

图 3.3-3　高土石坝变形倾度分布示意图

要的。

（4）应用所发展的土石坝张拉裂缝的有限元-无单元耦合计算方法，对电站高心墙堆石坝坝体发生横向张拉裂缝的可能性进行了三维计算分析。计算整体上采用心墙堆石坝三维有限元计算网格，在可能的开裂区域布置无单元节点并进行适当加密。计算分析了电站坝顶在不同后期变形条件下发生横向张拉裂缝的过程和规模。计算结果表明，所发展的土体张拉裂缝模拟计算方法对于土石坝表面张拉裂缝问题具有较好的适用性，可用于土石坝坝体发生张拉裂缝和裂缝发生规模的计算分析。

（5）计算分析结果表明，对糯扎渡水电站高心墙堆石坝，当计算所得坝顶最大沉降约为 1.03m，占坝高的 0.39% 时，坝顶会发生一定规模的张拉裂缝，可大致作为发生坝体表面裂缝的控制工况。这一结论与采用变形倾度有限元法得到的结论相一致。

（6）采用糯扎渡水电站高心墙堆石坝可研阶段直心墙分区方案和斜心墙分区方案分别进行了二维非线性有限元计算分析，研究了坝体堆石料和心墙在不同模量参数组合情况下堆石体对心墙拱效应的大小。计算结果表明，堆石体对心墙拱效应的存在，可使得心墙的垂直向应力显著降低，对直心墙坝方案心墙底部、中部和中上部拱效应系数在一般计算参数的条件下分别可达 42.7%、61% 和 56.4%。因此堆石体对心墙拱效应的存在是导致水力劈裂发生的非常重要的条件。

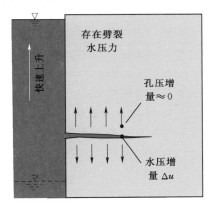

图 3.3-4　水压劈裂模型

（7）提出了渗透弱面水压楔劈效应作用模型。研究人员认为在土石坝心墙中可能存在的渗水弱面以及在水库快速蓄水过程中所产生的弱面水压楔劈效应是心墙发生水力劈裂的另一个重要条件。堆石体对心墙的拱效应和水压楔劈效应综合作用的结果可使心墙在渗透弱面处产生竖直向应力局部的降低，在一定条件下变为拉应力，从而导致劈裂裂缝的发生，见图 3.3-4。对提出的渗水弱面水压楔劈效应作用模型进行了数值试验、室内模型试验和离心机模型试验，证实了渗透弱面水压楔劈效应作用模型的正确性，渗水软弱面的存在是诱发水力劈裂发生的一个重要条件，见图 3.3-5。

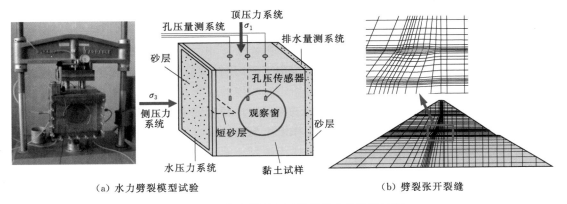

（a）水力劈裂模型试验　　　　　　　　（b）劈裂张开裂缝

图 3.3-5　渗水弱面水压楔劈效应及数值计算

（8）基于"渗水弱面水压楔劈效应"的水力劈裂发生机理，采用清华大学建立和发展的可模拟水力劈裂发生和扩展过程的数值方法和程序系统，对糯扎渡水电站高心墙堆石坝进行了系列的二维有限元计算分析，探讨了在不同的蓄水速度和坝料参数组合（心墙拱效应大小）对心墙抗水力劈裂安全性的影响。

（9）根据所得心墙前缘单元垂直应力的变化过程可知，当存在渗透弱面时，心墙前缘单元垂直应力会发生明显的降低，表明渗透弱面水压楔劈效应是诱发心墙发生水力劈裂的重要因素。在所给定的电站模型计算参数组合和蓄水速度的情况下，由于渗透弱面水压楔劈效应的存在，心墙上部垂直应力可降低约 24.5%。在土石坝心墙的施工过程中，尽量减少渗透弱面的产生是非常重要的。形成心墙渗透弱面的一些可能情况包括：偶然局部掺入的堆石料、未充分压实的局部土层、由偶然因素产生的初裂缝、掺砾石不均形成局部架空以及雨后碾压表面的处理不当等。

（10）在土石坝的设计和施工过程中，采取适当措施控制心墙土料和坝体堆石体的模量比（变形差）是必要的，以降低坝壳堆石料对心墙的拱效应。根据分析结果，控制高心墙堆石坝心墙拱效应更为合理的方法是提高心墙土料的变形模量，使其值不应过低。根据大量对电站工程的计算分析结果，认为一般情况下应控制心墙土料变形模量的中值平均值 $K > 350$ 为宜。此外，设计合适的反滤料和过渡细堆石料的变形参数，也可起到一定的降低心墙拱效应的作用。

（11）不建议采用降低坝壳堆石料压实度的方法来减少坝壳堆石料对心墙的拱效应。因为降低堆石料的压实度，会增加坝体施工期和后期变形，增大坝体发生张拉裂缝的风险。当渗透弱面距离坝顶较近时，蓄水速度对水压楔劈效应具有一定的影响，增加发生水力劈裂的可能性。因此，从防止心墙发生水力劈裂的角度看，控制心墙堆石坝的蓄水速度是十分重要的。

2. 堆石体与心墙的变形协调

心墙堆石坝存在拱效应问题，即坝壳硬、心墙软，坝壳对心墙产生支撑作用，严重时可能造成心墙开裂，发生水力劈裂溃坝的事故。因此，起缓冲作用的反滤层及细堆石层非常重要，其变形参数（刚度）不能太大，以尽量减少拱效应。但从抗震防止液化考虑，又希望反滤层压得越密越好。这是一对矛盾，必须协调解决。

从糯扎渡水电站大坝碾压施工检测资料看，反滤料及细堆石料存在压实指标变幅较大且有可能过密的情况。如反滤Ⅰ料相对密度为 0.8～1.09，平均为 0.92；反滤Ⅱ料相对密度为 0.85～1.08，平均为 0.97；细堆石料孔隙率为 17.08%～23.8%，平均为 20%。因此，有必要对不同压实指标下的反滤料及细堆石料开展试验研究，以得到相应的力学参数，进而据此进行坝体三维有限元计算分析，对坝体的应力变形及抗水力劈裂特性进行分析评价，研究压实指标变幅较大且有可能过密的碾压情况是否会对大坝安全（心墙开裂）造成不利影响，最终确定合适的设计指标和碾压施工参数。

因此，开展了不同压实指标下反滤料、细堆石料的物理力学性质研究、坝体应力变形及水力劈裂特性的三维有限元计算分析，结果表明：

（1）对应同一孔隙率的不同组试样，模型参数中的 K 和 K_b 有所差别；对应不同的孔隙率，4 组试样所得模型参数中 K 最小值相对于最大值差别为 20%～30%，K_b 差别为

20%～50%。对同一试样级配来说，不同的孔隙率及干密度条件下，模型参数也有所差别，试样的模量随孔隙率的增加而逐步减小。

（2）在给定的电站模型计算参数组合和蓄水速度（平均蓄水速度约为 0.294m/d）的情况下，由于渗透弱面水压楔劈效应的存在，心墙上部垂直应力可降低约 24.5%。尽管如此，这些单元在垂直方向仍具有一定的压应力值，表明电站心墙堆石坝在所考虑的情况下，仍具有较高的抗拉水力劈裂安全度，心墙不会发生水力劈裂破坏。

（3）在土石坝心墙的施工过程中，尽量减少产生渗透弱面是非常重要的。形成心墙渗透弱面的一些可能情况包括：偶然局部掺入的堆石料、未充分压实的局部土层、由偶然因素产生的初裂缝以及掺砾石不均形成局部架空等。该研究的计算结果是在假设心墙存在长约 5m 的小规模初始渗透弱面的情况下得到的，当初始渗透弱面的规模增大时，计算结果会偏向更为危险。为防止在黏土心墙中形成层状分布的大规模"渗透弱面"，需要特别注意不同天气条件下（如下雨后）碾压表面的处理等。

（4）当心墙料相对变软时，由于心墙拱效应变大，可使得渗透弱面前缘单元垂直应力的数值出现不同程度的降低。根据计算结果，心墙料变形模量减小为原参数的 50% 和 75% 时，心墙单元垂直应力可降低 14.6% 和 11.2%。当粗堆石的材料参数增大时，心墙渗透弱面前缘单元垂直应力变化规律不明显。这可能是由于粗堆石料的变形参数 K 值已经相对较高，继续增加时所导致的变形增量相对较小，因而对心墙拱效应的影响不明显。

（5）当反滤料和细堆石的变形模量参数降低时，可使得堆石体对心墙的拱效应相对减弱，渗水弱面前缘单元垂直应力的数值相对增加。反之，当反滤料和细堆石的变形模量参数增高时，其调整降低堆石体对心墙拱效应的效果相对减弱，渗水弱面前缘单元垂直应力的数值相对减小。当反滤料和细堆石变形参数减小为原参数的 0.5 倍和 0.75 倍时，渗水弱面前缘单元垂直应力可增加 17.7% 和 3.1%。

（6）不建议采用降低坝壳堆石料压实度的方法，减少坝壳堆石料对心墙的拱效应。因为降低堆石料的压实度，会增加坝体施工期和后期变形，增大坝体发生张拉裂缝的风险。

3.3.7　坝坡稳定分析方法总结及改进

3.3.7.1　坝坡静动力抗滑稳定分析方法

研究边坡静力稳定分析方法主要有：极限平衡法、极限分析法和有限元法等。

1. 极限平衡法

极限平衡法具有模型简单、公式简洁、便于理解等优点，而且工程实践中设计师往往习惯于以安全度（安全系数）或极限荷载来确定所设计建造工程的稳定性，故该法得到了广泛应用，并被写入现行规范。

莫尔-库仑被广泛使用的极限平衡法有瑞典圆弧法（Fellenius，1936）、简化毕肖普法（Bishop，1955）、简布法（Janbu，1957、1968）、摩根斯顿—普莱斯法（Morgenstern - Price，1965）、斯宾塞法（Spencer，1967）、美国陆军工程师团法（U. S. Army, Corps of Engineers，1967）、萨玛法（Sarma，1973）等。一般将部分满足力和力矩平衡的方法称为简化（或非严格）条分法，同时满足力和力矩平衡的方法称为通用（或严格）条分法。表 3.3-1 列出了几种不同假定条件下的条分法。

表 3.3-1　　　　　　　　各种极限平衡条分法的比较

极限平衡条分法	多余变量的假定	严格/非严格	作者及时间
瑞典圆弧法	假定条块间无任何作用力	非严格	Fellenius（1936）
简化毕肖普法	假定条块间只有水平力	非严格	Bishop（1955）
简布法	假定条块间只有水平力	非严格	Janbu（1957、1968）
传递系数法	假定了条间力方向	非严格	潘家铮（1980）
分块极限平衡法	条块间满足极限平衡	非严格	潘家铮（1980）
不平衡推力法	假定了条间力方向	非严格	
萨玛法	条块间满足极限平衡	非严格	Sarma（1973）
斯宾塞法	假定条块间水平与垂直作用力之比为常数	严格	Spencer（1967）
摩根斯顿—普莱斯法	条间切向力和法向力之比与水平向坐标间存在函数关系	严格	Morgenstern-Price（1965）

大量计算资料表明，对于各种基于极限平衡理论的稳定分析方法，当采用的滑动面为圆柱面时，虽然求出的最小安全系数各不相同，但最危险滑弧的位置却很接近，而且在最危险滑弧附近，安全系数的变化很小。因此，可以采用较为简单的分析方法确定最危险滑弧的位置，然后采用其他严格复杂的方法加以验证，这样可以减少不必要的计算工作。

极限平衡条分法简单易用并积累了丰富的工程使用经验，对于简单边坡计算精度比较高，通过一些假定也能处理比较复杂的边坡，容易被工程人员理解和掌握。但是该方法仍存在以下缺陷：①它假设土体沿着一个潜在的滑动面发生刚性滑动或转动，滑动土体是理想的刚塑性体，完全不考虑土的应力-应变关系，不能给出边坡的应力场和位移场，不能考虑边坡岩土体的变形以及开挖、填筑等施工活动对边坡的影响，因而其适用范围受到一定限制；②对于均质边坡比较容易假定出可能的滑动面，而对于成层土、土层性质差异较大的非均质地层，其潜在滑动面并非圆弧形，很难通过假设确定；③极限平衡条分法认为沿滑动面各点上的强度发挥程度及抗剪强度折减安全系数相同，其安全系数的表述与滑坡体所在区域的变形特点和滑坡体外区域的地质情况、受力条件等完全无关；④实际应用中会遇到数值分析困难及迭代不收敛现象，同时滑动面的假定及最危险滑动面的搜索依赖于计算者的经验，安全系数的各种表述时常不具有明确的物理意义；⑤不能反映边坡失稳的渐变过程、模拟失稳过程及其滑移面的形状。综上所述，极限平衡条分法仍需不断完善。

2. 极限分析法

塑性力学中的极限分析法很早就用于结构稳定性分析，运用塑性力学中的上、下限定理来求解边坡稳定问题。陈惠发系统地将其应用于土体稳定性研究，丰富了岩土塑性力学的内容，使极限分析法成为独立的土体稳定性分析方法。

土力学极限分析法是建立在以材料为理想刚塑性体、微小变形及材料遵守相关联流动法则 3 个基本假定上的。利用连续介质中的虚功原理可证明两个极限分析定理，即下限定理与上限定理。极限上限法也称能量法，通常需要假设一个滑裂面，并将土体分成若干块，土体视作刚塑性体，然后构筑一个协调位移场。为此需要假设滑裂面为对数螺线或直线，根据虚功原理求解滑体处于极限状态时的极限荷载或稳定安全系数。极限分析下限法的理论基础是下限定理，它在计算过程中需要构造一个合适的静力许可的应力分布，在通常情况下可用应力柱法或者应力不连续法等来求得问题的下限解，其解偏于安全，可以实用。下限定理的应用是有限的，因为很难找到合适的静力许可的应力分布，只有极少数情况下可用应力柱法构造这种平衡静力场，获取下限解。极限分析法中最常用的是上限定理，因此，极限分析法在多数情况下实际上是上限解法。

用塑性力学上、下限定理分析土体稳定问题，就是从下限和上限两个方向逼近真实解。在计算机技术飞速发展的今天，它已经成为现实。这一求解方法最大的优势是回避了在工程中最不易弄清的本构关系，而同样获得了理论上十分严格的计算结果。极限平衡条分法是完全建立在静力平衡（力平衡、力矩平衡或两者同时平衡）基础上的，对于多块体滑动机构，需引入内力假设使之变为静定结构。极限平衡法对滑动面形状几乎不作限制，但滑动面上必须满足莫尔-库仑准则，而对滑体内介质是否满足莫尔-库仑准则是无法一一进行检验的，因此，极限平衡解既不是上限解，也不是下限解。由于边坡岩土材料的不连续性、各向异性和非线性的本构关系及结构在破坏时呈现的剪胀、软化、大变形等特性，使求解边坡稳定问题变得十分困难和复杂。

3. 有限元法

有限元法于 20 世纪 60 年代开始应用于边坡稳定分析中，可以通过建立计算范围内单元的本构方程、几何方程和平衡方程来求解边坡问题，计算出各个单元的应力、位移、应变及破坏情况。有限元法不但满足力的平衡条件，而且考虑了材料的应力应变关系，使得计算结果更加精确合理。

随着计算机软硬件及非线性弹塑性有限元计算技术的发展，有限元边坡稳定分析方法逐渐发展成为两类：第一类是将极限平衡原理与有限元计算结构相结合，称之为基于滑面应力分析的有限元法。该方法以有限元应力分析为基础，按潜在滑动面上土体整体或局部的应力条件，应用不同的优化方法确定最危险滑动面。该方法直接从极限平衡条分法演变而来，物理意义明确，滑动面上的应力更加真实且符合实际，可以得到确定的最危险滑动面，易于推广和工程应用。第二类是将强度折减技术与有限元法结合，称之为强度折减有限元分析方法。早在 1975 年 Zienkiewice 就用此方法分析边坡稳定，只是由于需要花费大量的机时而在具体应用中受到限制。现在随着微机的发展和有限元计算技术的提高，强度折减有限元法正成为边坡稳定分析研究的新趋势。Griffiths D. V. 和 Lane P. A. 也使用强度折减有限元法对均质、带有垫层、带软弱夹层等不同类型的边坡进行稳定分析，认为有限元法满足计算机辅助分析高效准则，是极限平衡法之外的另一种较实用的方法。尤其在处理三维边坡稳定问题时，强度折减有限元法要方便很多。

常用的土石坝动力稳定分析方法主要有拟静力法、纽马克滑块分析法、动力有限元法和强度折减有限元法等。

拟静力法是将地震力作为等效静力来计算坝坡的抗滑稳定安全系数以衡量坝的抗震安全性，这种方法计算简便，并且有比较长期的应用经验。对用黏性土填筑的土坝和堆石坝等，当材料强度在地震过程中不发生明显的变化、地震强度不大的情况下，该法具有一定的适用性。不足之处在于：不能说明地震中一些土石坝的破坏现象；安全系数并不完全反映土石坝在地震中的安全或损伤程度；当坝体存在可液化土层时，更不能对坝的抗震稳定作出可靠的评价。

纽马克滑块分析法设想如果作用在潜在滑移质量块上的惯性力在一定程度上超过屈服抵抗力，滑移震害就会出现，滑移运动也就开始，而当惯性力反向时运动则停止。通过计算当惯性力足够大从而使屈服现象出现时的加速度，同时将滑块超过屈服加速度的有效加速度作为时间的函数，滑块的速度和位移就可以计算出来，地震永久滑移量计算见图 3.3 - 6。根据计算得到的滑块永久位移判断坝坡的稳定性，纽马克滑块分析法不仅为客观评价坝堤在地震中的表现方面推进了一步，而且在应用方面建议了一种分析方法。对于特定的土类（在地震中强度不发生明显降低的土），如压实黏性土、紧密的饱和砂和砂砾石、非饱和土等，这一分析方法可以给出合理的评价结果。这种分析方法的缺点是屈服加速度不易确定，另外，永久位移的限值标准一般根据经验而定，不同研究者可能会得出不同的结论。因此，对于屈服加速度以及永久变形安全控制标准如何确定均还需要进一步深入研究。

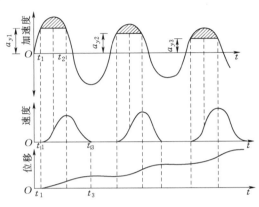

图 3.3 - 6　纽马克滑块分析法求解示意图

动力有限元法中常用的动力分析方法主要有剪切楔法、集中质量法和数值分析法（包括有限元法、有限差分法和边界元法）等，其中前两种方法还可区分为总应力法和有效应力法。有限单元法可计算二维问题和三维问题，可以按坝的分区考虑不同材料的容重、剪切模量和阻尼比。动力有限元法的总体思路和静力情况基本一样，也是首先将计算域划分为有限个有限大小的单元，单元之间在节点处互相连接，各个单元的质量平均分配在该单元的节点上，然后分别求出各个单元节点的力与位移的关系，最后根据各单元节点力的平衡条件求出所有节点的力与位移的关系，进而形成整个振动体系的动力方程。不过由于动力荷载与时间有关，相应的位移、应变和应力都是时间的函数，因此在建立单元体的力学特性时，除静力作用外还需要考虑动荷载以及惯性力和阻尼力的作用。在引入这些量的影响之后，就可以类似静力有限单元分析过程建立单元体和连续体的动力方程，然后采用适当的动力计算方法进行求解。

采用有限元法进行土石坝动力稳定分析具有以下优点。首先，采用有限元法求出的滑动面上的应力状态较为真实，不仅能够反映土石料应力应变关系，而且能够更为准确地反映静力荷载和地震荷载对土石坝稳定性的影响。其次，有限元法在进行应力应变分析过程中能够更为全面地考虑土体剪胀性、湿化作用等其他各种因素的影响。最后，有限元法不仅能够对滑动面进行强度方面的稳定分析，而且可以对滑动土体的位移发展进行预测，将稳定分析和位移的发展联系起来，为施工中监测和控制土坡的稳定性提供了依据。虽然采用有限元法进行土石坝稳定分析具有一定的优点，但现行规范中还未制定与之相适应的规范要求。

强度折减有限元法先利用有限元法或者有限差分法，考虑土体的非线性应力应变关系，求得边坡内部每一计算点的应力应变以及变形，通过逐渐降低土体材料的抗剪强度参数，直至边坡达到临界破坏状态，从而得到边坡的安全系数。大部分边坡失稳都是由于土体材料的抗剪强度降低所致，这与利用强度折减法进行边坡稳定分析的思路基本吻合。这样不仅可以了解土工结构物随抗剪强度恶化而呈现出的渐近失稳过程，还可以得到极限状态下边坡的失效形式。随着计算机技术的发展和数字计算技术水平的提高，强度折减分析方法正成为边坡稳定分析研究的新趋势。该法在如何描述土体临界状态上尚不统一，边坡安全系数的控制值也需要在总结工程实践经验的基础上制定。

3.3.7.2　坝料非线性强度指标适用性研究

坝料的强度参数是坝料工程力学特性的一个重要指标，强度参数的大小直接影响到大坝设计的多个方面。传统设计中普遍采用线性指标进行分析，积累了大量的工程经验。随着坝工技术的发展，采用粗粒料修建的高土石坝日益增多。为了满足高土石坝设计要求，各种坝料的强度参数多采用高压力、大试件的大型三轴仪获取。然而，根据三轴试验结果可知，堆石等多种坝料的抗剪强度均具有非线性特征，这就给如何进行线性取值带来困难，同时，土石料强度参数采用非线性指标也逐渐被工程界所认可。

不仅堆石等粗粒料的抗剪强度具有非线性特征，反滤料、防渗土料（含粗粒）的强度参数也表现出明显的非线性。依托电站工程对防渗土料、反滤料和坝壳料采取多个试坑取样，并进行三轴剪切试验，整理得到坝料的强度参数。结果发现，三种坝料大部分三轴剪切试验的强度参数均表现出非线性，只不过非线性的程度有所不同。

通过对糯扎渡水电站心墙坝堆石料、反滤料和防渗土料大三轴试验结果的研究可以得到，强度参数的非线性不仅存在于堆石等坝壳料中，反滤料和防渗土料（含粗粒）的强度参数也表现出明显的非线性特征。因此，坝料强度参数采用非线性指标是非常有必要的，而采用线性指标的传统做法由于已经使用多年，积累了丰富的工程实践经验，在高坝设计和相关计算中两种参数指标均有必要予以采用，通过两者计算结果的对比分析，可以得出更为合理的结论。

3.4　大坝抗震分析及工程抗震措施

3.4.1　地震反应分析方法总结

土动力本构模型主要有弹塑性模型和等效线性模型两种。弹塑性本构模型在理论上可以较好地模拟土在地震荷载下的应力应变关系，并能直接求出土体地震后的永久变形。但由于土体动力性质的复杂性，建立的土体动力弹塑性本构模型仍不理想，不但公式复杂，模型参数难以确定，而且计算编程十分困难，计算分析的稳定性、收敛性较差，在实际工程中很少应用。

与之相比，等效线性黏弹性模型较为简单，在土体动力分析中广泛应用，计算分析的稳定性好，能够合理地确定土体在地震过程中的加速度、剪应力和剪应变幅值。虽然等效线性模型不能直接计算土坝的永久变形和土体的孔隙水压力，但是，可以根据土体的残余应变关系采用等效应变势法或纽马克滑块分析法根据动力分析结果计算土体的永久变形；可以根据易液化土的不排水动力试验，通过动力分析结果计算土体的孔隙水压力，判断其是否液化。

在地震反应分析方法中，与不排水有效应力法和排水有效应力法相比，总应力分析方法具有概念明确、成本低、效率高等优势。不排水有效应力法的关键是孔压模式问题，试验过程中在不排水条件下测得的孔压增长模式受应力条件等的影响，用来模拟实际坝料土体仍然是近似的。而排水的有效应力法需要进行两类不同性质的物理量孔压与节点动位移的联合求解，计算效率及收敛性仍需深入研究。

综上所述，在地震动力反应分析中采用等效线性黏弹性本构模型建立动力方程，根据总应力法进行地震反应分析。同时可以根据动力反应结果采用纽马克滑块分析法或等效应变势法进行永久变形分析，根据不排水动力试验结果进行关键曲线的液化判断，以此满足土石坝地震条件下的稳定分析和液化判断。

3.4.2 地震永久变形计算分析方法总结

在地震作用下土体产生的变形包括周期变形和永久变形两部分。这两种变形都可能造成坝体开裂甚至失稳，但是永久变形对土石坝的安全和使用的影响更大。这主要是由于永久变形不仅是引起坝顶沉降，而且也是影响排水层、反滤层和垫层等结构破坏的主要因素。因此，如何预测土石坝的永久变形成为土石坝抗震分析的一个重要研究方向。

现有的永久变形分析方法主要有两大类：第一类是确定性整体永久变形分析法。整体变形分析法是 Serff 和 Seed 等学者在 1976 年提出的，其基本假定是将坝体及地基的变形作为连续介质处理，通过室内试验得到在一定的初始应力状态、动力幅值和循环频次下土体的残余应变，并根据不同的等效方法应用于土石坝变形分析中。第二类是非确定性永久变形随机反应分析法。该类方法是将随机振动理论应用于地震反应分析中，计算加速度、动应力和动应变等参量的概率统计特性，继而求出永久变形的概率统计特性，进行动力可靠性和危险性分析。

实际工程中，主要采用整体变形分析法进行土石坝永久变形分析。整体变形分析法按永久变形产生的机理不同可分为简化分析法、软化模量法、等价节点力法和等价惯性力法等四种。其中土石料动应力和残余应变关系的研究是整体变形分析法的关键。

简化分析法直接采用平均残余剪切应变势，根据坝体高程估算坝体的永久变形，近似程度较大。软化模量法认为永久变形是由于在地震荷载作用下土体静剪切模量降低产生的，并未直接考虑地震惯性力的作用，而是通过应变势在确定软化模量时间接反映地震影响。等价节点力法认为地震引起的永久变形等于土体在等价节点力作用下所产生的附加变形。该方法采用动力分析结果计算单元的动应力幅值，并直接根据动力残余应力与残余应变的关系曲线确定土体单元的应变势。然后根据各单元的等效残余应变确定等效节点力荷载施加于坝体，计算坝体的地震永久变形。等价惯性力法主要针对非液化性土，直接将节点加速度时程曲线转化为等效节点力，然后根据动应力与残余应变的关系曲线进行迭代计算求出永久变形。该方法的主要问题在于对等效节点力的处理，该法将所得惯性荷载分别指向坝体上游和下游时得到的两种变形进行线性叠加作为永久变形。但是，实际土体的地震加速度方向是随时变化的，不可能同时指向上游或下游。而且，地震永久变形是在地震荷载作用下沿着起始剪应力方向积累的应变，所以等效节点力的方向应与初始剪应力方向有关，而节点力方向与剪应力方向无直接联系，所以节点力方向难以确定。

3.4.3　抗震措施

根据抗震设计研究成果，参考其他工程的经验教训，并统筹考虑工程的安全性和经济性，糯扎渡水电站心墙堆石坝采取以下抗震措施：

（1）采用直线坝轴线，大坝建于岩基上，坝基覆盖层全部清除，防渗体采用砾质黏土，坝壳料采用级配良好的块石料，抗震性能良好。防渗体与垫层基础间设置接触黏土，并在防渗体上、下游面各设置两层反滤层及一层细堆石过渡层。

（2）适当加大坝顶宽度，以避免堆石滚落而造成坝体局部失稳。坝顶宽度设计为18m，大于规范对高坝10～15m的要求。心墙顶宽度设计为10m。

（3）在确定坝顶高程时考虑了地震涌浪及地震沉陷量，预留足够的坝顶超高。在地震工况时，考虑地震涌浪及地震沉陷量，但地震工况不是确定坝顶高程的控制工况。

（4）在进行坝料分区设计时，坝顶1/5坝高范围内为抗震的关键部位，采用块度大、强度高的优质堆石料。上游高程750.00m以上、下游高程760.00m以上全部采用优质的Ⅰ区堆石料。

（5）为提高坝体顶部的抗震稳定性，上游高程805.00m以上、下游高程800.00m以上采用1m厚的M10浆砌块石护坡。

（6）在高程770.00m以上（坝高1/5范围内）的上、下游坝壳堆石中埋入不锈钢锚筋Φ20，锚筋每隔2m高程布置一层（原则上每两层坝料铺设一层钢筋网），沿坝轴线方向水平间距为2.5m，埋入坝壳堆石中的长度约18m，并要求不伸入反滤料Ⅰ中。同一高程锚筋布设顺坝轴线方向不锈钢钢筋Φ16将其连为整体，间距为5m。心墙堆石坝坝顶加筋示意见图3.4-1。

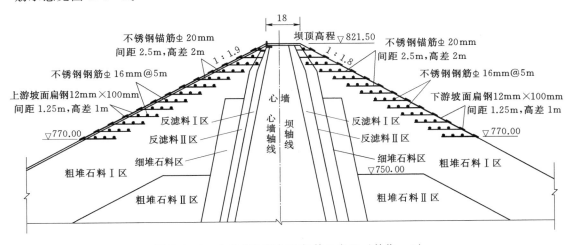

图3.4-1　心墙堆石坝坝顶加筋示意图（单位：m）

（7）在高程820.50m的心墙顶面上布设贯通上、下游的不锈钢钢筋Φ20，间距为1.25m，并分别嵌入上游的防浪墙及下游的混凝土路沿石中，以使坝顶部位成为整体，提高抗震稳定性，减小坝坡面的浅层（表层）滑动破坏概率。

（8）在高程770.00m以上的上、下游坝面布设扁钢网，高差1m，间距为1.25m，并与埋入坝壳内的不锈钢锚筋焊接，扁钢为不锈钢，规格为厚 12mm、宽 100mm。

（9）由于坝体上部动力反应较强，心墙料采用混合料时动强度可能会不足，从而出现心墙变形偏大、发生裂缝等不利现象，故心墙高程 720.00m 以上也采用掺砾料进行填筑。心墙全部采用掺砾料进行填筑，提高心墙土料的动强度，避免出现心墙发生剪切变形而产生裂缝等不利现象。

3.4.4 抗震安全评价

土石坝地震动力反应分析中，计算出坝体各点在地震过程中的动位移、动应变和动应力时程。为了计算永久变形，则须结合循环三轴试验确定土在动应力作用下的残余剪切变形特性和残余体积变形特性。循环三轴试验可确定不同围压、不同固结比、不同振次条件下堆石料动应力和残余应变的关系，坝体的静力和动力计算可确定坝体各单元的围压、固结比、振次及动应力情况。这样，通过静力及地震动力分析和循环三轴试验，可以确定坝体各单元在地震过程中的残余应变势。但是由于相邻单元间的互相牵制，这种应变势并不是各有限元的实际应变。为了使各有限元能产生与此应变势引起的应变相同的实际应变，就设法在有限元网格节点上施加一种等效静节点力，然后以此等效静节点力作为荷载按静力法施加于坝体，计算坝体的地震永久变形。

计算得出的土石坝地震永久变形需要与地震永久变形的控制标准进行比较，以判断土石坝的抗震安全性。沈珠江结合"八五"国家科技攻关项目，根据一些坝的实际震陷值提出如下建议：坝高 100m 以下的坝，允许震陷量为坝高的 2%；对于 100m 以上的坝，可适当降低到 1.5%。

土石坝地震永久变形标准，应结合土石坝地震破坏形式，研究其地震条件下结构性能不丧失，并考虑一定的安全裕度综合确定。土石坝震害的主要形式是坝体裂缝。坝体出现裂缝若继续加振则会演化成滑坡。在研究土石坝地震永久变形标准时，以完全避免土石坝裂缝为准则既不合理也不现实。因此，土石坝地震永久变形标准应对应于避免土石坝地震过程中出现潜在可能发展为滑坡型的裂缝。

一般认为，过大的拉应变是引起土坝开裂的主要原因。预测土体结构在静力作用下的开裂，已经取得了一定的研究成果，但预测土体结构在动荷载作用下的开裂问题则困难得多。顾淦臣统计整理了国内外 55 座土石坝的水平位移、竖向位移和裂缝资料，得到这样的认识：竣工后坝顶最大竖向位移为坝高的 1% 以下的坝都没有裂缝；坝顶最大竖向位移为坝高的 3% 以上的坝都有裂缝；坝顶最大竖向位移大于坝高的 1%、小于坝高的 3% 时，有的坝裂缝，有的坝不裂缝，要看土料的性质和其他因素而定。在调查国内外多座土石坝的不均匀沉降后认为，若坝体不均匀沉降的斜率（倾度）大于 1%，坝体就将产生裂缝；小于 1%，坝体一般不出现裂缝。陈生水等还采用坝体附加永久变形分布来判断瀑布沟坝是否产生地震裂缝。可以认为，坝体顶部不均匀地震永久变形是造成坝顶震裂的主要原因。

堆石坝的另一破坏形式是坝坡堆石颗粒滚落、滑移与坍塌。85m 高的智利 Cogoti 抛填式面板堆石坝 1943 年地震时坝顶及下游坝坡堆石有错动和滚落现象，震后下游坝坡由 1 : 1.5 变为 1 : 1.65，坝顶震陷 38.1cm。"5·12"汶川地震紫坪铺面板坝除上游面板出现错台及挤压破坏外，坝体最大断面高程 840.00m 以上的下游坝坡浅层堆石体受到明显破坏，大坝堆石体震陷明显，最大震陷约 81cm，向下游变位最大超过 28cm，震后坝体剖面向内部收缩。坝顶下游坝坡浅层堆石体破坏松动是剪胀引起的堆石结构震松所致，是堆石颗粒滚落的先兆。韩国城、孔宪京在"七五""八五"期间进行的大量面板坝振动台模型破坏试验表明，强震时坝顶下游坝坡堆石首先震松并开始出现颗粒滚落；随着振动台加速度的增大，堆石大面积滑动，坝顶开始坍塌；继续加振则面板外露、断裂。刘小生等结合"九五"攻关项目进行的面板坝大型振动台模型试验表明，模型破坏的主要形式是坝顶附近的下游坝坡滚石或浅层滑动。韩国城及刘小生分别进行的振动台模型试验表明，模型坝坡面堆石出现滚落的加速度远大于数值计算值。造成差别的原因是考虑堆石的咬合作用。因此，堆石坝坡的另一类破坏过程是震松失去结构性，颗粒滚落、滑动，坍塌震陷直至失稳破坏。

对高土石坝而言，地震残余变形的梯度（或残余应变）沿坝高的分布是不同的，坝体底部残余应变较小，坝体顶部残余应变较大，且为地震残余变形等值线密集的部位，也是地震裂缝较为集中部位。因此，对 200m 级高土石坝地震残余变形建议以上部坝体的地震变形占该部分坝高的比值进行控制。即以上部 1/2（或 1/3）坝高的坝体为研究对象，若这部分坝体的震陷率小于 1.5%，则认为坝体可以承受。

不均匀震陷也需要进行控制。建议不均匀沉降的倾度斜率小于 1%，坝体不会产生裂缝。其对应的地震永久变形标准可适当放松，不均匀震陷的倾度控制在 1.2% 以内，坝体可以承受。

3.5 大坝防渗设计及渗流控制

3.5.1 防渗心墙土料的防渗性能及渗透系数指标

防渗体的防渗性能关系到坝体渗漏量的大小，直接影响到坝的经济效益，渗漏量大意味着大量的库水将白白流失而不能产生效益，极大地降低了坝的运行效益。根据一般经验，当防渗体的渗透系数达到 10^{-5} cm/s 时，渗漏量一般不大，在水量较丰富的地区，一般是可以接受的。根据国内外已建的 150m 级以上高心墙堆石坝的防渗体渗透系数资料统计，约 32% 的堆石坝防渗体渗透系数为 10^{-5} cm/s，约 68% 的堆石坝防渗体渗透系数为 10^{-6} cm/s，少数坝渗透系数更小。

电站心墙堆石坝防渗土料采用掺砾石土料，试验表明，砾石土的渗透系数与小于 0.075mm 的颗粒含量密切相关，一般情况下，当砾石土小于 0.075mm 的颗粒含量小于 10% 时，渗透系数就会大于 10^{-5} cm/s，不适于作防渗材料。根据有关资料统计，当防渗土料的渗透系数在 10^{-6} cm/s 以内时，防渗土料中小于 0.075mm 的细颗粒含量在 20% 以上的堆石坝占 80% 左右。电站心墙掺砾土料小于 0.075mm 的细颗粒含量为 40% 左右，大于 5mm 的粗粒含量为 25% 左右，心墙渗透系数为 5×10^{-6} cm/s。通过渗流分析计算得出坝体平均单宽渗流量约为 1.61m³/（d·m），坝体坝基平均总单宽渗流量约为 3.05m³/（d·m），满足防渗心墙土料的防渗性能和渗透系数要求。

3.5.2 防渗心墙土料的抗渗性能及抗渗性能指标

据邱加也夫统计，20 世纪 60 年代以前防渗体的平均允许渗透比降为 0.7～1.3，即心墙底宽为坝高的 0.8～1.4 倍。随着对土体渗透破坏机理的深入研究，太沙基提出了反滤设计准则，反滤层具有滤土和排水的作用，由此使得防渗体的"抗渗"功能得到保障。在 20 世纪 60 年代之后，反滤层得到了大力推广，在反滤层的保护下，防渗体的抗渗性能得到了提高。当防渗体出现裂缝时，无反滤层情况下防渗体的抗渗强度将急剧下降并可能导致失事；而在有合适反滤层保护的情况下防渗体裂缝有可能自愈，由此大大提高了防渗体的抗渗强度。对于 200m 级以上高心墙堆石坝而言，在设计中，防渗心墙的平均允许渗透比降可以控制在 2.5 左右，若有先进技术支持并经过专门论证亦可提高到 3.5 左右。具体的平均允许渗透比降应该根据试验确定，而试验方案中必须包含防渗土体出现裂缝情况的专门试验。同时，要开展解决保证心墙裂缝自愈的保护措施的相应试验。

糯扎渡水电站最大坝高 261.5m，心墙底宽 111.8m，相应坝高与心墙底厚之比为 2.34；接触土料在 595kJ/m^3 击实功能下的渗透系数为 1.18×10^{-6}～4.79×10^{-6} cm/s，在下游无反滤保护条件下，土料抗渗坡降为 9.0～16.0。

掺砾料在 2690kJ/m^3 击实功能下的渗透系数为 1.18×10^{-7}～7.94×10^{-6} cm/s，平均为 2.56×10^{-6} cm/s。在下游无反滤保护条件下，破坏坡降为 58～200。

3.5.3 防渗心墙土料的填筑压实性能及填筑指标

防渗体施工的填筑压实质量直接关系到防渗体实际能达到的防渗、抗渗性能，因此土料的填筑压实标准很重要。

碾压式土石坝施工的关键工序是对坝体土石料的分层填筑压实，压实效果最初是用测得的干密度反映，但实践表明，由于土石坝的土石料一般是取自一个至数个料场，不同料场甚至同一料场的不同部位、不同深度的土石料，其压实性能并不相同，甚至差别很大。因此，若以一个最大干密度乘以压实度计算出的干密度作为填筑控制标准，必然出现此种情况：对于易于压实的土石料，干密度容易达到要求，但压实度可能不满足要求；而对于不易压实的土石料，压实度易满足要求，但干密度可能达不到要求。因此应采用压实度作为控制指标，而压实干密度随土料的压实性能不同而浮动。实践发现土料的含水率与施工压实有密切的关系，在工程中多以最优含水率上下一定范围，且能满足压实度要求的含水率作为填筑控制标准。

《碾压式土石坝设计规范》（DL/T 5395）中规定含砾和不含砾黏性土的填筑压实标准以压实度和最优含水率作为设计控制指标。设计干密度应以击实试验的最大干密度乘以压实度求得。对于 200m 级高堆石坝，其心墙为黏性土时，若采用轻型击实试验，则压实度应不小于 98%～100%；如采用重型击实试验，压实度可适当降低，但不低于 95%。黏性土的最大干密度和最优含水率应按照 DL/T 5355 及 DL/T 5356 规定的击实试验方法求取。对于砾石土应按全料试样求取最大干密度和最优含水率，并复核细料干密度。

糯扎渡水电站大坝心墙掺砾土料在 595kJ/m^3 击实功能下的最大干密度为 1.87～2.05g/cm^3，平均为 1.91g/cm^3；最优含水率为 9.0%～14.5%，平均为 12.7%。在

2690kJ/m³ 击实功能下的最大干密度为 2.01～2.15g/cm³，平均为 2.06g/cm³；最优含水率为 7.3%～9.6%，平均为 8.8%。掺砾料小于 5mm 的细料在 595kJ/m³ 击实功能下的最大干密度为 1.79～1.94g/cm³，平均为 1.84g/cm³；最优含水率为 11.7%～16.2%，平均为 14.9%。在 2690kJ/m³ 击实功能下的最大干密度为 1.87～2.05g/cm³，平均为 1.97g/cm³；最优含水率为 9.2%～13.3%，平均为 11.8%。

对于高心墙堆石坝，为了获得较低的渗透系数和较高的荷载承受能力，经常要求达到较高的压实标准，以获得更高的压实密度。电站大坝心墙土料分别进行了轻型击实（595kJ/m³）、1470kJ/m³ 击实和重型击实（2690kJ/m³）三种功能的击实试验，重点比较了全料与小于 20mm 细料干密度、压实度的关系，可以得到如下结论：

（1）掺砾土在原级配全料超大型与替代法全料大型击实时，其最大干密度均随掺砾量的增加而呈先增后降的趋势，峰值出现在掺砾量约 80%处；相应 P_{20} 细料的干密度也随着掺砾量的增加而呈先增后降的趋势，峰值出现在掺砾量约 60%处。当掺砾量大于 60%时，掺砾碎石骨架效应明显，土料出现架空现象。小型击实试验时，由于掺砾碎石颗粒较小，骨架效应不明显，掺砾土能够被充分击实，因此随着掺砾量的增加，细料最大干密度呈持续增加趋势，其对应的全料干密度也随掺砾量的增加而增加。

（2）在各击实参数下，掺砾土最优含水率均随掺砾量的增加而降低。

（3）由于掺砾碎石级配及击实参数的差异，掺砾土原级配全料与替代法全料在 2690kJ/m³ 击实功能下的击实特性有所不同，但在设计掺砾量时两者相差不大，因此采用 2690kJ/m³ 击实功能大型击实成果对掺砾土全料进行质量控制是可行的。

（4）在相同击实仪下，采用 595kJ/m³ 击实功能所得到的最大干密度较 2690kJ/m³ 功能所得到的最大干密度小，且相差较大。

（5）当掺砾量小于等于 60%时，在 2690kJ/m³ 击实功能下超大型、大型击实 100%压实度换算的细料干密度均大于在 595kJ/m³ 击实功能下小型击实的细料最大干密度，细料压实度大于 100%。在相同掺砾量下，大型击实换算的细料干密度大于超大型击实换算的细料干密度。

（6）当掺砾量为 20%～50%（P_{20} 含量为 15%～35%）时，由小型击实所得细料最大干密度计算出的全料干密度均小于超大型、大型击实所得的全料最大干密度，即若按 595kJ/m³ 功能小型击实细料压实度 100%控制时，计算出的超大型、大型击实全料 2690kJ/m³ 功能压实度均大于 100%。具体为：中心实验室超大型击实为 102.5%～103.6%、大型击实 103.2%～105.6%；施工方超大型击实为 101.0%～104.3%、大型击实为 102.7%～105.8%。

（7）在 20%～50%掺砾范围内，施工方击实试验成果超大型全料 2690kJ/m³ 功能压实度 95%时尚低于 595kJ/m³ 功能 100%压实度的要求，而中心实验室成果 2690kJ/m³ 功能压实度 95%时土料密实度与 595kJ/m³ 功能 100%压实度基本相当。中心实验室及施工方的大型替代法全料 2690kJ/m³ 功能压实度 95%时土料密实度略高于 595kJ/m³ 功能 100%压实度的要求，可以认为全料 2690kJ/m³ 功能压实度 95%时土料密实度可以满足 595kJ/m³ 功能 100%压实度的要求。

（8）当掺砾量为 20%～50%时，全料 2690kJ/m³ 功能压实度 95%时换算细料干密度与 595kJ/m³ 功能细料 98％压实度下干密度比值超大型击实为 0.983～1.002（中心实验室）、0.963～1.010（施工方），大型击实为 0.989～1.024（中心实验室）、0.983～1.026（施工方），其中在掺砾量为 20％～40％时，两家单位成果的比值为 0.991～1.026，故可以认为全料 2690kJ/m³ 功能压实度 95％时土料细料密实度与细料 595kJ/m³ 功能下 98％压实度相当，即全料压实度按 2690kJ/m³ 功能 95％压实度控制标准与细料 595kJ/m³ 功能 98％压实度控制标准相当。

（9）全料压实度预控线法适用于性质较为均一的土料，其检测结果与现场击实试验全料压实度控制法相同，由于碾压现场只需挖坑检测碾压干密度，检测时间大大缩短，效率较高，优势明显；当土料性质不均匀时，确定预控线所用试验土料与现场挖坑检测土料击实特性存在差异，从而影响检测结果的准确性。相比全料压实度检测方法，细料三点快速击实法所需仪器尺寸小，功能降低，试验工作量大幅度减少，整个过程只需 1h 即可完成，可以满足施工进度要求，优势更为明显。

综上所述，通过掺砾土料击实试验研究，分析了不同掺砾量、不同击实筒以及不同击实功能下土料的压实度和含水率情况，明确了高心墙堆石坝土料压实度的控制标准，成果可资借鉴。研究结论为：推荐现场检测采用小于 20mm 细粒 595kJ/m³ 击实功能进行三点快速击实的细料压实度控制方法，细料压实度应大于 98％。根据击实试验研究成果，该细料压实度标准与全料 2690kJ/m³ 击实功能 95％压实度标准相当，由于规范要求砾石土应按全料压实度控制，故要求定期进行全料 2690kJ/m³ 击实功能 95％压实度的复核检测。

3.5.4　岩基防渗帷幕控制指标的影响因素

高心墙堆石坝防渗心墙绝大多数坐落在岩石基础上，为达到渗流控制的目标，除防渗心墙自身要达到各种控制要求、保质保量之外，对与其紧密相接的岩石基础也必须做好渗流控制，才能构成大坝的完整防渗系统。岩体中要建设一道有效的灌浆帷幕应满足的基本条件是：灌浆后的岩体透水率全面达到设计的控制指标，灌浆岩体能承受高坝下的渗流梯度，保持坝基的渗透稳定安全，防渗功效显著，投资合理。

开展灌浆帷幕设计，必须弄清并掌握坝址基岩工程水文地质资料，特别是坝址岩体特性、强度高低、透水性的强弱以及主要结构面产状，如透水裂隙产状、开度、分布、连通度及裂隙内表面状况、填充情况等与灌浆有关的岩体特性（透水性好不等于可灌性好）。

首先，必须回答对于高心墙堆石坝坝址是否需要设灌浆帷幕。接下来，设计灌浆帷幕最重要的控制指标是灌浆后帷幕岩体的单位透水率，这个指标极为重要，它不但关系着防渗帷幕的功效，是否能协同防渗心墙控制好该水库允许的最大渗水量，达到水库蓄水效益；同时也关系着大坝基岩的抗渗稳定安全性；它还直接决定了灌浆帷幕的垂直深度（目前我国灌浆的先进水平在 170m 深以内）和平面延伸度，影响到帷幕的总工程量、工期和投资。当透水率指标控制设计的很低时，如小于 1Lu，意味着帷幕灌浆必须对岩体深部裂隙不发育（低吕荣值区）的岩层段进行灌浆。据资料统计，3～5Lu 的岩层段，虽然吸水，但不吸浆，实践认为小于 0.15mm 裂隙的水泥浆可灌性差。虽有超细水泥、化学灌浆，但各种岩体的临界压力都不同，必须控制好灌浆压力不能超过岩体临界压力，否则反倒可能会破坏灌浆岩体。

对于超级高坝基岩防渗处理，首先要确定防渗帷幕应具备的主要功能，归纳岩基渗流的特性（帷幕是在岩基中建成的），分析影响灌浆效果的因素。要建成工程质量有保证的有效帷幕，需综合考虑技术可行性和先进性、投资合理性，再结合国内外建设实践及理论研究，参考有关规范，最后结合工程自身研究实践的认识判断。

糯扎渡水电站坝基防渗帷幕的轴线沿心墙轴线布置，左岸与引水发电系统及溢洪道防渗帷幕相接，右岸通过坝顶灌浆洞进行帷幕灌浆，延伸至相对隔水岩体，以减小沿坝肩的绕坝渗流。以基岩小于等于1Lu作为相对不透水层界线，在心墙下设置了1～2排帷幕灌浆。第一排帷幕深入相对不透水层不小于5.0m，右岸风化蚀变软弱岩带部位加深至微新岩体，河床底部依据水头、地质条件及渗透特性加深至高程500.00m。第二排帷幕主要起加强作用，其范围为左岸高程约690.00m以下、右岸高程760.00m以下及河床部位。第二排帷幕灌浆孔深一般为第一排的2/3，在右岸风化蚀变软弱岩带部位加深。两排帷幕的排距为1.5m，孔距一般均为2.0m，右岸软弱岩带范围加密至1.5m。灌浆材料一般为普通硅酸盐水泥，右岸软弱岩带采用干磨细水泥。

3.5.5　坝基防渗处理要求

1. 建基面设计

电站大坝心墙建基面设计主要从混凝土垫层应力状态及坝基渗流控制方面考虑，坝高大于200m的置于新鲜或微风化基岩上，坝高小于200m的按现行土石坝设计规范执行。

大坝反滤层建基面设计采用与心墙相同的标准。

坝壳堆石料对建基面的要求不高，置于强风化顶部基岩或密实的全风化基岩上。

2. 基础缺陷处理

心墙及反滤层区开挖后，对出露的断层及其两侧的蚀变带、张开节理裂隙逐条进行开挖清理，并用C15混凝土塞进行回填封堵，对其中规模较大的断层采用梯形断面挖槽并回填混凝土处理。

对心墙基础开挖后仍存在的地质钻孔，采用水泥砂浆回填封堵，对探洞采用C15混凝土进行回填，并在顶拱部位作回填灌浆。对开挖后坝壳基础范围内的探洞，在洞口约30m范围采用干砌石回填。

对局部软弱岩带进行加强固结灌浆处理，以降低岩体的透水率及改善岩体的完整程度和均匀性。

下游坝壳基础面上约1/3水头范围内铺设反滤层，与心墙下游反滤层相连，以提高坝基的渗透稳定性。

3.5.6　渗流安全评价

大坝渗流安全评价就是对大坝渗流控制系统的安全性进行定性和定量的分析，通过与评价标准进行对比，对大坝渗流控制系统安全状态做出客观评价，以达到预防和减少事故的目的。大坝渗流安全评价是大坝安全评价中的重要内容之一，它直接影响大坝的安全、效益和功能。

大坝渗流控制的安全评价标准与大坝的等级有关，坝的等级越高，其要求的安全等级也应该越高。合理的安全评价方法，是对大坝运行现状的合理分析总结并给出合理的评价，评价的结果应该是可靠的，能保证大坝未来正常运行，并且投资合理。安全评价标准越高，人力物力方面的投资就越多。大坝如果存在安全问题，将不利于大坝的正常运行，直接影响到大坝的运营效益，更重要的是威胁人民生命财产的安全。因此，对大坝渗流控制系统进行安全评价，应慎之又慎，严格把关。

3.5.6.1　心墙堆石坝安全评价内容

大坝安全评价内容很多，主要是对大坝运行期间的渗流安全稳定性，特别是初期蓄水期间的渗流安全进行评价：

（1）审核大坝工程渗流控制系统设计控制指标的合理性和安全性，是否符合国家有关规程，以及对某些特殊问题的专门论证的科学安全性。

（2）审核工程的设计控制指标和实际施工质量，检查大坝各部位是否按照设计和规范施工，特别是大坝的关键部位，如防渗体、帷幕、反滤层等，应严格满足设计和规范要求。一旦发现不符合相关要求，应请相关单位进行复核计算或试验研究，查明问题的严重程度，并研究解决方案，对于问题严重的，应组织专家研讨解决。

（3）必须建立完善的大坝监测系统，跟踪收集大坝各参数随时间的变化情况，如大坝沉降量、坝体、坝基渗流量、各观测孔水位、坝体和坝基渗透压力、坝体浸润线等实时数据。因为各参数的变化值比绝对值更能反映出大坝内在的状态及变化趋势。

3.5.6.2　安全评价方法

由于各数据资料及观测资料都是多方面因素共同影响下的体现，要从现有的资料中分析出真正问题的所在往往很难，因此合理、完整的安全评价方法是非常必需的。安全评价方法主要有资料分析法、试验分析法、反演分析法和经验类比分析法等。

1. 资料分析法

渗流安全评价应首选资料分析法，并将其分析结果与各种设计或试验给定的允许值（如各种允许比降等）相比较，判断大坝渗流的安危程度。

2. 试验分析法

试验分析法是安全评价的可靠方法。新建大坝的设计和施工应当严格遵守规程、规范要求。如果发现某些防渗部位不符合规范要求，应进行试验研究，查明问题的严重程度，再做结论。

3. 反演分析法

利用高心墙堆石坝渗流场中各测点水位、渗压等实测值与计算值的最优化拟合准则，开展工程渗流场的反演和反馈分析，以便对工程渗透安全作出正确评价，并提出进一步保证工程安全的措施。

4. 经验类比分析法

我国心墙堆石坝的设计和施工仍处于半经验半理论阶段，仍需要借鉴以往的经验类比分析工程的运行现状。设计施工若有缺陷，有些会在初期运行阶段的观测资料中有所反映，在渗流控制系统中：

（1）大坝渗流量的大小和变化在一定程度上能反映出大坝的渗透稳定性。大坝渗流量的变化特性是评价大坝渗透稳定最敏感而且最可靠的方法，应当随时分析观测资料，以便监测和评价大坝安全。渗流量分析应着重研究其当前观测值与历史观测值的相对变化、渗漏水的水质和携出物含量及其与库水相比的变化情况，结合渗流压力分析，综合评价大坝的渗流安全。在监测坝基的渗流量和测压管水头分布时，如果发现防渗帷幕的渗透梯度变大，超过允许渗透梯度，应进行试验和计算，以便采取正确补救措施。若在相同库水位下渗流量和渗流压力同时增大，携出物增多，则表示渗流状况已向不利安全的方向发展。必要时加厚帷幕，或者在下游设置减压井，并在合适部位增设反滤层，保护渗流出口。

（2）坝体浸润线的位置是反映坝体质量及坝体结构是否满足要求的最有效的特征。测压管水位只反映不同部位渗透系数的相对关系，不反映渗透系数大小的绝对值。心墙中的测压管水位，如果呈现缓慢下降的趋势，出现上下游测压管水位相差不大的情况时，表明心墙施工质量不均匀，分层严重，或者心墙中有水力劈裂裂缝。如果下游坝壳浸润线过高，说明排水体的排水能力不够，可能是材料的渗透系数小，透水性不够。

上述 4 种方法各有其优缺点及适用范围。用试验分析法得出的结果较可靠但代价较高且只能针对已确定问题进行研究。反演分析法投入代价小并可以从全局上反映问题的所在，但由于理论部分还处在研究完善阶段，所以计算结果不能达到非常高的精度。一个完整的安全评价体系应融合以上各种方法。利用已有资料进行关键参数（如渗透梯度等）计算，用反演分析法分析整体可能出现问题的部位，用经验类比分析法对大坝监测现象进行分析，分析其可能问题的所在，采用试验分析法对以上分析出来的可能问题进行试验分析，再综合分析结果确认问题，并提出相应解决方案。

3.5.6.3 安全评价合适时段

按照《水库大坝安全管理条例》，大坝安全检查分为日常巡查、年度详查、定期检查和特种检查。其中日常巡查、年度详查由水电站运行单位自行负责，同时积极配合大坝安全监察中心做好定期检查和特种检查，保证水电站大坝的运行安全。加强水电站大坝的观测工作，及时对观测资料进行分析，随时掌握大坝的工作状态。

3.5.6.4 大坝渗流分析方法及主要计算成果

1. 渗流分析方法

渗流计算是在已知定解条件下求解渗流微分方程，以求得渗流场水头分布、渗流量、渗透梯度等渗流要素，它是防渗工程设计的重要依据。由于无压渗流有渗流自由面（浸润线），且非稳定渗流自由面随库水位升降而变动，加之一般渗流场有不同程度的非均质和各向异性，几何形状和边界条件较复杂，解析求解在数学上存在不少困难。电子计算机的普及和数值计算方法的发展，特别是有限元法的推广应用，促进了渗流数值模型的发展，为渗流计算提供了有效的方法。解决工程渗流问题已开始逐渐依靠三维渗流有限元计算方法，但必须有正确的工程地质水文地质参数，正确的渗透系数及边界条件的合理截取，是渗流有限元计算成果是否有价值的前提。

2. 大坝渗流分析主要计算成果

(1) 平面有限元渗流计算分析。对糯扎渡水电站大坝最大坝剖面进行平面有限元渗流计算，在坝体建基面以下及坝体上、下游方向基岩均取 260m 计算范围。计算中不考虑围堰的阻水作用，即围堰渗流参数按透水材料输入。计算成果表明：在各种计算工况下，坝体及坝基内的渗流场分布正常，流网变化不大；随着下游水位的提高，心墙下游出逸点高程抬高，坝体单宽渗流量随上下游水头差的增加而提高，心墙出逸点比降也随之提高；在各种计算工况下，心墙下游出逸比降均小于 4；根据试验，掺砾 35％的土料在无反滤保护下其破坏比降大于 58，且心墙上下游侧均设有两层反滤保护，其渗透稳定满足要求；各计算工况下帷幕灌浆内渗透梯度均相当，随着上下游水位差的增加而增加，但小于一般认为的帷幕能承担的局部最大渗流梯度 25。

(2) 三维有限元渗流计算分析。三维有限元渗流计算分析表明，心墙防渗体的防渗作用非常明显，其消减水头达 130m 左右；坝基防渗帷幕的防渗效果也是显著的。计算得出通过坝基的渗流量 $Q＝978.1m^3/d$，坝体坝基渗流总量 $Q＝1857.8m^3/d$。坝基各断层单元内的渗流比降平均值在 0.7 以内，小于地质专业提供的允许渗透比降（1.0～1.5），说明通过采取设计的帷幕灌浆和固结灌浆等基础处理措施后，坝基各断层的渗透稳定性是安全的。局部最大值小于等于 2.5，通过在下游坝壳基础一定范围内铺设反滤层，能保证断层的渗透稳定性。心墙内所有单元渗流比降的平均值为 1.18，心墙下游出渗部位单元的最大渗透比降为 9.85，远小于心墙防渗土料的破坏比降（试验值大于 58），加上心墙下游的反滤保护，心墙的渗透稳定性满足要求。坝基第一排防渗帷幕单元内的平均渗流梯度为 8.6，帷幕内局部最大渗流梯度为 17.1，小于一般认为的帷幕能承担的局部最大渗流梯度 25，坝基防渗帷幕的渗透稳定性满足要求。

3.6　人工碎石掺砾土料成套施工工艺

砾质土经碾压后通常可获得较高的压实密度及抗剪强度、较低的压缩性，已在土石坝工程中被广泛地用作防渗材料。对工程区的农场土料场、坝址右岸土料场、三等老寨土料场进行初查，经过比选，农场土料场由于环保问题不突出、施工干扰小、地形相对平缓完整、剥离量小，采运条件好，被选为电站的土料场。对农场土料场进行了详查，地质勘探资料及试验结果表明，农场土料场天然土料的粗粒含量少，细粒及黏粒含量偏高，对于最大坝高达 261.5m 的糯扎渡水电站特高坝来说，其压缩性偏大，力学指标偏低。为此，设计中决定在天然土料中掺加 35％（重量比）的人工碎石，构成砾质土，以改善土料的性质。

为保证上坝填筑时人工掺砾土料的均匀性及碾压施工质量，施工前对掺砾工艺、填筑铺层厚度、碾压机械及碾压遍数进行了多方案研究，并进行了大规模的现场碾压试验验证，提出设计推荐的施工工艺方案后由施工单位验证采用。

农场土料场天然土料母岩岩性以砂岩、泥岩为主，主采区各层土料的岩性如下：①坡积层土料主要为含砂高液限黏土（CHS）；②构造残积层土料主要为黏土质砂（SC）、卵石混合土（SICb）和黏土质砾（GC）；③坡积、残积混合料矿物成分主要为伊利石、高岭土和石英。土料场坡积层开挖厚度为 1～3m，残积层开挖厚度为 4～6m，不同部位、不同深度的砾石含量、黏粒含量差别较大，压实性能各不相同，为此坡积层不单独开采作为防渗土料，而是与下部残积层立采混匀后作为天然土料，运输至掺合料场掺砾后上坝使用。

混掺工艺比较了自卸汽车运输分层堆料混掺方案、胶带机运输先掺后堆方案、胶带机运输分层铺料方案和堆料机布料分层铺料方案，综合考虑施工方便、掺合质量、经济等因素后推荐采用自卸汽车运输分层堆料混掺方案。根据实测土料和砾石容重，按重量比 35％掺砾比例，换算成 3 种土料与碎石铺层厚度方案进行掺合，分别为 0.72m 和 0.35m、1.03m 和 0.50m、1.35m 和 0.65m，从混掺的均匀性出发推荐 1.03m 和 0.50m 方案。掺合料场施工工艺见图 3.6-1。现场检测结果表明，含砾量范围值为 23.9％～54.8％，尽管局部有少量砾石集中现象，但整体均匀性较好，具有可掺性。

图 3.6-1　掺合料场施工工艺图

糯扎渡水电站开展了大规模的现场碾压试验，经过标准凸块碾、非标准凸块碾与平碾的试验比较（图 3.6-2），掺砾土料在 3 种机械碾压过程中均未出现弹簧土、涌土及剪切破坏现象，具有可碾性。在相同碾压参数下，标准凸块碾及平碾所得压后干密度较大，非标准凸块碾压后干密度相对较小，平碾所得干密度值虽大，但实际施工时压实层间结合需配合抛毛施工设备，因此，从碾压效果及施工方便性出发推荐采用三一重工ZK180 型标准凸块碾。

图 3.6-2　现场碾压试验机械设备

对铺土厚度 30cm、35cm、40cm 分别进行 6 遍、8 遍、10 遍、12 遍的碾压试验，并结合现场初期施工验证，从压实效果和压实度保证率方面，推荐铺层厚度为 27cm，碾压 8 遍。

最终成套施工工艺如下：农场土料场天然土料立采（高度 5～8m）、自卸汽车运输至掺合料场（容积约 2 万 m³）；天然土料与人工碎石水平互层铺料，土料单层层厚 1.03m，砾石单层层厚 0.50m，推土机平料，如此相间铺料 3 层，总高控制在 5.00m 以内；以挖掘机立采方式使土料和碎石料得到混合，掺混3次后装32t自卸汽车运输至坝面；在坝面采用后退法卸料，平路机平料，铺层厚度为25~30cm，20t自行式标准振动凸块碾（激振力大于400kN）震压8遍、行车速度1挡（或≤3km/h）。坝面铺料及施工碾压见图3.6-3。

图3.6-3 坝面铺料及施工碾压

3.7 电站工程"数字大坝"系统

高心墙堆石坝由于工程量大、分期分区复杂、坝料种类多、质量要求高等特点，其施工质量控制成为工程建设的关键技术难题。常规人工控制手段难以确保填筑碾压过程质量，需要更为先进的施工质量控制技术。天津大学联合业主、设计等单位开展了相应的理论方法和技术研究工作，开发了"糯扎渡水电站数字大坝—工程质量与安全信息管理系统"，该系统可对电站心墙堆石坝填筑施工过程进行精细化的全天候实时监控；对工程质量、安全监测、施工进度等信息进行集成管理，构建大坝综合数字信息平台；为堆石坝建设过程的质量监控、运行期坝体的安全分析提供支撑平台；提高工程质量，为打造优质精品工程服务。

3.7.1 系统功能开发与实现

1. 高心墙堆石坝坝面碾压质量实时监控技术

利用GPS、GPRS和网络传输技术，实现了全天候、实时、精细化、远程监控技术，总体控制方法见图3.7-1。

开发了碾压过程信息实时自动采集装置，可以对行车速度、激振力、碾压遍数和压实厚度等进行实时采集。堆石坝填筑碾压过程实时监控系统界面见图3.7-2。

提出了碾压过程实时监控的高精度快速图形算法，包括碾压轨迹、条带的实时绘制算法，碾压遍数、速度和压实厚度的实时计算与显示算法。开发了坝面填筑碾压质量实时监控系统，实现了碾压轨迹、行车速度、碾压遍数、激振力等碾压参数的全过程、在线实时监控。

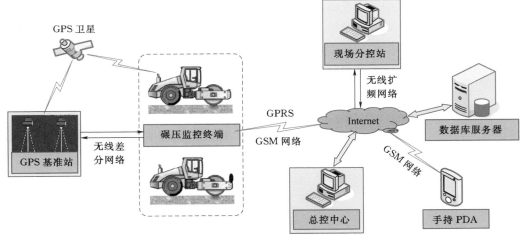

图 3.7-1　总体控制方法

2. 坝料上坝运输过程实时监控技术

开发了坝料运输车辆动态信息自动采集装置，实现了料源与卸料分区的匹配性，以及上坝强度和道路行车密度的动态监控，为确保上坝料的准确性以及现场合理组织施工和运输车辆优化调度提供了依据。

3. 大坝施工信息 PDA 实时采集技术

PDA 实时采集技术为动态调度坝料运输车辆以及及时全面掌握现场施工质量信息和反馈控制提供了一条有效的解决途径。PDA 采集系统主要实现如下功能：①现场试验数据（试坑试验）与现场照片的 PDA 采集，包括整个施工期内的所有试坑信息；②加水量、振动碾

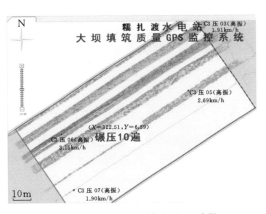

图 3.7-2　堆石坝填筑碾压过程
实时监控系统界面图

激振力、车辆信息、分区标定等信息的 PDA 采集；③坝料、料场、运输车辆等信息的 PDA 采集；④现场采集与分析数据通过 PDA 无线传输至系统中心数据库，以备后续应用；⑤对于相对固定的信息通过 IE 客户端输入，PDA 主要采集施工过程中的临时变动数据。

4. 大坝安全监测信息动态管理

把大坝建设和运行过程中各种质量监测与安全监控的动态、静态信息进行综合集成和管理，并在大坝整个寿命周期内进行长期跟踪与动态分析。数字大坝—工程质量与安全信息管理系统见图 3.7-3。系统实现如下功能：

（1）大坝变形、沉降、渗流等安全监测布置的三维可视化模型（实体或透视），可根据监测点的性质分别显示，并可按剖面显示监测点布置。

（2）安全监测动态信息的可视化查询与管理，在三维模型上直接点击某个监测点，则可得到该点的相关信息。

（3）监测点观测值的初步统计分析。

（4）安全监测数据的预测模型与分析，用户可下载客户端应用软件，使用集成的多种预测模型分析监测变量的发展趋势。

（5）数据展示，将数据信息可视化（三维或二维显示、报表等）。

（6）数据共享，将现场监测数据，通过网络传送至系统中心数据库，从而实现网络内数据共享。

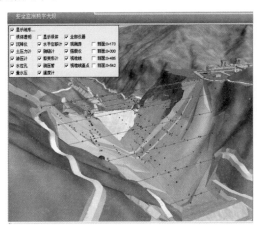 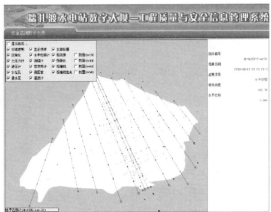

图 3.7-3　数字大坝—工程质量与安全信息管理系统

3.7.2　"数字大坝"综合信息集成

将电站大坝设计、建设和运行过程中涉及的各种工程信息、安全监测信息等进行动态采集与数字化处理，构建糯扎渡水电站大坝综合数字信息平台和三维虚拟模型，把空间信息以三维形式直观地表现出来，在虚拟的"数字大坝"环境下，实现各种工程信息的集成化、可视化管理，并在工程整个生命周期里实现综合信息的动态更新与维护，为工程决策与管理、大坝安全运行与健康诊断等提供全方位的信息支撑和分析平台。

1. 数字地形模型的接口与可视化

利用坝区地形等高线数据，采用不规则三角网（TIN），结合坝区数字影像，已经建成坝区数字地形模型（DTM）。该系统主要研制开发与其接口的平台，以方便模型操作（实时显示、动态修改等），对模型进行优化。

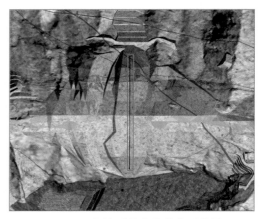

图 3.7-4　工程地质数字化信息系统界面图

2. 工程地质数字化信息系统接口

昆明院完成工程地质三维模型及数字化工程地质信息系统的建设，该系统主要研制开发与其接口的平台，以方便模型操作（实时显示、动态修改等）。工程地质数字化信息系统界面见图 3.7-4。

3. 大坝三维建模与设计信息可视化管理

大坝三维建模与设计信息可视化管理主

要功能包括：①大坝形体三维建模（含坝体内部构造及布置）；②坝基开挖三维建模与实现；③大坝设计信息数据库建立与可视化查询。设计信息可视化查询与管理见图3.7-5。

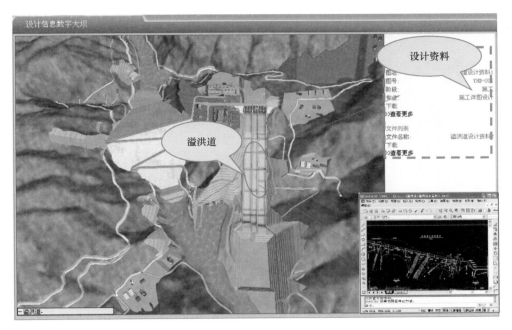

图 3.7-5　设计信息可视化查询与管理示意图

4. 工程施工过程三维可视化仿真分析

（1）大坝施工计划进度可视化仿真分析。根据招标阶段的大坝施工资源配置和计划进度安排要求，考虑料源料场的动态规划和平衡以及运输上坝系统特征，建立大坝施工过程可视化仿真模型，对大坝施工工期、任意时刻形象进度、施工强度和施工资源配置等进行仿真分析。

（2）大坝实际施工进度的动态仿真建模与分析。根据大坝施工月进度报表，建立每月的大坝施工进度三维形象面貌，并与月实际进度信息数据库建立一一对应关系，实现实际月进度信息的可视化查询与管理；同时，可实现与计划进度形象面貌的对比分析。施工进度数字化信息系统界面见图3.7-6。

5. 基础灌浆与渗控工程数字化

基础灌浆与渗控工程数字化主要功能包括：①建立基础开挖面、混凝土垫层、固结灌浆孔布置、帷幕灌浆孔以及灌浆廊道布置等三维模型；②建立基础灌浆与渗控工程数据库，实现渗控工程信息的动态录入与管理维护；③建立三维模型与数据库信息的一一对应关系，实现灌浆与渗控工程动态信息的可视化查询。

6. 大坝综合工程信息的集成与动态管理

建立地形、水文、地质、枢纽布置以及大坝设计、施工、运行等综合信息数据库和图形库，并设立信息动态更新机制，实现工程信息的综合集成、动态可视化管理（查询、分析）。

图 3.7-6　施工进度数字化信息系统界面图

7. 枢纽三维视景仿真建模及交互漫游模块

构建电站枢纽三维场景，并实现交互漫游与操纵，为直观了解枢纽设计和施工场地总体布置提供虚拟的可交互的仿真环境。

3.7.3　现场压实质量检测方法研究

通过掺砾土料击实试验研究，分析了不同掺砾量、不同击实筒以及不同击实功能下土料的压实密度和含水率情况，明确了电站高心墙堆石坝土料压实度的控制标准：掺砾土料压实标准全料压实度按修正普氏 2690kJ/m³ 功能应达到 95% 以上，按普氏 595kJ/m³ 功能应达到 100%；用小于 20mm 细粒 595kJ/m³ 击实功能进行三点快速击实试验，细料（小于 20mm）压实度应达到 98%。

全料压实度控制是在碾压施工中取全料进行现场三点快速击实，整个过程直截了当、概念清晰。电站掺砾土料最大粒径为 120mm，击实仪器直径需达到 600mm 才能满足，虽然可以采用直径 300mm 的仪器进行替代法全料击实试验，但试验工作量仍然很大，费时长达 8h，难以满足现场快速施工的需要。

细料压实度控制方法与全料压实度控制方法类似，只是三点快速击实针对的是细料，现场挖坑检测的也是细料的密度。研究中采用 ϕ152 击实仪对小于 20mm 细料进行三点快速击实，功能为 595kJ/m³，要求压实度大于 98%。由于仪器尺寸减小，功能降低，试验工作量大幅度减少，整个过程只需 1h 即可完成，可以满足施工进度要求，优势更为明显。

电站心墙土料现场检测采用小于 20mm 细粒 595kJ/m³ 击实功能进行三点快速击实的细料压实度控制方法，细料压实度应大于 98%，该细料压实标准与全料 2690kJ/m³ 击实功能 95% 压实度标准相当，由于规范要求砾石土应按全料压实度控制，故要求定期进行全料 2690kJ/m³ 击实功能 95% 压实度的复核检测。

3.8　大坝安全评价与预警系统

3.8.1　整体结构

"糯扎渡水电站心墙堆石坝—工程安全评价与预警信息管理系统"（以下简称"信息管理系统"）主要由 7 个模块构成，系统总体结构见图 3.8－1。系统管理模块，是该系统的枢纽；监测数据与工程信息管理模块、数值计算模块和反演分析模块，是该系统的核心；安全预警模块与应急预案模块，是该系统的目标；巡视记录与文档管理模块，是对该系统基本信息的重要补充；数据库与管理模块，是该系统的资料基础。

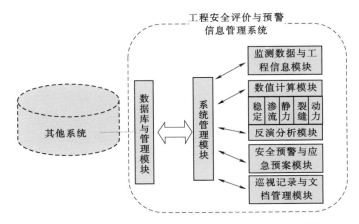

图 3.8－1　工程安全评价与预警信息管理系统总体结构图

3.8.2　模块简述

1. 系统管理模块

实现该系统信息集成以及该系统各模块间的信息交换与共享；提供该系统运行的管理与操作界面；从其他系统获取必要信息；可管理系统的基本设置以及多地多用户远程操作。

2. 监测数据与工程信息模块

根据系统数据库信息，实现对大坝各类动态信息（环境量、效应量及工程信息等）进行查询、统计分析、可视化展示及报表等功能，为用户提供良好的可视化信息查询及分析界面。

基础信息管理单元结构见图 3.8－2。主要是对大坝的 PBS 结构、大坝安全监测规划的监测断面、安全监测所用的仪器类型以及监测仪器的埋设路径等基础信息进行定义，实现基础业务数据的维护功能，为安全监测的综合分析提供基础数据。

3. 数值计算模块

可计算大坝在不同条件下的应力、变形、水压、渗流、裂缝、稳定性和动力响应等。可对输入数据、计算条件及计算结果进行查询，浏览二维、三维可视化展示及报表等。该模块和监测数据与工程信息管理模块、反演分析模块相结合可对大坝性态进行分析预测，是该系统的关键部分。

数值计算模块实现对数值计算基础信息的管理和维护，见图3.8-3。包含计算工况描述信息，几何模型、材料分区、材料参数、施工级等数据的解析与导入功能。

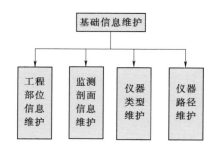

图3.8-2 基础信息管理单元结构

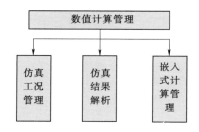

图3.8-3 数值计算模块功能

4. 反演分析模块

根据所要反演参数的类型及数量，确定所需要的信息；通过有限元计算生成训练样本；训练和优化用于替代有限元计算的神经网络，并进行坝料参数的反演计算。将反演参数、误差以及必要的过程信息存入数据库供其他单元调用。

5. 安全预警与应急预案模块

该模块提出高心墙堆石坝渗透稳定、沉降、坝坡稳定、应力应变、动力反应等方面的控制标准，建立大坝的综合安全指标体系。根据动态监测信息以及计算成果，进行大坝安全分析，建立大坝安全评价模型；结合安全指标体系，针对不同的异常状态及其物理成因，对异常状态进行分级并建立预警机制。该模块可进行分级实时报警，并可给出预警状态信息。根据安全预警与预案判别分析结果，对可能出现的安全问题建立相应的应急预案与措施，确保工程安全、顺利、高质量实施，并可人工修改应急方案。

在高土石坝工程安全评价与预警信息管理系统中，设计开发安全预警与应急预案模块时，采用了实用而又直观的综合方法，包括安全预警项目、安全指标体系、应急预案管理和安全预警信息4个部分。在进行系统设计时同时考虑了安全预警项目的完备性、安全指标体系的综合性、应急预案管理的灵活性和安全预警信息的实时性。大坝安全预警项目包括3类，即整体项目、分项项目和个人定制项目（见图3.8-4）。

整体项目是指从坝前蓄水位、渗透稳定、整体变形、坝坡稳定等宏观方面评价大坝安全的项目。此外，大坝裂缝在已建高土石坝中普遍存在，且是备受关注的可能造成安全隐患的诱因，因而在该系统中也被列为一个整体安全预警项目。

分项项目与典型监测点对应，包括水平位移、沉降、渗流量、孔压、土压力和裂缝等几个方面。

个人定制项目是指用户根据自己的需要，自由定制预警项目。

对每个项目的管理均包括项目的添加、对应监测项目和测点的选取、判别基准值和安全指标的设定、应急预案的建议等。图3.8-5以整体预警项目为例给出了安全预警与应急预案模块的结构组成。

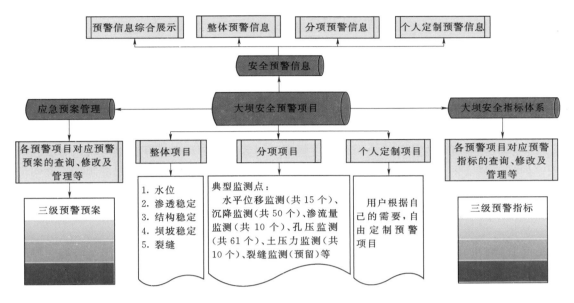

图 3.8-4　安全预警与应急预案模块整体结构图

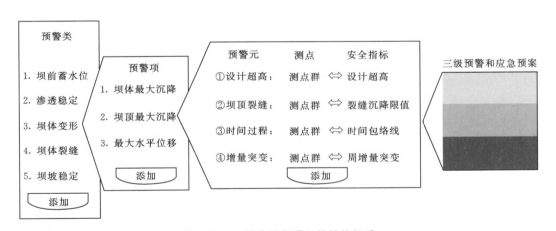

图 3.8-5　整体预警项目的结构组成

6．巡视记录与文档管理模块

对大坝安全巡视过程中产生的视频、图片、文档等资料进行管理，并可进行查询操作。文档管理主要是对大坝建设和运行过程中各环节相关的图片、文档等资料进行管理，并可进行添加和查询操作。

7．数据库与管理模块

该模块主要用于数据的录入、修改及查询等操作，仅限于系统管理员用户，包括系统基本数据和多个模块共用的公用数据。数据分为两类：一次数据（原始数据）为研究对象的基本信息；二次数据为经系统分析等对一次数据处理得到，以便于各模块的调用。

3.9 主要设计特点及创新技术

1. 坝料试验方法和坝料设计

坝料试验方法和坝料设计方面采用了坝料数值试验方法，使原级配的坝料数值试验成为可能，从而可以消除一般物理试验产生的缩尺效应。创新性地提出了坝料需开展的试验内容和合理试验组数、200m 级以上高心墙堆石坝的坝料设计标准及设计指标。

2. 软岩堆石料的利用

一般认为应将软岩料置于下游坝壳干燥区，而置于上游区可能存在湿化软化的不利影响。但堆石坝的特点是充分利用当地材料筑坝。结合电站含有软岩料的大量研究，证实了上游坝壳区设置含有部分软岩料的次堆石料区是可行的。

3. 坝基混凝土垫层的分缝设计

提出了坝基混凝土垫层的分缝设计原则：应有针对性地在垂直于拉应力的方向设置，才能起到释放拉应力的作用。根据混凝土垫层拉应力的产生机理，在反滤层与心墙交界部位及在顺坝轴线方向设置结构纵缝，可以较大幅度地降低垫层的拉应力。

4. 计算理论和方法

依托糯扎渡水电站高心墙堆石坝的试验研究，建立了张拉裂缝计算的有限元模拟方法，提出了心墙堆石坝张拉裂缝和水力劈裂机理及发展过程的理论。提出了堆石料力学性质劣化对大坝应力变形的影响。

5. 抗震措施

糯扎渡水电站大坝设防烈度为 9 度，100 年超越概率 2% 的基岩水平峰值加速度为 $0.38g$，研究提出了采用坝体内部不锈钢筋与坝体表面不锈扁钢网格组合的抗震措施。

6. 质量实时监控"数字大坝"系统

常规质量控制手段难以实现对施工质量的精准控制，工程首次利用 GPS、PDA 信息技术开发了"数字大坝"系统，对坝料调运、筑坝参数、试验成果和监测数据进行实时监控和信息反馈，系统实现了大坝施工全过程的全天候、精细化、在线实时监控，是世界大坝建设质量控制方法的重大创新。

7. 安全评价与预警系统

该系统提出了高心墙堆石坝渗透稳定、沉降、坝坡稳定、应力应变、动力反应等方面的控制标准，建立大坝的综合安全指标体系。根据动态监测信息以及计算成果，进行大坝安全分析，对大坝进行安全评价。结合安全指标体系，针对不同的异常状态及其物理成因，对异常状态进行分级并建立预警机制。该系统可进行分级实时报警，并可给出预警状态信息。根据安全预警与预案判别分析结果，对可能出现的安全问题建立相应的应急预案与措施，确保工程安全、顺利、高质量实施，并可人工修改应急方案。

第 4 章

泄洪建筑物

4.1 泄洪建筑物布置

4.1.1 泄洪建筑型式选择

我国水能资源丰富，其中 70％集中于西南地区，这一地区水电工程的主要特点是水头高、流量大、河谷狭窄，适于修建高坝大型工程，这些工程的泄洪流量、泄洪功率等指标目前都已超过世界最高水平。我国已修建了数万座大坝，绝大多数运行良好，为防洪、发电、灌溉、改善河道的通航条件等发挥了巨大作用，但也有大坝失事的事件发生。在众多的大坝失事事件中，由于泄水建筑物的问题，包括泄流能力的不足、闸门开启故障、流道受损等导致失事的土石坝占 44％左右。由于高土石坝泄洪隧洞运行水头较高，闸门、启闭设备及流道结构风险相对较大，为减少因泄洪建筑物自身原因而导致泄水不畅的概率，确保高土石坝安全，泄洪建筑物的泄水能力必须足够大，并能维持泄洪期间的自身安全。因此，泄洪建筑物布置时应优先采用以超泄能力强的溢流表孔为主，并结合后期导流、运行调度的灵活性及应急放空要求布置泄洪隧洞为辅助泄洪建筑物或放空泄水建筑物，泄水建筑物启闭设备应考虑地震等极端工况下的应急开启措施。

工程泄洪建筑物布置主要结合当地的地形地质条件，并经水工模型试验进行验证，选择合适的体型和下游水流衔接，以确定泄洪消能建筑物整体布置，并充分考虑泄洪雾化影响，电站厂房、开关站及输电线路等重要机电设备及电厂人员工作、生活区域应尽量远离雾化区。对于强雾化区的地表防护、边坡稳定问题予以重视，避免产生山体滑坡，危及大坝安全。糯扎渡水电站工程具有"水头高、流量大、泄洪功率大、河谷狭窄、地质条件复杂"的特点，最大水头约 182m，泄洪流量大，校核标准（PMF）时泄流量为 37532m³/s，其最大泄洪功率达 66940MW，居国内同类工程之首，泄洪消能问题十分突出，成为该电站的关键技术问题之一。

坝址左岸，有一宽 700m 左右的天然平缓台地，地面高程为 820.00～850.00m，地形地质条件适宜布置溢洪道。溢洪道布置位于电站进水口左侧，为开敞式溢洪道。引渠进口布置于勘界河下游左岸山坡，出口位于糯扎沟，下游布置消力塘。开敞式溢洪道的泄流能力大、安全性高、操作运行灵活、检修方便、泄洪水流远离坝脚等优点决定其为主要泄洪建筑物。

为满足泄洪、后期导流、放空水库和下游供水等要求，在枢纽左、右两岸各布置一条泄洪隧洞。泄洪隧洞受地形地质条件、引水、尾水建筑物及施工导流隧洞布置的限制，方案布置上调整裕度不大。左岸泄洪隧洞布置在坝体与引水发电建筑物之间；右岸泄洪隧洞布置在坝体右岸山体内。由于泄洪隧洞运行水头高、洞内流速高、操作不灵活和检修不便等原因，所以为辅助泄洪建筑物。电站枢纽三维布置见图 4.1-1。

4.1.2 泄洪建筑物运行组合及泄量分配

泄洪建筑物设计标准为 1000 年一遇，相应洪峰流量为 27500m³/s，校核标准为

PMF，相应洪峰流量为 39500m³/s；下游消能防冲建筑物设计标准为 100 年一遇，相应洪峰流量为 19700m³/s。

开敞式溢洪道布置于左岸平台靠岸边侧部位，溢洪道水平向总长 1445m，宽 151.5m。引渠底板高程为 775.00m，共设 8 个 15m×20m（宽×高）表孔，每孔均设检修门和弧形工作闸门，溢流堰顶高程为 792.00m，堰高 17m，出口采用挑流并预挖消力塘消能。

左岸泄洪隧洞进口底板高程为 721.00m，全长 950m，有压段为内径 12m 的圆形断面，工作闸门为 2 孔，孔口尺寸为 5m×9m，无压段断面为城门洞形，尺寸为 12m×（16～21）m，其后段与 5 号导流隧洞结合，出口采用挑流消能。

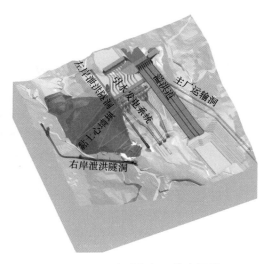

图 4.1-1 电站枢纽三维布置图

右岸泄洪隧洞进口底板高程为 695.00m，平面转角为 60°，全长 1062m，有压段为内径 12m 的圆形断面，工作闸门为 2 孔，孔口尺寸为 5m×8.5m，无压段断面为城门洞形，尺寸为 12m×（18.28～21.5）m，出口采用挑流消能。

糯扎渡水电站工程以溢洪道泄洪为主，左右岸各布置一条泄洪隧洞为辅的泄洪建筑物布置格局。为确保大坝安全和运行调度的灵活性，遇百年一遇以下洪水时，左、右岸泄洪隧洞原则上不参与泄洪，仅使用左岸敞开式溢洪道；超过百年一遇洪水后，左、右岸泄洪隧洞参与泄洪。在 PMF 洪水位下，溢洪道设计泄流量为 31318m³/s，左岸泄洪隧洞设计泄流量为 3191m³/s，右岸泄洪隧洞设计泄流量为 3023m³/s，设计枢纽总泄流能力为 37532m³/s，其中溢洪道泄流能力占总泄流能力的 83.4%。作为安全储备，在计算坝顶高程时，不考虑水头较高的右岸泄洪隧洞，仅溢洪道及左岸泄洪隧洞参与校核洪水泄洪。

4.2 溢洪道

4.2.1 溢洪道布置方案优选

1. 布置原则

因为该工程溢洪道具有高水头、大泄量、高流速、泄洪功率巨大的特点，所以空化空蚀、泄洪雾化等问题突出，因此布置时考虑以下因素：

（1）溢洪道为主要泄洪建筑物，其布置宜为开敞式、泄流能力大、安全性高、操作运行方便。

（2）利用左岸 700m 左右的天然平缓台地顺直布置溢洪道，尽可能地利用有利地形，减少溢洪道开挖量及两岸边坡高度。

（3）布置合理的掺气设施及体型，解决超大泄洪功率溢洪道的空化空蚀问题。

（4）溢洪道泄洪功率巨大，挑流消能的水流冲刷问题突出，设计合理的下游消能防冲设施，以减小水流对底板及两岸的冲刷，保证边坡稳定。

2. 消能方式比较

为了更好地利用地形条件，溢洪道轴线方位选择时尽可能减小溢洪道下游水流与河流夹角，使水流平顺归槽。消能方式研究了挑流、底流、面流、消能戽、五级消能、三级消能及二级消能等。通过综合比较，优选了溢洪道挑流消能（方案1）及三级消能（方案2）两个代表性方案平行开展设计科研工作，比较结论如下：

（1）从水力条件方面比较，泄各频率洪水，方案1能妥善解决消能问题，虽然全部能量集中在消力塘消能，但采用预挖消力塘方式水动力学问题亦能较好解决，消能充分，出口流速低；方案2分三级分段消能，消能均化、泄槽流速降低，雾化减轻，但各级消力池规模均较大，水动力学问题很复杂，末端未设消力池，无论是设计为底流还是挑流消能，消能均不充分，出口流速大，下游冲刷严重。

（2）从溢洪道结构复杂性、安全性方面比较，方案1优于方案2。

（3）从泄洪雾化严重性方面比较，方案2优于方案1。

（4）从施工组织设计方面比较，方案1优于方案2。

（5）从运行、管理、维护方面比较，方案1优于方案2。

（6）从投资方面比较，方案1比方案2少3.42亿元。

综合比较，推荐方案1，即溢洪道采用挑流消能方案。

3. 闸孔数研究

溢洪道孔口尺寸为15m×20m，孔数研究了10孔、9孔、8孔和7孔方案，与左岸一条泄洪隧洞、右岸一条放空隧洞或泄洪隧洞组合成4种方案进行蓄泄比较，结果表明：

（1）由于水库削峰能力弱，调蓄能力低，减少溢洪道孔口数量，水库调洪最高水位提高，下泄流量没有明显减少，单宽流量增加，消能难度增大。

（2）溢洪道孔数减少，溢洪道投资减少，大坝投资增加，综合来看投资减少。溢洪道10孔、9孔、8孔方案比较，减少1孔，大坝及溢洪道土建静态投资合计减少约1.8亿元，但7孔、8孔比较，投资合计仅减少1亿元。

（3）泄洪隧洞泄量小，运行安全可靠性不如溢洪道高，受地形地质条件及施工导流隧洞布置限制，也难于布置更多泄洪隧洞分担溢洪道泄量。泄洪隧洞分担的泄洪流量有限，所占比重较小。从经济和安全角度分析，增加1条泄洪隧洞不如增加1孔溢洪道。

经蓄泄方案综合比较，溢洪道闸孔数推荐采用8孔方案。

4. 其他比较研究结果

（1）经过方案比选及模型试验验证，进水渠底板高程确定为775.00m。

（2）泄槽宽151.5m，为布置掺气设施及方便运行管理、检修，采用两道中隔墙将泄槽分为左、中、右三槽。

（3）挑流消能方案挑流鼻坎挑角通过模型试验比较了 35°、30°、25° 等不同的挑角方案，25° 挑角方案对消力塘底的冲刷较小，最终选定挑流鼻坎的挑角为 25°。

（4）由于河道狭窄、泄洪功率巨大，挑流消能方案在挑流鼻坎下游设消力塘消能；消力塘底板高程通过模型试验比较了 575.00m、585.00m 两个方案，最终推荐高程 575.00m 方案。在此基础上研究了消力塘全衬护、护坡不护底两个方案，可研阶段推荐全衬护方案，招标施工图阶段经进一步深入研究后，优化为护坡不护底方案。

5. 溢洪道布置

溢洪道布置于坝址左岸，进口处位于勘界河左岸，为一宽缓平台，沿线经过糯扎支沟、糯扎沟，消力塘出口在 5 号冲沟处。溢洪道部位分布的地层有砂岩、粉砂质泥岩、角砾岩和花岗岩。以弱风化、微风化为主，引渠段左侧边坡及中轴线左侧部分为 H1 滑坡体。闸室段地基弱风化下部砂岩、粉砂岩完整性好，不存在明显的层间软弱夹层，不存在深层抗滑稳定问题。泄槽段中部分布有 Ⅱ 级结构面 F_1、F_{35} 和 F_3，受其影响，断层附近节理很发育，岩体破碎。消力塘底板有 Ⅲ 级结构面 F_{44}、F_{45}，附近节理裂隙较发育。

溢洪道由进水渠段、闸室控制段、泄槽段、挑流鼻坎段及出口消力塘段组成。溢洪道水平向总长 1445.183m（渠首端至消力塘末端），宽 151.5m。

进水渠段长 172.5～250m，底板高程为 775.00m，底宽最小为 151.5m；左侧边坡支护由贴坡式挡墙过渡至扭曲面，用挡墙与溢洪道闸体连接，右侧采用椭圆曲线导墙连接电站进水塔与溢洪道闸体。进水渠底板在堰前 60m 采用 0.5m 厚钢筋混凝土衬护，两侧边墙采用混凝土挡墙。

闸室控制段布置于电站进水塔左侧，为避开 H1 滑坡体及使水流平顺进入闸室，闸室控制段与电站进水塔错开布置。闸室沿水流向长 60.8m，总宽 159.5m，共设 8 个 15m×20m（宽×高）表孔，每孔均设检修门槽和 1 扇弧形工作闸门；溢流堰顶高程为 792.00m，堰高 17m，为低堰，堰体上游面铅直，原点上游为三圆弧曲线，下游堰面曲线为 WES 型；闸体平台高程为 821.50m，闸体上布置启闭机室、工作桥及交通桥。闸室底部及左岸进行帷幕灌浆并设排水设施，帷幕灌浆与坝体帷幕灌浆连接。

泄槽及挑流鼻坎段总宽 151.5m，横断面为矩形，用两道中隔墙分为左、中、右 3 个泄槽；边墙高度为 14～12m，中隔墙高度为 12～10m。闸体右边 3 孔共用一槽，为右槽，宽 54.75m，水平向长 794.707m；闸体中间 2 孔共用一槽，为中槽，宽 36m，水平向长 804.707m；闸体左边 3 孔共用一槽，为左槽，宽 54.75m，水平向长 814.707m。为适应地形地质条件，降低泄槽开挖边坡高度，泄槽底坡分 3 段：溢 0＋050.810～0＋228.865 为泄槽平缓段，其底坡为 1.332%；溢 0＋228.865～0＋775.492 为泄槽陡坡段，其底坡为 23%；溢 0＋775.492 至挑流鼻坎起点为泄槽平缓段，其底坡为 2.6%。3 个泄槽挑流鼻坎在平面上呈渐退型布置（左槽最长），相互错开 10m，鼻坎段长 21.821m，反弧半径为 46.9m，起挑角为 25°，左、中、右槽坎顶高程分别为 645.042m、645.303m、645.562m。

泄槽上部平缓段基础为弱风化粉砂岩、泥质粉砂岩、泥岩，下部陡坡段及鼻坎段基础大部分为弱风化花岗岩，局部为强风化花岗岩。泄槽底板厚 0.8~1.0m，边墙厚 1m、中隔墙厚 3m。泄槽基础裂隙发育及岩体松散部分采用固结灌浆处理，泄槽底板与基础采用锚筋锚固，底板下设基面排水设施以消除渗透压力对底板的抬动。

出口消力塘平面及纵剖面均为梯形断面，底板高程为 575.00m，该高程消力塘宽 176.5~191m，长 310~330m，左槽挑流鼻坎末端至消力塘末端长 400m；消力塘出口底板高程为 608.00m，该高程以下消力塘深 33m。消力塘末端高程 608.00m 处设置 2m 高拦沙坎，坎顶高程为 610.00m，高于电站满负荷运行时正常尾水位为 609.05m，既可拦沙又可在不影响发电的情况下，确保枯水期能够对消力塘进行抽水检修。消力塘建基面附近岩体大部分为微新和弱风化下部花岗岩，完整性较好，岩石坚硬，抗冲刷能力较强；消力塘采用护岸不护底的结构衬砌方案，塘底岩体完整性差的部位采用锚筋桩加固，断层部位采用混凝土塞置换，深度 3m；消力塘边坡分别采用厚 2m、1m、0.6m 的钢筋混凝土衬护至高程 655.00m，贴坡混凝土板与基岩采用锚筋桩连接，坡脚设置 10m 深齿槽，齿槽底部设锚筋桩。

消力塘出口底板高程为 608.00m，左岸顺消力塘左侧边坡开挖，使出塘水流与下游河床平顺衔接；为避免水流冲刷，底板和左岸边坡采用钢筋混凝土保护。

溢洪道平面及剖面布置见图 4.2-1 和图 4.2-2。

4.2.2 新型预应力闸墩运用及溢流堰面优化研究

4.2.2.1 闸室控制段的布置

溢洪道闸室控制段基础完全避开 H1 滑坡体，闸室左右岸设混凝土刺墙防止水流绕闸室左右岸渗漏，闸体左右边墩侧设混凝土挡墙加固，空余部分回填石渣。

闸室沿水流向长 60.8m，总宽 159.5m，共设 8 个 15m×20m（宽×高）表孔，每孔均设检修门槽和 1 扇弧形工作闸门；闸体平台高程为 821.50m，闸体上布置启闭机室及交通桥。

溢流堰每孔净宽 15m，每孔溢流堰中部设置纵向伸缩缝一道。厚度 4.5m 的中墩与两侧 7.5m 宽的堰体连成一体，形成分离式的⊥形结构；厚度 4m 的边墩与一侧 7.5m 宽的堰体连成一体，形成 L 形结构。

4.2.2.2 闸体抗滑稳定及闸基应力分析

计算假定：堰体沿混凝土与基岩面高程 772.00m 产生滑动，不计齿槽及锚筋抗滑作用。

施工期间为了满足度汛要求，溢洪道闸室堰体分两次浇筑，因此又进行了二期堰体稳定计算，计算时假定堰体沿混凝土施工层面高程 775.00m 产生滑动。

计算工况分为正常蓄水位、设计洪水位、校核洪水位、地震 4 种工况。正常蓄水位只考虑弧门 8 孔全部关闭挡水，设计、校核洪水位 8 孔敞泄。

溢洪道闸体计算结果表明，堰体的抗滑稳定满足规范要求。闸体基础面最小垂直正应力均大于 0，未出现拉应力，最大垂直正应力远小于地基允许承载力，满足规范要求。

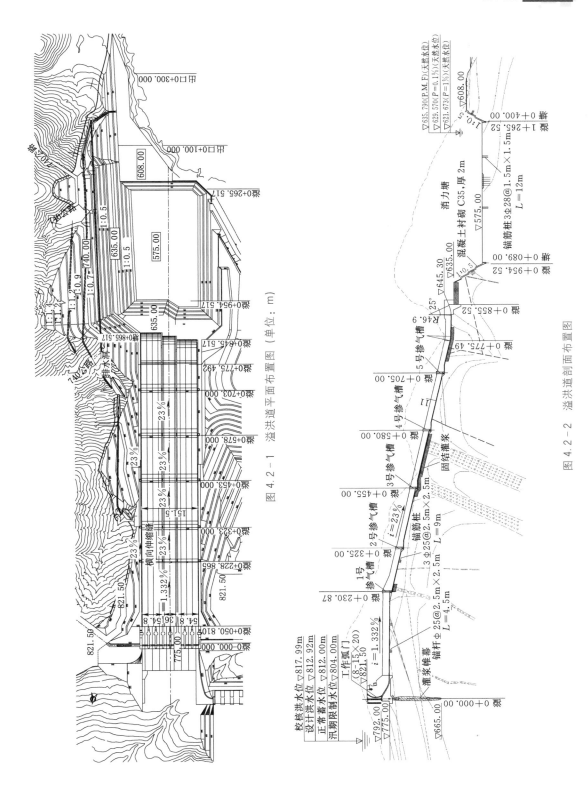

图 4.2－1　溢洪道平面布置图（单位：m）

图 4.2－2　溢洪道剖面布置图

4.2.2.3 新型预应力混凝土结构闸墩设计

1. 预应力闸墩结构设计

闸室控制段中墩厚4.5m，边墩厚4m，单孔闸门总静水压力为38216kN，工作门启门时单铰推力为25584kN，采用新型预应力混凝土结构。闸墩弧门支座宽度为6m，高度为6m，牛腿悬出闸墩面2.9m。由于弧门推力较大，墩体较薄，常规钢筋混凝土结构难以满足在正常、持续工作荷载作用下的限裂要求，故在设计中借鉴了昆明院设计的天生桥一级水电站的成功经验，采用新型预应力混凝土结构。新型预应力闸墩采用传力梁结构，其最大特点是预应力合力与弧门推力基本在一条直线上，较传统设计可节省锚索。

新型预应力混凝土结构闸墩是在锚块中间预留空腔，待锚索张拉完毕后，再将空腔回填密实，以使锚块仍成为整体，同时保护钢绞线及套管。锚块底部与闸墩接触部位设弹性垫层，使底部与墩体脱开，以增加预压效果。该工程单侧布置主锚索11束，水平次锚索20束。主锚索及次锚索的张拉吨位分别为3643kN、2300kN，永存吨位分别为3100kN、2000kN。锚索预应力总吨位与弧门推力之比为1.78。锚索按两序间隔张拉，先张拉10束次锚索，然后张拉6束主锚索，再张拉剩余次锚索，最后张拉剩余主锚索。

图4.2-3为新型预应力闸墩结构示意图。

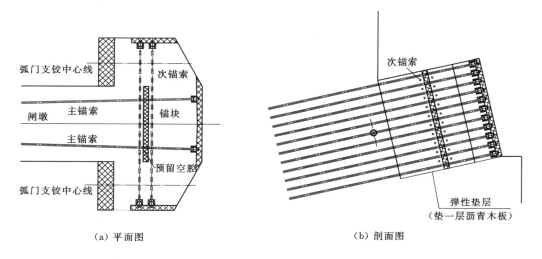

(a) 平面图　　　　　　　　　　　(b) 剖面图

图4.2-3 新型预应力闸墩结构示意图

2. 三维有限元计算

（1）计算工况。为了解闸墩在弧门推力作用下的荷载及内力分布情况，进行了三维有限元计算，共进行5种工况的分析计算。

工况1：施工期，考虑主、次锚索的张拉顺序，预应力锚索施工完毕，弧门未挡水。预应力荷载按控制张拉力考虑。

工况 2：运行期，正常蓄水位，两侧弧门挡水。

工况 3：短暂工况，两侧弧门同时开启（单铰弧门推力按 25584kN 计算）。

工况 4：运行期，正常蓄水位，一侧弧门挡水，一侧过流。

工况 5：短暂工况，一侧过流，一侧开启（单铰弧门推力按 25584kN 计算）。

（2）变形成果分析。各工况闸墩变形计算成果见表 4.2 - 1。

从变形成果看，各工况变位都不大，变形范围为 1.31～2.77mm，仅在工况 5 的情况下，牛腿顶部变位稍大，为 2.77mm（横河向，指向左岸）。

表 4.2 - 1 各工况闸墩变形计算成果

工 况	位 移/mm			备 注
	UX	UY	UZ	
1	−2.33	−2.39	荷载对称，忽略不计	牛腿后侧面
2	1.31	−1.93		
3	1.38	−1.88		
4	−1.68	−2.15	−2.50	牛腿顶部
5	−1.64	−2.13	−2.77	

注 UX 为河流方向，向下游为正；UY 为铅垂方向，向上为正；UZ 为横河向，向右岸为正。

（3）应力成果分析。各工况下闸墩与锚块连接的颈部位置的最大主应力见表 4.2 - 2，最大主应力云图见图 4.2 - 4。

从应力成果看，施加预应力主锚索后，颈部断面全部呈受压状态，两侧压应力大于中部压应力。主应力为 −0.29～−2.92MPa，预应力主锚索对闸墩与锚块连接颈部起到了很好的预压效果。在运行期，闸墩单侧挡水最大主应力明显大于两侧挡水。弧门两侧挡水时最大主应力为 1.06MPa，单侧挡水时为 2.30MPa；当静水推力改为启门力时，最大主应力分别为 1.66MPa、

表 4.2 - 2 各工况下闸墩与锚块连接的颈部位置的最大主应力

工 况	主应力/MPa	备 注
1	−2.92	拉应力为正
2	1.06	
3	1.66	
4	2.30	
5	3.18	

3.18MPa。除两侧挡水外（工况 2），其他工况颈部两侧拉应力均超过了混凝土设计抗拉强度，因此在闸墩表面与锚块连接部位布置放射状抗拉钢筋以抵抗拉应力。

其他部位的应力，除锚头附近压应力较大，需要配置一定的钢筋网提高抗压能力外，其余部位在配置适当的钢筋后，均可满足结构安全要求。

4.2.2.4 溢流堰优化

该工程对闸墩墩头（含边墩）形状、溢流堰堰型等进行了模型试验专题研究。以溢洪道一个中孔及两侧中墩作为研究对象，通过不同堰型及闸墩墩头型式下泄流能力、堰面压力及过堰水面流态的研究，比较不同堰型的性能，优化出最佳堰型。

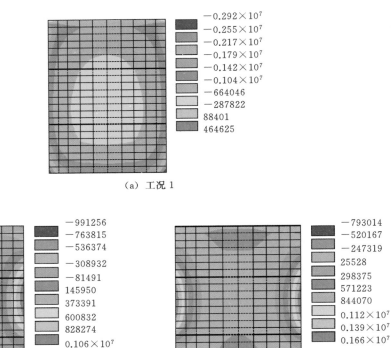

（a）工况 1

（b）工况 2

（c）工况 3

（d）工况 4

（e）工况 5

图 4.2-4　工况 1～工况 5 颈部断面闸墩混凝土最大主应力云图（单位：Pa）

不同方案堰体体型见图 4.2-5。

从堰面压力及过堰水面流态方面看，圆形墩头与流线型墩头、堰面上游直立或放坡差别均不大，都可以满足要求。方案 3 即直立流线型墩头堰面压力较低，最大负压及其空化数满足设计要求，流量系数明显大于其他方案，且堰体体积较小，因此最终选择方案 3 的堰型及闸墩墩头型式。

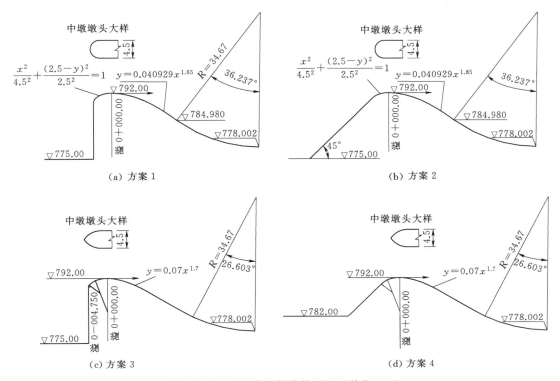

图 4.2－5　不同方案堰体体型图（单位：m）

4.2.3　基础处理

溢洪道陡槽段底板前段为三叠系中统忙怀组下段第一层（T_2m^{1-1}）的角砾岩及粉砂岩、泥质粉砂岩、粉砂质泥岩，后段为华力西晚期～印支期（$\gamma_4^3 \sim \gamma_5^1$）的花岗岩。岩体多呈弱风化，但地质构造复杂，Ⅱ级、Ⅲ级、Ⅳ级和Ⅴ级结构面均有分布。F_1、F_3 和 F_{35} 3 条Ⅱ级结构面均在陡槽段出现，F_1 断层与溢洪道交角中等且陡倾上游，断层破碎带出露宽度为 12～16m，主要由角砾岩、片状岩、断层泥和糜棱岩组成，胶结差，下盘影响带宽度为 25～40m，岩体破碎，呈碎裂结构。F_3 断层与溢洪道中等角度相交且陡倾上游，断层破碎带宽度为 2.0～10.0m，主要由片状岩、断层泥和糜棱岩组成，胶结差，两侧岩体受断层影响不明显。F_{35} 断层同溢洪道小角度相交，陡倾上游，断层破碎带出露宽度为 10.0m 左右，主要由角砾岩、片状岩、断层泥和糜棱岩组成，胶结差。由于同 F_1 断层靠近，两断层之间岩体破碎，呈碎裂结构，其上游侧岩体受断层影响范围大，局部达数十米。其间另有 11 条Ⅲ级结构面出露，按坝体质量分类标准，溢洪道陡槽段底板主要以Ⅳ类岩体和Ⅴ类岩体（断层破碎带）为主，夹有部分Ⅲ类岩体，需经处理后才能满足要求。

（1）溢洪道陡槽及鼻坎段有 F_1、F_3 和 F_{35} 3 条Ⅱ级结构面穿过，Ⅲ级和Ⅳ级结构面发育，断层及其影响带范围内基础较差，不能满足结构对基础的要求。根据以上 3 条Ⅱ级结构面出露位置及其影响范围，划分 3 个固结灌浆区域，对泄槽及挑流鼻坎进行固结灌浆处理。灌浆区深挖 1m 置换 C20 混凝土作为灌浆盖重，并设置锚筋桩锚固。固结灌浆与锚筋桩同孔施工，间排距为1.5m，陡槽段入岩7.2m，鼻坎段入岩8m。固结灌浆采用分段灌浆法，孔口段为3m，灌浆压力为0.5~0.8MPa；其余段灌浆压力为1.5MPa。

（2）陡槽及鼻坎段非灌浆区域布置3Φ25锚筋桩，间排距为2.5m，入岩8.2m。锚杆及锚筋桩均与溢洪道底板混凝土钢筋网焊接牢固。

（3）消力塘为护岸不护底设计，根据揭露的地质条件，消力塘底板左侧岩体质量较好，在裂隙较为发育的区域设置随机锚杆加固区，随机锚杆Φ25@2m×2m，长度4.5m。右侧（靠河床侧）岩体相对破碎，且发育有F_{44}、F_{45}断层，采用锚筋桩加固，并结合塘体内水力学条件分为冲刷区和非冲刷区，其中塘0+120.00~0+340.00为冲刷区。对底板F_{44}、F_{45}断层出露部位采用混凝土塞置换处理，深度3m，C35混凝土回填，顶面配筋Φ20@200mm×200mm。冲刷区混凝土置换范围内布置3Φ28锚筋桩，长度18m，间排距为1.5m，入岩14m；其余部位布置3Φ28锚筋桩，长度12m，间排距为1.5m，入岩12.5m。非冲刷区混凝土置换范围布置3Φ28锚筋桩，长度12m，间排距为2m，入岩8m；其余部位布置3Φ28锚筋桩，长度9m，间排距为2m，入岩9.5m。

4.2.4　掺气减蚀措施研究

1. 掺气减蚀设施体型优选

溢洪道泄槽结合地形地质条件和水力学特性，按两级坡设计，起始缓坡段长约170m，底坡坡度1.332%，其末端最大流速约25m/s，按工程经验不设置专门的掺气减蚀措施；后部陡槽段长约550m，底坡坡度23%，末端最大流速达52m/s。为此，进行了专项水工模型试验研究掺气减蚀措施。缓坡与陡坡的衔接经过分析研究后直接采取掺气坎过渡，不再采用涡曲线连接，大大简化了施工过程。

溢洪道泄槽掺气坎型式对坎槽式及挑跌坎式进行对比研究（见图4.2-6）。坎槽式掺气坎在某些高流速工况时，空腔长度过长，水面波动较大，流态较差；在大流量低流速工况下掺气设施掺气效果相对较差；同时坎槽式掺气坎结构复杂、施工不便，因此该工程采用挑坎跌坎式掺气坎，并进行了重点模型试验研究。

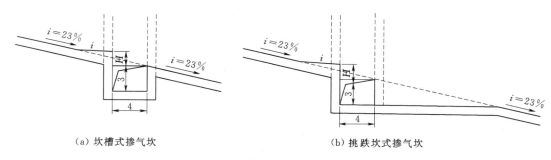

（a）坎槽式掺气坎　　　　　　　　　　　（b）挑跌坎式掺气坎

图4.2-6　掺气坎体型图（单位：m）

2. 常压模型试验

共进行了16个掺气坎型试验研究，其中2~5号掺气坎进行了6个坎型的比较。1号掺气坎位于桩号0+250.00处，流速范围为25.9~31.05m/s，在大单宽流量情况下，由于水深较深，流速较低，水流的弗劳德数低（最低值为2.75），水流重力作用大，不容易形成空腔，易出现空腔回水。针对该掺气坎水力学情况，选择了 10 个坎型进行对比试验。2～5 号掺气坎坎型主要参数见表 4.2-3，1 号掺气坎坎型主要参数见表 4.2-4，通过模型试验研究，各泄槽掺气坎选定参数见表 4.2-5。

表 4.2-3　　　　　　　　　　2～5 号掺气坎坎型主要参数表

坎型编号	1	2	3
掺气坎坎型主要参数	挑坎高 1.00m，坡度为 1：10，坎顶挑角为 5.71°	挑坎高 0.80m，坡度为 1：10，坎顶挑角为 5.71°	挑坎高 0.60m，坡度为 1：12，坎顶挑角为 4.76°
坎型编号	4	5	6
掺气坎坎型主要参数	挑坎高 0.80m，坎顶挑角为 0°	挑坎高 0.80m，坎顶挑角为 -5°	挑坎高 0.60m，坎顶挑角为 -5°

表 4.2-4　　　　　　　　　　1 号掺气坎坎型主要参数表

坎型编号	主　要　参　数
1	掺气坎位于陡槽段，挑坎高 1.40m，挑角为 0°
2	掺气坎位于陡槽段，挑坎高 1.40m，挑角为 7°
3	掺气坎位于陡槽段，挑坎高 1.60m，挑角为 5°
4	掺气坎位于陡槽段，挑坎高 1.60m，挑角为 -5°
5	掺气坎位于两道坡相交处（实际桩号为 0+199.732），跌坎高 1.80m，通过长 8.18m 的缓坡（$i=1\%$）与 $i=23\%$ 的坡相接，无挑坎
6	掺气坎位于两道坡相交处（实际桩号为 0+199.732），跌坎高 1.80m，通过长 8.18m 的缓坡（$i=1\%$）与 $i=23\%$ 的坡相接，挑坎高 0.70m，挑角为 6°
7	掺气坎位于两道坡相交处（实际桩号为 0+199.732），跌坎高 1.80m，通过长 8.18m 的缓坡（$i=1\%$）与 $i=23\%$ 的坡相交，挑坎高 1.20m，挑角为 10°
8	缓坡段（$i=1.332\%$）向前延长 7.42m（实际桩号为 0+207.152），跌坎高 2.50m，通过长 4.96m 的缓坡（$i=7\%$）与 $i=23\%$ 的坡相接，挑坎高 0.70m，挑角为 6°
9	缓坡段（$i=1.332\%$）向前延长 20.81m（实际桩号为 0+220.542），直接形成跌坎与 23% 的坡相接，跌坎高 4.50m，挑坎高 0.70m
10	缓坡段（$i=1.332\%$）向前延长 16.13m（实际桩号为 0+215.862），直接形成跌坎与 23% 的坡相接，跌坎高 3.50m，挑坎高 0.50m，挑角为 5°

表 4.2-5　　　　　　　　　　各泄槽掺气坎选定参数表

坎型编号	桩号（自泄槽起点始）	挑跌坎式结构				水力参数	
		挑坎高 /m	挑坎坡比	挑角 /(°)	跌坎深 /m	空腔长度 /m	流速 /(m/s)
1	0+228.865	0.30	1：10	6.474	3.5	44.5～10.1	20～30
2	0+323.000	0.80	1：7.2	5.046	4	24.48～51.0	31～36
3	0+453.000	0.60	1：7.2	5.046	4	31.38～42.3	35～40
4	0+578.000	0.60	1：10	7.242	4	31.25～49.0	40～50
5	0+703.000	0.50	1：10	7.242	4	31.25～49.0	40～50

试验表明，1 号掺气坎设置在渥奇段后不易形成稳定的掺气空腔；将 1 号掺气坎设置于 1.332% 底坡与 23% 底坡的交接处，取消渥奇段，利用底坡的突变形成稳定空腔的思路

是可行的。各掺气坎选定体型模型试验成果如下：

（1）1 号掺气坎除流速为 25m/s、单宽流量为 210m³/（s·m）时不能形成稳定空腔外，其他工况都能形成稳定完整的掺气空腔，空腔最大负压为 2.27kPa，通气井最大风速为 40.66m/s。部分工况虽有空腔回水，但对通气井正常进气影响较小，各试验水力参数均满足相应规范要求。

（2）2 号掺气坎在流速为 31～36m/s、单宽流量为 70～210m³/（s·m）范围内，空腔长度为 24.48～51m，空腔最大负压为 3.13kPa，通气井内最大风速为 43.86m/s。

（3）3 号掺气坎在流速为 35～40m/s、单宽流量为 70～210m³/（s·m）范围内，空腔长度为 31.38～42.26m，空腔最大负压为 4.48kPa，通气井内最大风速为 62.86m/s。

（4）4 号、5 号掺气坎，在流速为 40～50m/s、单宽流量为 70～210m³/（s·m）范围内，空腔长度为 31.25～49m，空腔最大负压为 4.46kPa，通气井最大风速为 71.49m/s。

（5）掺气挑坎下游底板水舌冲击区动水压力均局部增大，压力分布曲线呈突起尖峰状，应避免在该压力升高区域内设置施工缝，以防动水压力对底板的破坏。同时严格按溢洪道设计规范控制施工的不平整度，采用抗冲蚀材料进行护面，以保证溢洪道的安全运行。

3. 减压模型试验

针对溢洪道掺气减蚀研究，建立了 1:50 的局部减压模型，对初拟设计体型及常压模型试验推荐体型进行了减压模型试验。试验成果如下：

（1）将 1 号掺气坎布置在缓槽段与陡槽段相交处，代替涡曲线连接缓槽段与陡槽段，掺气效果很好，不同泄流工况均能形成稳定的掺气空腔，虽然有一定回水，但通气孔可以正常补气。

（2）掺气坎采用跌坎和挑坎组合型式，在不同泄流工况下均能形成稳定的空腔，实测掺气坎附近水流噪声最大声压级增量为 5.0～7.0dB，借鉴已建类似工程的运行经验，在掺气设施正常运行的情况下减压试验存在初生空化量级的噪声增量，不至于引起过流底板表面的空蚀破坏。

（3）掺气挑坎下游底板水舌冲击区动水压力均局部增大，压力分布曲线呈突起尖峰状，应避免在该压力升高区域内设置施工缝，以防动水压力对底板的破坏。同时严格按溢洪道设计规范控制施工的不平整度，采用抗冲蚀材料进行护面，以保证溢洪道的安全运行。

4.2.5 消能防冲

1. 消能工

由于溢洪道泄洪功率巨大，初步选定采用挑流消能、预挖消力塘的消能方案后，对挑流鼻坎布置、体型及消力塘体型进一步开展了优化研究。

2. 挑流鼻坎布置

溢洪道分为左、中、右三槽，为减轻对消力塘的冲刷和掏刷，挑流鼻坎在平面上采用渐退型布置，右槽最近、左槽最远，三槽相对错开 10m，使水流水舌从平面上拉开，避免集中冲刷。

3. 挑流鼻坎体型

挑流鼻坎体型进行了3种体型的优化研究,方案1中3个泄槽挑流鼻坎均采用半径为40.0m、挑角为30°的参数时,因起挑桩号不同而导致挑坎高程不同,挑坎顶高程分别为650.089m、650.349m 和 650.609m,见图4.2-7。

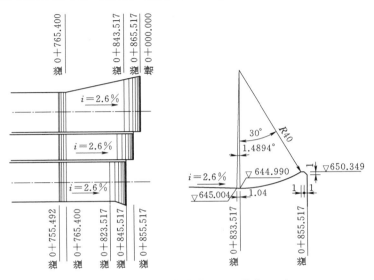

图 4.2-7　挑流鼻坎方案1(单位:m)

方案2在方案1的基础上进行了优化,将左槽从桩号溢0+765.400处以3.5716°角扩散至挑坎顶,在坎顶处加宽5.5m;左、中槽挑坎右边墙各缩短10.0m,右槽右边从桩号溢0+837.517扩散至坎顶,坎顶加宽1.5m。详见图4.2-8。目的是使左槽左边及右槽右边的水流扩散,边上水舌连续进入消力池来封堵左、右两侧的回流,改善塘内流态;而相邻两槽挑坎边墙缩短,使水舌在缺墙后扩散,交汇碰撞,以减轻入塘水舌的冲刷力。

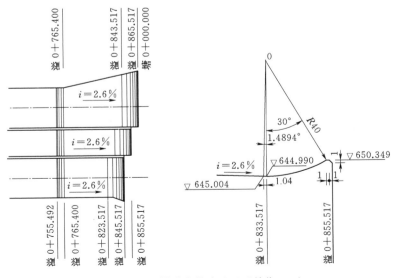

图 4.2-8　挑流鼻坎方案2(单位:m)

方案 3 在方案 1 的基础上仅修改挑坎参数，保持挑坎起坡处及坎末位置不变；用加大挑角半径，减小挑角角度来降低挑坎高度，以便减小水舌入水角度，减轻消力塘底部的冲刷。三槽的挑坎参数均为：挑角半径 46.9m，挑角 25°。详见图 4.2-9。

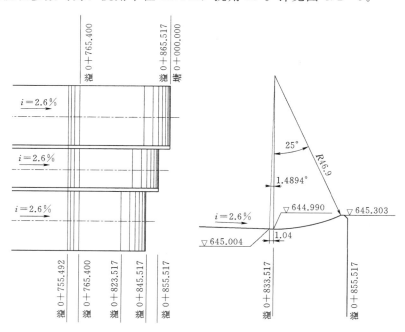

图 4.2-9　挑流鼻坎方案 3（单位：m）

在各泄洪工况下，各方案溢洪道挑坎水舌较光滑、裂散不大，水舌低且远。在校核洪水时，方案 1、方案 2 中最大水舌挑射高程分别为 689.00m（左、中槽）、695.00m（右槽），最大挑距约为 260m，入水角为 30°～42°；方案 3 水舌最高高程则为 680.00m（左槽）、675.00m（中槽）、678.00m（右槽），最大挑距为 230～250m，入水角为 15°～24°。各方案的水舌均不砸击岸坡，不顶冲消力塘尾坎。在泄百年一遇（$P=1\%$）及以上量级洪水时，因方案 1、方案 2 挑坎水舌入水角较大，所以消力塘冲刷较深。

在各工况下，从水舌挑射高度、挑距、消力塘内流态、岸坡流速及压力分布看，3 个方案区别不大；但从入水角、消力塘动床冲淤深度和范围看，方案 3 稍优，因此选定方案 3。

4. 下游护岸

泄洪消能防冲标准为 $P=1\%$（百年一遇）洪水。水工模型试验研究成果表明：溢洪道单独泄 $P=1\%$ 洪水时，消力塘尾坎后岸边最大流速为 5.96m/s；溢洪道不运行，左、右岸泄洪隧洞单独或联合泄洪时，下游岸坡流速达 8.17m/s，大于基岩抗冲流速 6m/s。左、右岸泄洪隧洞单独或联合泄洪时，特别是施工导流期间及水库放空时，下游河床水位较低，挑流水股对出口河床及河岸冲刷相对严重；溢洪道在宣泄特大洪水时，消力塘后河道及右岸有不同程度的冲刷，消力塘右侧与电站尾水隧洞之间的河道岸坡受消力塘旋流的影响，也有不同程度的掏刷；泄洪雾化降雨也将对岸坡产生冲刷。因此，根据模型试验成果及河道特点，需对泄水建筑物出口下游岸坡采取防护措施，考虑到溢洪道出口对冲右岸及泄洪雾化对右岸边坡的影响，重点对下游右岸岸坡进行保护。

（1）坝脚下游右岸河道保护的范围为溢洪道消力塘出口以下约 600m 长岸坡，护岸底部高程选择在 600.00m，护岸顶部高程确定为 631.00m。

右岸护岸工程与施工道路结合，公路高程为 625.00m，宽 11.5m。为了减小边坡开挖高度及对上部边坡扰动和植被破坏，公路外侧大部分采用混凝土衡重式挡墙，挡墙置于弱风化基岩上，挡墙最大高度为 17m；基底为倾向山内 1:5 的斜坡，基底设置 1 排长度9m 的锚筋桩，间距为 3m；挡墙以下为 1m 厚的钢筋混凝土贴坡护岸，底部高程为600.00m，混凝土与基岩采用系统锚杆连接；贴坡底部设 3m 深钢筋混凝土齿槽，齿槽基础布置一排锚筋桩 3 Φ 32＋2 Φ 16，前段约 410m 长度范围锚筋桩长度 18m，后段长度12m，间距为 1.5m；公路高程 625.00m 以上根据开挖及地形地质条件设置喷锚支护，由于护岸顶高程为 631.00m，故 625.00～631.00m 边坡一般采用厚度 1m 的贴坡钢筋混凝土，并设系统锚杆和两排 1000kN 级预应力锚索，长度分别为 30m、35m，间排距为 4m。

（2）坝体下游左岸从上游至下游依次为左岸泄洪隧洞出口、1 号导流隧洞出口、2 号导流隧洞出口、尾水隧洞及溢洪道出口，这些出口过流面开挖后已进行相应保护，上部开挖面也进行了支护。因此，左岸需保护的范围结合相应建筑物出口结构衬砌统一考虑，采用钢筋混凝土贴坡衬砌保护，保护范围至消力塘出口 608.00m 护坦末端（消力塘尾坎后410m）。其中尾水隧洞出口与溢洪道消力塘末端右侧之间的岸坡清理开挖后采用 1m 厚贴坡钢筋混凝土与两建筑物出口结构混凝土平顺连接，底部高程为 600.00m，顶部高程为631.00m。贴坡混凝土与基岩采用系统锚杆连接；贴坡底部设 3m 深钢筋混凝土齿槽，齿槽基础布置一排锚筋桩 3 Φ 32＋2 Φ 16，长度 12m，间距为 2m。

4.2.6 消力塘护岸不护底优化研究

1. 消力塘护岸不护底优化思路

溢洪道消力塘建基面附近岩体大部分为微新和弱风化下部花岗岩，完整性较好，岩石坚硬。消力塘左侧开挖边坡最高达 260m，为确保边坡稳定，在可行性研究阶段，消力塘底板、高程 655.00m 以下边坡均采用钢筋混凝土衬砌，消力塘底板平均厚 3m、边坡衬砌厚 2m。边坡开挖坡比为 1:0.5，每 20m 高留 5m 宽马道。由于溢洪道消力塘底板面积为52311m^2，按平均厚度 3m 衬砌，混凝土方量为 15.7 万 m^3。为满足检修条件，底板衬砌后须设置复杂的抽排水系统，给施工、运行管理带来很多困难。

因此，该工程对溢洪道消力塘护岸不护底进行了深入的研究。研究的原则为取消溢洪道消力塘底板混凝土衬砌的可行性，允许消力塘底板存在冲坑，不影响工程安全的同时减小工程量及施工难度。研究内容包括底板冲刷、淤积情况及消力塘岸坡衬砌结构稳定性等。溢洪道消力塘纵剖面见图 4.2 - 10。

2. 消力塘护岸不护底模型试验

1:100 模型试验表明，从常年洪水到校核洪水的各运行工况，左槽水舌挑距为 101～262m，经综合比选后选定消力塘底板高程为 575.00m，该高程消力塘宽 176.5～191.05m，长 311～331m，消力塘出口底板高程为 608.00m，该高程以下消力塘深 33m。

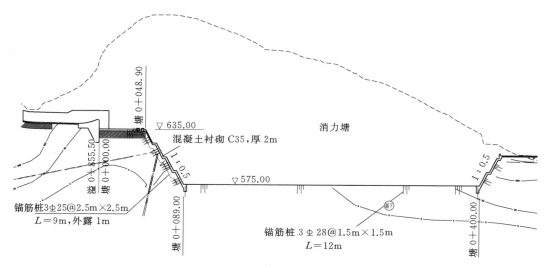

图 4.2－10　溢洪道消力塘纵剖面（护岸不护底）

设计洪水及校核洪水情况下，消力塘单位水体消能率分别为 $8.7kW/m^3$、$12.6kW/m^3$，说明消力塘规模适中，较好地解决了泄洪消能问题。针对消力塘的布置特点和运行特性，对消力塘护岸不护底方案进行了优化研究。由于溢洪道消力塘段地质条件较好，岩性主要为微风化～新鲜的花岗岩，开挖后可直接用于坝体填筑及混凝土骨料，因此，消力塘左边墙向外拓宽 3.37～16m，右边墙向外拓宽 9m。分别采用抗冲流速 7m/s、12m/s 对消力塘底板的抗冲性能进行模拟，研究了消力塘护岸不护底、护岸加 L 形护板以及护岸加防掏齿墙的方案，同时测量了消力塘边坡和底板的上举力。

通过 1∶100 模型试验进行溢洪道水垫塘水动力学问题研究，测试水垫塘水面线，观测、分析塘内流态，提出水垫塘的动水压力分布和脉动压力分布以及底板和边坡的上举力。测试各试验工况的水垫塘和下游河道流速，观测下游的河道流态及冲淤、涌浪情况，为下游防护设计提供依据；观测电站进、出口的水流流态并提出意见。采用散粒体模拟方案研究各泄洪工况下坝下天然河床产生的最大冲刷平衡深度以及不同的预挖体型对最大冲刷平衡深度的影响。用水弹性材料模拟水垫塘两岸护坡、岩石（裂隙、节理）情况，研究水流对护坡的冲刷、护坡的稳定性和静动力响应。

用水工模型对消力塘体型尺寸反复进行试验研究，目的是满足在各种运行工况下，挑流水舌不砸击消力塘边墙，消力塘消能率高，出塘流速低。因此在前期模型试验研究的基础上，将消力塘左边墙向外拓宽 3.37～16m，右边墙向外拓宽 9m。针对该消力塘体型进行了下游消能防冲试验、抗力水平试验、平底板消力塘（定床）试验和冲刷（动床）试验。溢洪道消力塘平面拓宽示意见图 4.2－11。

模型试验成果表明：

（1）通过对水垫塘底板的时均动水压力和脉动压力的测试，脉动压分布的峰域为塘 $0+150.00～0+330.00$ 的区域，该峰域是最有可能发生破坏的区域。水垫塘底板及边坡上的最大脉动压力均方根值均发生在校核工况，试验成果见表 4.2－6。水垫塘的底板和边坡处于相同的抗冲水平。

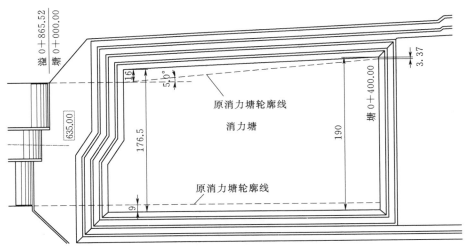

图 4.2-11 溢洪道消力塘平面拓宽示意图（单位：m）

表 4.2-6 消力塘底板及边坡脉动压力值试验成果

部　位	桩　号	最大脉动压力/kPa
底板	0+230.00, 0+206.00	23.96
边坡	0+250.00	23.89

（2）模型试验对底板最大上举力进行了测量，如果消力塘底板进行衬砌，最大上举力为 18320kN，需要 71kN/m² 的锚固力，底板锚固工程量巨大。

（3）消力塘边坡上举力及锚固力试验成果见表 4.2-7。试验结果表明，对于原水垫塘方案，边坡衬砌块所受上举力较水垫塘底板块稍小，但所需的锚固力水平是相当的。水垫塘扩宽后，使边坡衬砌所受上举力明显减小，效果显著。

表 4.2-7 消力塘边坡上举力及锚固力试验成果

工况	部位	最大上举力/kN	需要锚固力/(kN/m²)
拓宽前校核工况	0+220.00、高程 585.00m	19416.3	47
	0+160.00、高程 605.00m	15568.7	33
	0+312.00、高程 625.00m	11586.0	18
拓宽后校核工况	0+220.00、高程 585.00m	12923.2	13

注　锚固力按 4m 厚混凝土板临界稳定算得。

（4）消力塘动床冲刷试验成果见表 4.2-8，消力塘冲淤平面图及冲刷形态剖面图见图 4.2-12 和图 4.2-13。试验成果表明：水垫塘扩宽对减少水垫塘的冲刷有显著作用。水垫塘扩宽后加护齿的影响较小。这是由于水垫塘扩宽后水流不冲击岸坡，护齿"水平挑流"效应减弱或消失。边坡下设齿墙以及对边坡基础的灌浆处理，对维护边坡稳定是有利的。溢洪道水垫塘远离其他水工建筑物，采用优选的水垫塘设计以及必要的工程措施，实现护坡不护底方案是完全可行的。

表 4.2 - 8   消力塘动床冲刷试验成果

工　况	抗冲流速 /(m/s)	最大冲坑深度/m		
		左坡脚	右坡脚	塘底
拓宽前设计洪水工况	7	10.6	11.6	18.1
	12	0	0	6.6
拓宽前校核洪水工况	7	11.2	9.9	21.8
	12	0.2	4.3	6.3
拓宽后设计洪水工况	7	3.1	6.0	13.7
	12	0	0	5.8
拓宽后校核洪水工况	7	6.2	7.5	14
	12	淤积	4.3	8.1

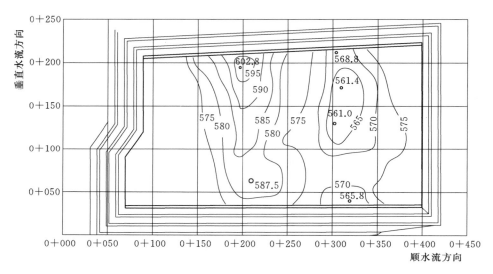

图 4.2 - 12　消力塘冲淤平面图（消力塘拓宽、校核工况、7m/s 抗冲流速）

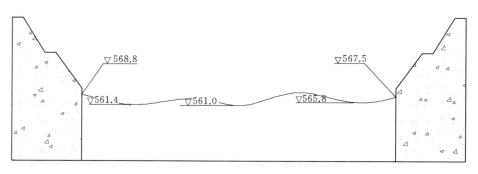

图 4.2 - 13　消力塘冲刷形态剖面图

（5）消力塘拓宽后左、右边坡最大冲击压力比边坡修改前小，说明消力塘拓宽后边坡冲击压力减小，对边坡稳定有利。在左岸边坡适当增加锚固力后，边坡是安全的，消力塘采用护坡不护底的方案是可行的。

3. 消力塘衬砌结构

结合模型试验成果，经分析研究，取消了消力塘底板衬砌，采取护岸不护底方案，并且对消力塘边坡进行了修改及拓宽。为方便施工，整个消力塘边坡马道之间高差由 20m 修改为 15m；消力塘左边墙向外拓宽 3.37~16m，右边墙向外拓宽 9m，以减轻水流对消力塘边坡脚的冲刷和掏刷，消力塘衬砌结构如下。

（1）消力塘边坡坡脚边侧设钢筋混凝土齿槽，混凝土标号为 C35，齿槽深度为 10m，底高程低于试验冲坑最低部位（7m/s 抗冲流速），齿槽底部布置一排 3 Φ 28 锚筋桩，间距 2.0m，长度 18m，深入岩石 14.5m，外露部分与衬砌上层钢筋焊接。

（2）消力塘底板抗冲刷设计标准为设计洪水（库水位 810.92m，$P=0.1\%$），根据模型试验及消力塘底板冲刷、淤积情况，结合消力塘开挖后的地质条件，对消力塘底板采用如下处理措施：左侧采用锚杆随机锚固；右侧采用锚筋桩锚固，断层部位采用混凝土塞置换。为避免水流对锚筋的冲击、摇拽，塘底所有锚杆、锚筋桩均要求埋入岩体基岩面或混凝土面下 0.5m。

（3）根据消力塘边墙衬砌结构的稳定分析，为保证衬砌结构的稳定，采取如下措施：

1）消力塘高程 620.00m 以下设 2m 厚的贴坡钢筋混凝土衬砌，高程 620.00~635.00m 设 1.0m 厚的贴坡钢筋混凝土衬砌结构，高程 635.00~655.00m 设 0.6m 厚的贴坡钢筋混凝土衬砌。混凝土标号为 C35，边墙上设锚筋桩锚固，锚筋桩 3 Φ 25，长度 9m，外露部分与衬砌上层钢筋焊接，高程 590.00m 以上间排距为 2.5m×2.5m，高程 590.00~575.00m 之间上举力较大部位锚筋桩间排距加密至 1.5m×1.5m。

2）消力塘贴坡混凝土设顺坡向无宽度结构缝，间距一般为 15m，缝中不设止水，钢筋不过缝。

3）消力塘 1m、2m 厚贴坡混凝土衬砌配置双层钢筋网，钢筋直径为 20mm，间距为 200mm×200mm；0.6m 厚贴坡混凝土衬砌配置面层钢筋网，钢筋直径为 18mm，间距为 200mm×200mm。

消力塘左侧边坡下部支护见图 4.2-14。

4. 消力塘运行状况

对溢洪道进行了 6 个工况的水力学及闸门原型观测试验，试验期间泄水量约 7000 万 m³。原型观测试验后在 2014 年 9 月 14—30 日均采用溢洪道进行了泄洪，总泄水量为 5.1941 亿 m³。

（1）冲淤情况检查。2015 年 9 月对消力塘进行水下检查，塘底以每 5m 测量一个点进行统计。消力塘底部各检查点冲淤情况见表 4.2-9。

在统计的冲坑点数中，0~1.0m 的冲坑点数占到所有冲坑点数的 84.6%；1.1~2.5m 的冲坑点数占到所有冲坑点数的 13.1%；2.5m 以上的冲坑点数占到所有冲坑点数的 2.3%。通过计算，高程 575.00m 以下冲刷总体积为 16251.1m³，高程 574.50m 以下冲刷总体积为 5087.7m³，高程 574.50~575.00m 区间的冲刷总体积为 11163.4m³，占总冲刷体积的 68.7%，说明消力塘总体以小于 0.5m 深度的冲刷为主。4 个主要冲坑总方量约为 3297.3m³，占 575.50m 以下总体积的 64.8%，反映出大于 0.5m 深度的冲刷主要以 4 个冲坑为主。可以得出，消力塘塘底无大范围深度超过 1m 的冲刷。

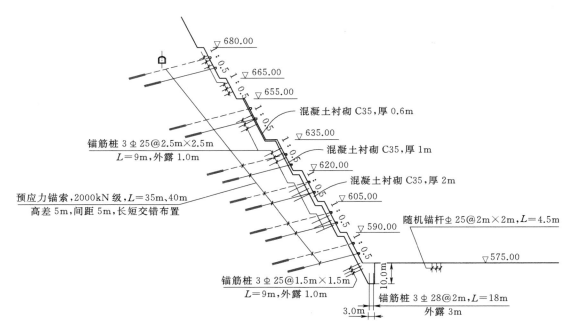

图 4.2-14 消力塘左侧边坡下部支护图

表 4.2-9 消力塘底部各检查点冲淤情况表

序号	项目内容	坑深范围/m	点数	检查点数占比/%	
				单项比例	合项比例
1	基本平整	0	396		20.45
2	冲坑	0~0.5	463	46.17	23.92
		0.6~1.0	386	38.48	19.94
		1.1~1.5	80	7.98	4.13
		1.6~2.0	33	3.29	1.70
		2.1~2.5	18	1.79	0.93
		>2.5	23	2.29	1.19
		小计	1003	100.00	51.81
3	淤积	0~0.5	176	32.77	9.10
		0.6~1.0	79	14.71	4.08
		1.1~1.5	36	6.70	1.86
		1.6~2.0	24	4.47	1.24
		2.1~2.5	33	6.15	1.70
		>2.5	189	35.20	9.76
		小计	537	100.00	27.74
总 计			1936		100.00

在统计的堆积体点数中，0～1.0m 的堆积体点数占到所有堆积体点数的 47.5%；1.1～2.5m 的堆积体点数占到所有堆积体点数的 17.3%；2.5m 以上的堆积体点数占到所有堆积体点数的 35.2%。由此可以看出，消力塘塘底堆积体的范围较大。综合分析两个堆积体，两个堆积体底部总面积为 7952.1m²，占消力塘塘底总面积的 14.85%；两个堆积体总体积为 23223.2m³，占消力塘总堆积体比例的 92.1%，其余小型堆积体占比很小。

消力塘冲淤三维地形图见图 4.2-15。

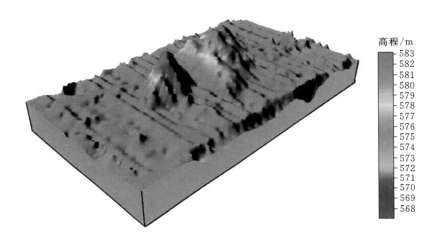

图 4.2-15　消力塘冲淤三维地形图

由于在开挖过程中无法准确控制开挖平整度，认为不超过 0.5m 的冲坑或淤积是平整的。通过统计，消力塘底部平整点数占总检查点数的 53.47%。整个消力塘的冲坑百分比大于堆积体或凸出岩石的百分比，其中堆积体占所有检查点数的 18.64%，冲坑占 27.89%。

根据统计结果，塘底大面高程为 574.00～576.00m（设计高程为 575.00m），无明显冲坑，水舌落点附近形成两个堆丘，最高 8.2m，总方量约 2.5 万 m³，消力塘塘底整体上以小于 0.5m 的冲刷为主，无大范围深度超过 1m 的冲刷。左右齿槽及下游端塘底断层置换混凝土附近形成局部掏刷坑，其中左侧齿墙外侧掏刷坑最深 8.4m、右侧齿墙外侧最大掏刷坑最深 4m、上游齿墙外侧掏刷坑最深 1.6m、下游齿墙外侧掏刷坑最深 6.9m（位于底板断层置换混凝土回填区右侧）。

（2）掏刷坑形成原因分析。根据计算，水舌落点位置约在两个堆丘中间，由于挑流水舌单宽流量小，掺气充分，水体轻，入水深度小，表层水流向四周，遇到边壁，在底部形成回流，把塘底松散石渣携裹汇集向中间形成堆丘。

从检查情况来看，消力塘基础整体未发生冲刷。除下游侧断层附近的掏刷坑外，其他掏刷坑均分布在齿墙外侧与基础交接处，其中 4 个主要掏刷坑总方量约为 3297.3m³，占 574.50m 以下总体积的 64.8%。其主要原因为左右两侧齿墙深 10m，开挖时需布置施工道路，开挖扰动较大，且存在超挖，施工中超挖部分及施工道路以松渣回填，松动岩体经底部回流掏刷，形成深坑。图4.2-16为齿墙开挖时施工道路布置与深坑位置对比图，从图中可以看出，主要深坑位置与施工道路较吻合，除了左侧0+297.00处的施工道路没有明显冲坑外，其余施工道路均与已发现的冲坑吻合。从冲坑现场来看，大部分冲坑与齿墙结合部位为齿墙立模混凝土，说明4个较大深坑形成的主要原因非水流冲刷，而是齿墙开挖。

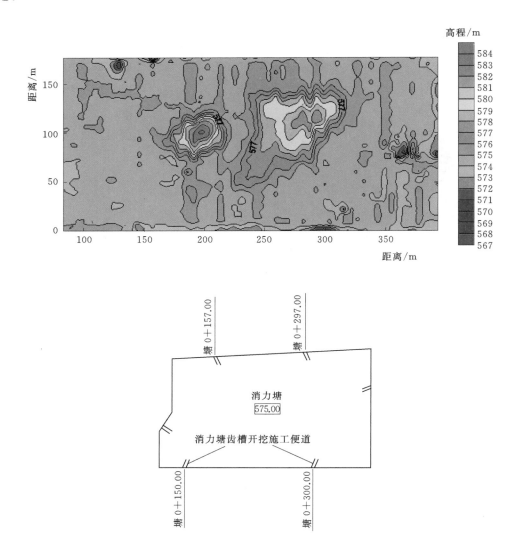

图4.2-16 齿墙外侧深坑与施工道路位置对比图（单位：m）

下游侧冲坑主要在回填混凝土右侧，与断层下部向右侧倾斜吻合，可能存在回填混凝土没有完全保护住断层及影响带，经冲刷形成冲坑（图4.2-17和图4.2-18）。

根据以上分析，消力塘底板没有发生大面积的冲刷破坏，消力塘掏刷坑主要分布在齿墙外侧，其中4个主要掏刷坑位置与施工道路吻合，形成原因为齿槽开挖施工道路及开挖

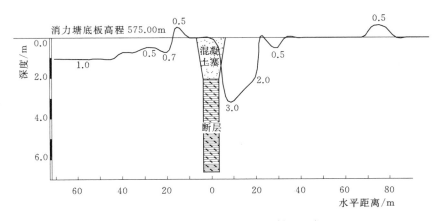

图 4.2-17　桩号塘 0+382.00 断面示意图

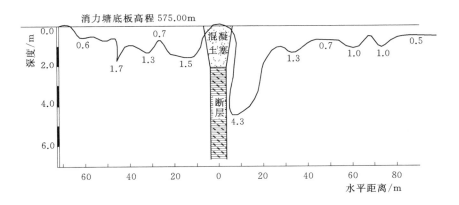

图 4.2-18　桩号塘 0+376.00 断面示意图

扰动、超挖松渣回填，深度不影响齿墙安全，后续泄洪推测不会形成更大的冲坑；下游侧塘 0+380.00 附近掏刷坑位于断层部位，原回填混凝土可能没有完全保护住断层，后续泄洪后，冲坑深度及范围可能会继续加大。另外，由于消力塘内存在大量松散堆渣，水流带动塘内石渣会对周边衬砌混凝土产生磨蚀。

图 4.2-19　抽水后消力塘底冲淤情况

　　（3）消力塘底板掏刷坑处理。因为溢洪道泄洪功率巨大，所以挑流消能的水流冲刷问题突出。消力塘左侧边坡高达 260m，为保证边坡稳定以及泄洪建筑物的安全，2016 年年底将消力塘内积水抽干，抽水后消力塘底冲淤情况见图 4.2-19，对塘底堆丘及冲坑内堆渣进行全面清理，最后对周边齿槽及塘底置换混凝土条带两侧掏刷坑回填混凝土处理，见图 4.2-20 和图 4.2-21。

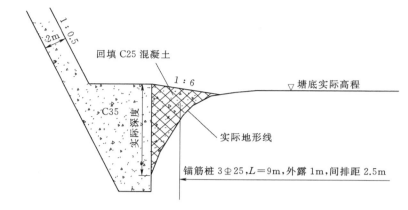

图 4.2 - 20 齿槽回填混凝土体型图

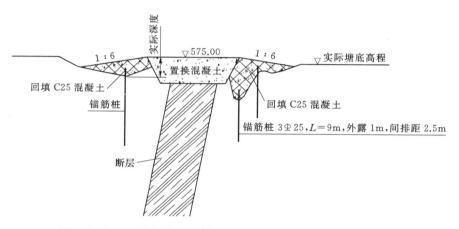

图 4.2 - 21 置换混凝土两侧回填混凝土体型图 (高程单位: m)

4.2.7 溢洪道抗冲磨混凝土及温控防裂研究与实践

4.2.7.1 混凝土材料研究

溢洪道泄槽流速为 27~52.5m/s, 对混凝土抗冲磨的要求较高, 一般认为, 混凝土耐磨损强度和抗空蚀强度随着混凝土抗压强度的增加而提高, 同时还与混凝土本身的原材料及配比有关。对于过流面高性能抗冲磨防空蚀材料, 国内许多工程及科研机构对高强度的混凝土等抗冲磨材料进行了大量的测试与研究, 在掺硅粉混凝土、掺钢纤维和聚丙烯纤维增韧防裂、聚脲高抗冲磨防护材料和喷涂技术等方面总结了许多经验。该工程针对溢洪道过流面的抗冲磨混凝土也进行了高标号常规混凝土以及添加硅粉、聚丙烯纤维、玄武岩纤维、钢纤维、HF 高强等混凝土材料的对比研究。

试验表明, 加入硅粉和纤维后混凝土抗冲磨性能略好于不加抗冲磨材料的高强混凝土, 但收缩变形较大, 总体性能较接近。高强混凝土水化热大, 绝热温升较高, 温控问题突出。考虑到不加入硅粉和纤维的高强混凝土性能可以满足抗冲蚀需要, 加入抗冲磨材料后, 混凝土和易性差, 需加大胶凝材料用量, 使温控问题更加突出。综合考虑, 该工程采用不添加硅粉及纤维的 $C_{180}55$ 高强混凝土作为溢洪道的抗冲蚀材料。针对泄槽高速水流区，优先考虑用高掺气浓度理念解决空蚀破坏问题。

溢洪道抗冲磨混凝土水泥采用中热硅酸盐水泥浇筑；掺合料采用 F 类 I 级粉煤灰；混凝土粗、细骨料采用砂石系统生产的花岗岩骨料；外加剂采用高性能减水剂（聚羧酸系）、引气剂；掺用聚丙烯纤维或高强高模聚乙烯醇纤维（PVA 纤维）。

4.2.7.2 结构分缝分块

溢洪道流速较高，泄槽底板横向结构缝处理不好将会大大增加空蚀破坏及底板稳定的

风险，因此对横向结构缝的设置和处理应慎重。国内水电工程在溢洪道泄槽底板横向结构缝的设置上，近年来的发展趋势是其间距越来越大，尽量减少横缝的设置，并且有利于滑模的施工。类比天生桥一级、鲁布革溢洪道工程，横向伸缩缝尽可能少设，该工程也采用尽量减少横向伸缩缝数量的设计思路。泄槽底板的分缝分块考虑了温控要求及

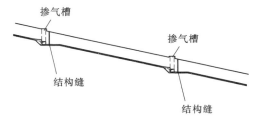

图 4.2-22 溢洪道泄槽横向伸缩缝位置示意图

滑模施工要求，底板每 15m 宽设一道纵向伸缩缝，仅在掺气槽后的起始位置设横向伸缩缝，并采用掺气挑坎跌坎形成的有效空腔跨越横缝，避免了横向伸缩缝遭受高速水流冲击。溢洪道泄槽横向伸缩缝位置见图 4.2-22。陡槽段横向伸缩缝间距为 65～128m。纵横伸缩缝均为无宽平缝，缝间设有铜片止水。溢洪道泄槽底板采用滑膜通仓浇筑施工，施工照片及完成效果见图 4.2-23 和图 4.2-24。

图 4.2-23 溢洪道泄槽滑膜通仓浇筑

图 4.2-24 溢洪道泄槽照片

4.2.7.3 温控设计

溢洪道泄槽底板浇筑块最大长宽比达 8.5，泄槽底板混凝土设计厚度为 0.8～1.0m，混凝土强度等级为 $C_{180}55$。混凝土强度等级高、通仓浇筑、浇筑块长宽比大、底板薄（0.8～1.0m）、受基础的约束强、长期暴露等特点加剧了温控防裂问题的难度。因此，对此开展了深入的温控研究工作。

1. 不同浇筑块长的温度应力敏感性分析

采用三维有限元法计算泄槽段底板抗冲磨混凝土不同浇筑块长的水化热温升产生的拉应力。底板厚度 1.0m，浇筑块尺寸分别考虑了 15m×15m（长×宽，下同）、30m×

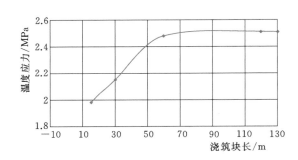

图 4.2 - 25　不同浇筑块长与温度应力敏感性分析

15m、60m × 15m、120m × 15m 和 130m×15m 5 种情况。不同浇筑块长与温度应力敏感性分析见图 4.2 - 25。

计算结果表明，温度应力随浇筑块长的增大而增大，增大幅度呈逐渐减小趋势，浇筑块长大于 80m 后，温度应力随浇筑块长的增幅较小，但块长增大，浇筑块内高应力区的分布范围随之增大。

因此，从温度应力控制的角度，控制浇筑块尺寸是减小混凝土基础约束、控制温度应力的有效措施。但该工程泄槽底板施工中不设施工缝通仓浇筑，最大浇筑块长达 128m，增加了温控防裂的难度。

2. 温控标准及措施研究

混凝土浇筑后，在水化热作用下，混凝土内部温度迅速上升，达到最高值后，温度缓慢下降，最后降低到一个相对稳定的温度。混凝土温度下降过程中受到基岩的约束会产生拉应力，当拉应力超过混凝土允许拉应力时，将产生裂缝。因此，温控的目的之一就是防止混凝土由于过大的温差产生较大的拉应力。

（1）温度应力控制标准。对于混凝土重力坝、拱坝施工期的大坝混凝土温控标准（主要包括各种温差标准和应力控制标准）和温控设计原则，均有相应的规程、规范可遵循。

对于抗冲磨混凝土等大面积薄板结构混凝土，施工期的温控标准及温控设计原则，严格意义上讲没有相应的规程、规范进行明确，特别是混凝土抗裂安全系数如何取值，现行电力设计规范更是没有提及。设计主要根据《水工混凝土结构设计规范》（DL/T 5057），参考《混凝土重力坝设计规范》（DL 5108），对于大体积混凝土结构施工期温度荷载，按短期组合，采用下列计算表达式：

$$\gamma_0 S_s (G_k, Q_k, f_k, a_k) \leqslant c_1 / \gamma_{d3} \tag{4.2-1}$$

式中　γ_0——结构重要性系数；

　　　γ_{d3}——短期组合结构系数；

　$S_s (\cdot)$——作用（荷载）效应短期组合的功能函数；

　　　c_1——结构的功能限值。

大体积混凝土结构施工期的温度作用标准值，取结构稳定温度场与施工期最高温度场之差值，采用下列计算表达式：

$$\Delta T_{ck} = T_f - (T_p + T_r) \tag{4.2-2}$$

式中　ΔT_{ck}——结构施工期温度作用标准值；

　　　T_f——结构稳定温度场；

　　　T_p——混凝土的浇筑温度，℃；

T_r——混凝土硬化时的最高温升，℃。

各种温差产生的混凝土温度应力按极限拉伸值控制，即

$$\delta(t) \leqslant [\delta] = E_c\varepsilon_c/(\gamma_0\gamma_{d3}) \tag{4.2-3}$$

式中　$\delta(t)$——各种温差所产生的温度应力之和，MPa；

　　　$[\delta]$——混凝土允许拉应力，MPa；

　　　E_c——混凝土弹性模量标准值；

　　　ε_c——混凝土极限拉伸标准值；

　　　γ_0——结构重要性系数，取 1.1；

　　　γ_{d3}——短期组合结构系数，取 1.5。

根据上述原则，计算的抗冲磨混凝土允许拉应力见表 4.2-10。

表 4.2-10　　　　　　　　　混凝土允许拉应力　　　　　　　　单位：MPa

项　目	$C_{180}55$			
	7d	28d	90d	180d
允许拉应力（$\gamma_0\gamma_{d3}=1.65$）	1.38	1.88	2.54	2.86

（2）温控方案研究。溢洪道泄槽底板属大面积薄板结构混凝土，其温度应力受外界气温影响较大。根据电站多年月平均气温分布情况，考虑 1 月、5 月、10 月、11 月 4 个时段浇筑混凝土，采用三维有限元法计算不同时段、不同温控方案下浇筑混凝土的温度场和温度应力。溢洪道泄槽底板温度场及温度应力的计算成果如下：

1）混凝土浇筑后，在水化热作用下温度上升较快，在第 2～3 天达到最高值。由于底板混凝土厚度较薄，受外界气温影响较大，最高温度出现后混凝土温度随外界气温变化而变化，最低温度出现在 12 月至翌年 1 月。

2）各时段浇筑的混凝土均在浇筑后第一年冬季出现一次应力峰值，之后每年冬季出现一次应力峰值，第二年冬季之后每年冬季应力水平基本相当。

3）由于混凝土早期温升较高，混凝土浇筑后立即覆盖保温材料，不利于早期混凝土表面散热，对控制最高温度不利，混凝土内部最高温度比不进行保温时高 2.5～3.5℃；若待混凝土最高温度出现后再覆盖保温材料，则不会影响混凝土内部最高温度，且对减缓后期降温速率有一定作用。

4）通水冷却作用一方面有效控制了混凝土最高温度，也一定程度上减小了混凝土内外温差，均化了混凝土温度分布，通水冷却作用下的混凝土内部最大应力较其他方案减小较明显。

5）在其他条件不变的情况下，浇筑温度由 19℃降到 15℃，混凝土内部最高温度降低约 2℃。

6）计算采用的二级配混凝土绝热温升较三级配混凝土高 5℃，相同条件下混凝土内部最高温度升高 1.6～2.1℃。

7）根据 1 月、5 月、10 月、11 月 4 个不同时段浇筑溢洪道抗冲磨混凝土温度及应力的分布和变化规律计算结果，结合工程区气象条件，把全年分为高温季节（4—10 月）和

低温季节（11 月至翌年 3 月）两个时段，推荐混凝土容许最高温度分别按 36℃ 和 34℃控制。

8）低温季节浇筑混凝土，不进行通水冷却时混凝土最高温度可以控制在 32～35℃，但由于受外部气温的影响，混凝土内部温度迅速下降，35 天左右降到最低，由此产生第一次温度应力峰值，此应力峰值大于对应龄期的混凝土允许拉应力。如在最高温度出现后开始对层面进行保温，可减缓浇筑初期的降温速率，早龄期混凝土拉应力值有所减小，可以控制在允许拉应力范围内，但富余很小；同时，采取通水措施可有效控制混凝土最高温度，一定程度上减小了混凝土的内外温差，混凝土内部应力明显减小，进一步增大抗裂安全性。因此，低温季节浇筑混凝土也应在混凝土内埋设冷却水管，进行通水冷却。采取通水冷却后，混凝土最高温度可以控制在 31～33℃。

9）高温季节浇筑混凝土内部温度相对较高，混凝土温降及内外温差产生的拉应力也较大，不能满足抗裂安全系数大于 1.65 的要求。在混凝土内埋设冷却水管通水冷却后，混凝土内部最高温度可以控制在 33～36℃，同时在进入低温季节前覆盖表面保温材料，减缓降温速率，进一步控制混凝土内部拉应力，可将混凝土内部应力控制在允许拉应力范围内。

（3）温控标准。根据上述温控方案研究结果，结合工程气象条件，把全年分为高温季节（4—10 月）和低温季节（11 月至翌年 3 月）两个时段，确定的混凝土容许最高温度见表 4.2-11。

表 4.2-11　　　　　　　　　溢洪道抗冲磨混凝土容许最高温度

抗冲磨混凝土	最大块长 /m	容许最高温度/℃	
		4—10 月	11 月至翌年 3 月
采用中热水泥 $C_{180}55$	>60	36	34

（4）温控措施。基于上述不同浇筑季节、不同温控方案下的三维仿真计算研究，结合现场对混凝土拌和楼制冷系统进行了扩容改造的实际情况，针对混凝土浇筑温度不大于 19℃ 和拌和楼制冷系统扩容改造后可能达到的混凝土浇筑温度不大于 15℃，分别提出不同的温控措施，主要温控措施见表 4.2-12 和表 4.2-13。

表 4.2-12　不同季节溢洪道抗冲磨混凝土 $C_{180}55$ 的通水冷却参数表（浇筑温度小于 19℃）

浇筑时间	混凝土级配	进口水温/℃	参考通水流量/(m³/h)		最大降温速率/(℃/d)		通水结束混凝土温度/℃	表面保护
			前 5d	5d 以后	前 5d	5d 以后		
4—10 月	三	12～14	1.5～1.8	0.5～1.2	≤1	≤0.5	26～28	进入低温季节前覆盖保温材料，保护标准 $\beta=9kJ/(m^2 \cdot h \cdot ℃)$
	二	10～12	1.8～2.0	0.5～1.2	≤1	≤0.5	26～28	
11 月至翌年 3 月	三	12～14	1.2～1.5	0.5～1.2	≤1	≤0.5	24～26	最高温度出现后覆盖保温材料，保护标准 $\beta=9kJ/(m^2 \cdot h \cdot ℃)$
	二	12～14	1.5～1.8	0.5～1.2	≤1	≤0.5	24～26	

表 4.2-13　不同季节溢洪道抗冲磨混凝土 C$_{180}$55 的通水冷却参数表（浇筑温度小于 15℃）

浇筑时间	混凝土级配	进口水温/℃	参考通水流量/(m³/h)		最大降温速率/(℃/d)		通水结束混凝土温度/℃	表面保护
			前 5d	5d 以后	前 5d	5d 以后		
4—10 月	三	12~14	1.2~1.5	0.5~1.2	≤1	≤0.5	26~28	进入低温季节前覆盖保温材料，保护标准 β=9kJ/(m²·h·℃)
	二	12~14	1.5~1.8	0.5~1.2	≤1	≤0.5	26~28	
11 月至翌年 3 月	三	14~16	1.2~1.5	0.5~1.2	≤1	≤0.5	24~26	最高温度出现后覆盖保温材料，保护标准 β=9kJ/(m²·h·℃)
	二	14~16	1.2~1.5	0.5~1.2	≤1	≤0.5	24~26	

4.2.8　泄洪雾化研究

　　溢洪道为该工程的主要泄水建筑物，百年一遇以下洪水均由溢洪道下泄，而溢洪道采用挑流消能，泄洪雾化问题不可避免。在确保泄洪能力、消能防护安全的前提下，还应满足雾化安全的需求。正确预测泄洪雾化范围和强度分布，实施分区有效防护，是避免泄洪雾化诱发下游岸坡滑坡、保障电站安全运营和周边交通安全、减少环境负面影响的关键技术支撑。

　　通过数值模拟进行研究，利用水气两相水舌的空间运动模型、水滴随机碰溅的数学模型和雾流扩散模型，对 7 个泄洪工况进行了雾化预测计算。

　　1. 泄洪雾化分析工况

　　泄洪雾化分析工况见表 4.2-14。

表 4.2-14　　　　　　　　　　泄洪雾化分析工况表

工况	库水位/m	洪水频率/%	溢洪道开启情况			溢洪道流量/(m³/s)	泄洪隧洞开启情况		左泄流量/(m³/s)	右泄流量/(m³/s)
			左槽	中槽	右槽		左泄	右泄		
1	804.00	50	局部开启	全关	全开	6730	全关	全关	—	—
2	806.23	20	全开	全关	全开	9700	全关	全关	—	—
3	809.36	2	全开	全开	全开	17400	全关	全关	—	—
4	810.85	1	全开	全开	全开	19700	全关	全关	—	—
5	810.52	0.2	全开	全开	全开	19180	全开	全开	3201	3149
6	811.72	0.1	全开	全开	全开	21107	全开	全开	3232	3166
7	812.00		全关	全关	全关	—	全开	全开	3239	3170

　　2. 泄洪雾化预测计算结果

　　预测计算的泄洪雾化范围见表 4.2-15。预测计算结论如下：

　　（1）在洪水频率为 20% 的工况下，暴雨区纵向最远可至溢 0+1655.00，左岸最高可到高程 760.00m，右岸最高可到高程 700.00m。

表 4.2 - 15 泄 洪 雾 化 范 围

工况	洪水频率/%	雨区	纵向	横向	
				左高程/m	右高程/m
1	50	暴雨区④	溢 1+505.00	750.00	①
		毛毛雨区	溢 1+855.00	770.00	810.00
2	20	暴雨区	溢 1+655.00	760.00	700.00
		毛毛雨区	溢 1+990.00	780.00	850.00
3	2	暴雨区	溢 1+770.00	770.00	760.00
		毛毛雨区	溢 2+140.00	795.00	880.00
4	1	暴雨区	溢 1+835.00	775.00	800.00
		毛毛雨区	溢 2+205.00	800.00	890.00
5	0.2	暴雨区	溢 1+930.00	780.00	860.00
		毛毛雨区	溢 2+215.00	800.00	900.00
6	0.1	暴雨区	溢 1+950.00	790.00	880.00
		毛毛雨区	溢 2+225.00	810.00	910.00
7		暴雨区	溢 1+425.00	②	760.00
		毛毛雨区	溢 1+630.00	③	800.00

① 消力塘右边缘外 75m。

② 3 号尾水隧洞出口。

③ 消力塘的中心线。

④ 暴雨区：降水量强度大于 16mm/h。

（2）在洪水频率为 1% 的工况下，暴雨区纵向最远可至溢 1+835.00，左岸最高可到高程 775.00m，右岸最高可到高程 800.00m。

（3）在左、右岸泄洪隧洞单独泄流 6203m³/s 的工况下，暴雨区纵向最远可至溢 1+425.00，向左可到 3 号尾水隧洞出口，右岸最高可到高程 760.00m。

将洪水频率 1% 作为泄洪雾化重点考虑的工况，对溢 1+835.00 以内、左岸高程 775.00m 和右岸高程 800.00m 以下的两岸边坡进行重点防护。

洪水频率 $P=1\%$ 时地面降雨强度等值线见图 4.2-26。

3. 泄洪雾化防治措施

根据工程布置及泄洪雾化预测结果，开关站布置在坝左岸 821.50m 平台上，远离泄洪雾化区域；进厂公路及厂运洞入口位于雾化区边缘，属毛毛雨区域，对交通影响很小。

重点对泄洪雾化影响较大的下游右岸山坡进行防治研究。该工程坝址处雨水充沛，雨季时，月多年平均降雨量为 185~210mm。电站运行期遭遇频率 $P=1\%$ 洪水时，泄洪时间达到 13 天，该时段内下游护岸的大部分山体将笼罩在雨强为 16~50mm/h 的雾化雨中，泄洪产生的雾化雨具有雨量大、持续时间长的特点，强大的雾化雨给下游护岸的边坡带来不利的影响。右岸高程 631.00m 以上自然山坡较陡，坡度约 50°，山坡完整、

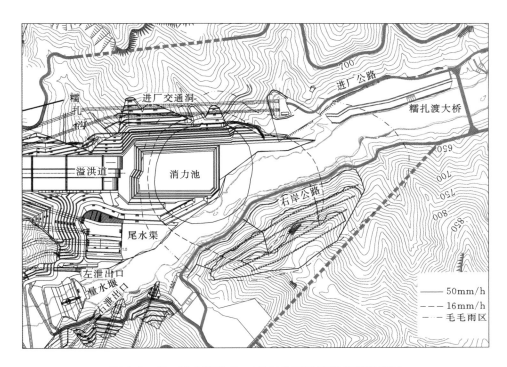

图 4.2-26 洪水频率 *P* =1%时地面降雨强度等值线图

风化较深，树木茂盛、植被发育。从环保角度考虑，为保护自然植被，采用"不开挖、加强排水"的施工设计方案，雾化雨作用下边坡的稳定性主要依靠自身的安全储备及排水洞的排水效果。

通过有限元计算分析，应用渗流应力耦合理论，模拟雾化雨入渗及排水洞、排水孔排水，雾化雨入渗后坡体孔压升高，有效应力降低，坡体稳定性降低、位移增大甚至失稳。研究结论如下：

（1）该范围山体边坡遭遇长期泄洪雾化雨时，边坡的地下水位、饱和度和变性机制均会产生变化。

（2）雾化雨极限状态分析显示，边坡达到饱和状态时，各计算剖面均未出现不连续的大变形，亦未发现破坏式的位移特征，据此可以认为边坡在长期雾化雨条件下仍可保持稳定。

（3）雾化雨入渗，边坡位移不断增大。达到饱和状态时，整个边坡的变形具有如下特征：坡脚处位移较小，向上逐渐增大，位移方向指向临空面。边坡高程 670.00～750.00m 范围内的最大位移为 25～120mm，出现在整个边坡到达饱和状态的时刻。停止泄洪后，排水洞排水使得地下水水位降低，边坡的位移随之有 5%～17%的减小。位移减小的程度与排水洞的分布及埋深相关。

（4）泄洪雾化雨作用下的边坡，坡脚往往是最不利的位置，应确保该范围内布置的排水孔有效运作。

针对该雾化区，最终采取强排水、少开挖的支护原则。为减小地表水入渗，在地表不同高程布置 4 条截水沟，加强对地表水的拦截和疏排；为减小山体边坡孔隙水压力，分别于高程 670.00m、710.00m、750.00m、790.00m 设置 4 层排水洞。地表保留植被，不但能有效减轻坡面冲刷，同时也符合绿色工地的要求。

4.2.9 溢洪道高边坡设计

4.2.9.1 溢洪道边坡概述

溢洪道引渠、闸室及泄槽段边坡高度不大，最大坡高 47m。消力塘左侧边坡最大坡高 260m，其中上部 150m 岩层为沉积层，主要有泥岩、粉砂质泥岩、砂岩、泥质粉砂岩和角砾岩，下部 110m 为花岗岩。边坡下部 150m 坡比为 1:0.5，向上依次为 1:0.7、1:0.9、1:1.2。消力塘典型边坡剖面见图 4.2-27。

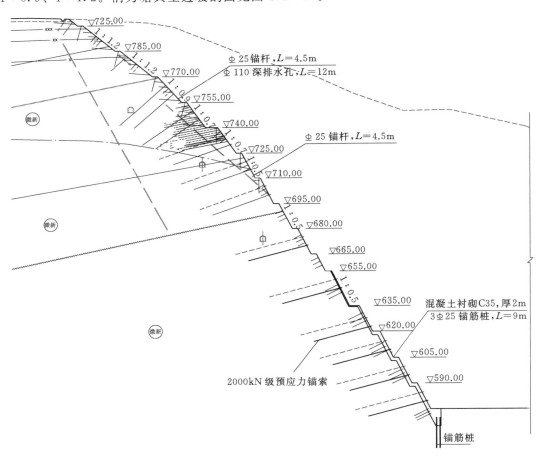

图 4.2-27 消力塘典型边坡剖面图

4.2.9.2 边坡稳定计算

溢洪道边坡采用 4 种刚体极限平衡法进行稳定复核分析，消力塘边坡岩体参数见表 4.2-16。消力塘段边坡刚体极限平衡分析成果见表 4.2-17。

表 4.2-16   消力塘边坡岩体参数

岩 体 类 别	岩体容重 /(kN/m³)	岩体抗剪断峰值强度	
		f'	c'/MPa
Ⅲ	26.5	1.0	0.9
Ⅳ	25.2	0.7	0.4
Ⅴ	22.0	0.45	0.06
节理面		0.35	0.05
层间挤压带		0.25	0.01
Ⅲ级断层破碎带		0.20	0.005

表 4.2-17   消力塘段边坡刚体极限平衡分析成果

工况	毕肖普法	简布法	Spencer 法	MP 法	备注
持久	1.652	1.708	1.696	1.683	支护前
持久	1.926	1.929	2.128	2.108	支护后
偶然	1.461	1.426	1.744	1.844	支护后

消力塘边坡支护后整体稳定，主要问题集中在局部块体的失稳上，而有效地加固处理后能满足规范的要求。

4.2.9.3 消力塘边坡雾化雨工况有限元计算分析

针对泄洪雾化工况对消力塘左侧高边坡进行了三维渗流应力耦合分析，计算时将泄洪雾化雨和降雨叠加，泄洪工况按 1000 年一遇洪水频率时溢洪道泄洪考虑，降雨考虑暴雨、久雨及毛毛雨 3 种降雨条件。计算工况考虑以下 3 种工况。

工况 1：$P=0.1\%$泄洪工况＋暴雨 2 天＋雨后 5 天。

工况 2：$P=0.1\%$泄洪工况＋久雨 7 天。

工况 3：$P=0.1\%$泄洪工况＋久雨 3 天＋毛毛雨 4 天。

整个计算是耦合的，采用非饱和的点安全系数法对应力进行分析得到相应的安全系数。

工况 1 最危险时段均处于第 2 天、第 3 天之间，而暴雨后安全系数有所回升。各截面最小的安全系数为 1.3～1.5。

工况 2 的安全系数一直降低，各个时段的降幅有明显的区别：开始 3 天边坡内水流优势通道还不明显，所以安全系数降低缓慢；一般第 4 天左右安全系数有一个陡降的阶段，第 5 天开始安全系数变化又开始平缓，这是排水措施开始稳定工作所致。各截面最小的安全系数为 1.3～1.4。

工况 3 的安全系数一直降低。暴雨 3 天水流优势通道基本形成，再加上毛毛雨时大部分降雨都能入渗到边坡内部，因此边坡安全系数较前面两种工况都要小。各截面最小的安全系数为 1.3～1.4。

4.2.9.4 消力塘边坡开挖过程监测信息反馈分析及稳定性研究

根据施工及监测信息，对消力塘左侧高边坡开挖过程中的岩体力学参数进行了反演，获得边坡岩体的最新力学参数，以此为基础对边坡进行施工期和长期的稳定分析，对设计所采用的支护措施的合理性作出快速评价，为边坡开挖过程的动态设计提供依据。

以边坡开挖过程中地表变形监测点的位移增量值作为参数反演的对象，采用智能位移反分析方法对溢洪道消力塘左岸边坡典型剖面在各步开挖过程中的岩体变形模量进行弹塑性动态反演分析，利用每一步反演获得的岩体变形模量进行 FLAC 方法的模拟开挖计算，获得该步在测点的垂直向位移增量计算值，并将计算结果与测点在该步开挖的垂直向位移增量实测值进行对比，结果表明计算值相对实测值的绝对误差平均值大部分都小于1.0mm，只有其中的两步开挖的绝对值超过 1.0mm，说明采用智能位移反分析方法反演获得的溢洪道消力塘左岸边坡各步开挖岩体变形模量是合理的。各测点垂直位移增量监测值与三维反演参数正向计算值比较见表 4.2-18。

表 4.2-18　　　溢洪道消力塘左岸边坡各测点垂直向位移增量监测值与三维
反演参数正向计算值比较

| 序号 | 开挖高程/m | 对比项目 | 实测垂直向位移/mm（方向竖直向上为正） | | | | 绝对误差平均值/mm |
			测点01	测点02	测点03	测点04	
1	770.00～755.00	实测值	6.5	9.1	5.4	6.3	1.5
		正向计算值	6.9	7.2	7.6	7.8	
2	755.00～740.00	实测值	2.8	3.2	1.2	2.3	0.5
		正向计算值	3.4	3.8	1.5	2.9	
3	740.00～725.00	实测值	3.3	3.8	2.6	3.4	0.6
		正向计算值	4.3	4.5	2.9	4.0	
4	725.00～710.00	实测值	3.3	8.0	7.8	3.2	0.4
		正向计算值	3.6	7.2	7.3	3.4	
5	710.00～695.00	实测值	−1.3	−1.2	−0.3	4.4	1.3
		正向计算值	0.2	0.5	0.8	3.5	
6	695.00～680.00	实测值	−1.5	2.8	3.8	1.2	0.6
		正向计算值	−2.3	3.4	3.5	2.1	
7	680.00～665.00	实测值	3.7	7.7	1.2	2.9	0.8
		正向计算值	3.0	6.6	2.2	2.4	
8	665.00～655.00	实测值	−0.1	−1.0	−4.3	4.2	0.9
		正向计算值	−0.8	−1.2	−2.2	3.6	
9	665.00～634.40	实测值	3.8	11.3	12.9	4.3	0.8
		正向计算值	3.4	10.2	11.7	4.7	

序号	开挖高程/m	对比项目	实测垂直向位移/mm（方向竖直向上为正）				绝对误差平均值/mm
			测点 01	测点 02	测点 03	测点 04	
10	634.40~620.00	实测值	−12.6	9.8	−9.8	4.4	0.5
		正向计算值	−12.4	8.9	−9.7	4.8	
11	620.00~603.00	实测值	21.1	26.3	23.0	3.8	0.5
		正向计算值	21.3	25.5	23.8	3.9	
12	603.00~588.00	实测值	−3.2	3.4	−12.6	4.4	0.4
		正向计算值	−3.6	3.2	−11.9	3.9	

1. 消力塘左侧高边坡开挖过程稳定性综合分析

以反演获得的岩体模量为基础，采用 FLAC 方法计算并预测边坡在后续各台阶开挖过程中的变形破坏，为该边坡后续各台阶开挖过程中的安全评价提供依据。同时采用极限平衡分析方法对边坡在后续各台阶开挖完成后的安全系数进行计算，为各阶段开挖完成后的稳定性评价提供参考。消力塘边坡开挖完后安全系数见图 4.2-28。计算成果表明，消力塘左侧边坡开挖完成后边坡整体均是稳定的。

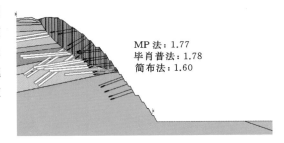

MP 法：1.77
毕肖普法：1.78
简布法：1.60

图 4.2-28　消力塘边坡开挖完后的安全系数

2. 消力塘左侧边坡开挖快速反馈分析

根据反演得出的岩体力学参数，进行溢洪道消力塘边坡在后续开挖过程中的快速开挖预测分析。计算后续开挖在无支护条件下，边坡发生滑动破坏的时机点及位置为后续的及时支护措施提供依据。在 635.00m 以下边坡开挖完成后，根据预测分析成果增设了预应力锚索，并及时进行了支护，从而确保边坡的安全。

3. 消力塘左侧边坡长期稳定性综合分析

在仅考虑开挖卸荷效应的条件下，根据现有监测资料和地质资料，由该研究的流变位移反演得出的力学参数及资料建议参数，通过数值正算，得到了整个坡体的位移变化、应力场分布特征、塑性屈服区分布等结果。

三维位移场计算结果表明，高程 605.00m 以上开挖台阶变形均较小；开挖至高程 590.00m 时，由于断层的影响，坡面的位移发生偏转，有整体下沉的趋势，最大竖向变形达到 60mm，最大水平变形朝向坡外，达到 40mm。由于结构效应的存在，边坡并未发生整体破坏，但此处的断层对边坡安全仍存在潜在的威胁，在极端工况下有发生失稳破坏的可能性。

三维应力场计算结果表明，最大主应力基本呈层状分布，当开挖往下进行时，边坡表面将出现部分应力集中区，该应力集中区对边坡表面的稳定状态有潜在不利影响。

从塑性区分布可知，溢洪道消力塘在高程 605.00m 以上边坡开挖时，边坡表面出现较少的塑性区，对边坡的稳定未造成不利影响。当边坡开挖至高程 590.00m 时，边坡表面已经出现较多的塑性区，说明该步开挖对溢洪道消力塘边坡的稳定性存在潜在不利影响，但整体仍趋于稳定状态。

综上，通过对边坡的长期稳定性分析可知，溢洪道消力塘边坡高程为 605.00～680.00m 时，边坡开挖将不会导致整体的大变形和整体的滑动变形破坏；当开挖至高程 590.00m 时，由于坡体内断层的影响，边坡变形偏大，出现较大面积的塑性区。根据计算结果对开挖边坡的支护措施及时进行了适当调整，并及时施加支护措施，保证了边坡的稳定。

4.2.10 原型观测检验与对比分析

2014 年 9 月 13 日进行了溢洪道工作闸门组合 6 种工况局部开启、全开方式下的水力学及闸门原型观测试验，试验入库流量为 4680m³/s，上游水位为 810.09m，试验工况组合见表 4.2-19，同时对典型试验工况进行了数值模拟反演分析。

表 4.2-19　　　　　　　　　溢洪道泄洪水力学原型观测试验工况表

工况	水库水位 /m	总下泄流量 /(m³/s)	溢洪道 8 孔工作闸门开启组合工况							
			左槽 3 孔			中槽 2 孔		右槽 3 孔		
			8	7	6	5	4	3	2	1
1	810.09	4503	全关			全开		全关		
2	810.09	4900	6 号、7 号、8 号门局部开启 2.8m			4 号、5 号门局部开启 2.8m		1 号、2 号、3 号门局部开启 2.8m		
3	810.09	4853	6 号、7 号、8 号门局部开启 4m			5 号全开		全关		
4	810.09	4346	6 号、7 号、8 号门局部开启 8m			全关		全关		
5	810.09	4503	6 号、8 号门全开			全关		全关		
6	810.09	4503	7 号门全开			全关		2 号门全开		

4.2.10.1 流态

1. 闸室前后流态对比

原型观测试验表明：各运行工况下，库区水面总体平稳。闸门全开时，闸墩前均有明显绕流现象，检修门槽偶有漩涡产生，闸室水流流态总体较好。当闸墩两侧孔开启时，闸墩后均有不同程度水冠，水冠形态稳定，上平段形成菱形波，至 1 号掺气坎前水面已基本平顺。

水工模型试验表明：宣泄各频率洪水时，水库水面平稳，来流平顺，无回流和漩流；电站进水口区域流态平稳正常，未受溢洪道泄流影响。溢洪道水流过堰出尾墩后，水流呈 Y 形扩散，形成沿槽身传播运行的急流冲击波（菱形波），使溢洪道上水流不太稳定，并随着下泄流量的增大而加强。急流冲击波对泄槽水流流态的影响从上至下逐渐减弱。

数值反演分析结果表明：溢洪道中槽进水口前水面平顺，水流基本对称进入闸室，受闸墩侧收缩影响，闸墩尖处有绕流现象；闸室段水流平顺，两侧水面有一定水面差；受中隔墩影响，溢流堰下泄水流出尾墩后形成水冠，上平段形成明显菱形波，中墩左右侧边墙水面有明显爬高现象。

原型观测与模型试验、数值反演分析结果对比表明：闸室前后流态完全一致。

2. 泄槽流态对比

水流在 1 号掺气坎前的水面已趋于平顺，经 1 号掺气坎作用，水面局部被抬升，水流未超过边墙，模型试验、数值计算及原型观测流态基本一致。

水流在泄槽 3 号掺气坎前水面相对平顺，3 号掺气坎后水流紊乱加剧。数值计算水流表面破碎明显，模型试验有水滴溅出边墙，而原型亦有水体溅出边墙，模型试验、数值计算及原型观测现象一致表明 3 号掺气坎后的水流更为紊乱，原型掺气较模型试验更为充分，紊动相对更为剧烈。

3. 挑流水舌及消力塘流态

原型观测试验表明：溢洪道各运行工况下，出溢洪道挑坎水流起挑充分，水舌入水点位于消力塘中前部，无冲击本岸及两岸护坡现象。出消力塘尾坎水流跌流现象不明显，与下游河道衔接较好，原型水流的内缘挑距为 136.1m（库水位为 810.00m，塘内水位为 609.06m）。水工模型试验表明：挑流水舌形态良好，溢洪道左、中、右 3 槽的水舌挑距有所差别，但不大。内缘挑距为 130m（库水位为 810.69m 时）。数值反演计算水体经鼻坎挑入消力塘的中前部，水流挑入消力塘后落水点附近水面波动大，两岸岸坡的流速总体较小，消力塘内整体水面相对平稳，消力塘尾坎处水流平稳泄入下游河道，挑流水舌挑距约为 110m。模型试验、数值计算及原型观测挑流鼻坎、消力塘流态基本一致。

4.2.10.2　水面线及水面波动

原型观测试验表明：各泄洪工况下，水流未冲击闸门支铰；上平段和 1 号、2 号掺气坎坎前最大水面均低于中隔墙顶高程。溢洪道各运行工况下，消力塘左岸水面波动范围为 1.55～7.64m，消力塘中后部水面波动明显较前部大。消力塘左右岸最大水面高程未超过 614.00m。

水工模型试验表明：同一断面的左、中、右侧水深分布不均匀。各泄洪工况下，无冲支铰现象，各槽靠近边墙水深均低于边墙高度。同一断面的左、中、右侧流速分布不均。在同一库水位下，断面平均流速基本上沿程增加。

数值模拟结果表明：断面最大水面高程沿程逐渐降低，溢流面上左、右边墙最大水面高程分别为 799.75m、799.51m，挑流鼻坎出口左、右边墙最大水面高程分别为 649.57m、649.52m，反演计算水面均未超过边墙。三维数值模拟计算结果与物理模型试验结果及原型观测结果基本吻合，原型观测在陡槽段水面波动较前者更为剧烈，水面线无法观测。

溢洪道流态见图 4.2-29～图 4.2-32。

4.2.10.3　流速与通气井风速

表 4.2-20 为数值计算、模型试验与原型观测底流速对比表。原型观测中各部位底流速与模型试验及数值计算成果基本一致。

图 4.2-29 溢洪道中槽进口流态
（溢洪道中槽全开）

图 4.2-30 溢洪道中槽尾墩后流态
（溢洪道中槽全开）

图 4.2-31 溢洪道中槽1～4号掺气坎流态
（溢洪道中槽全开）

图 4.2-32 溢洪道中槽5号掺气坎及出口流态
（溢洪道中槽全开）

表 4.2-20　　　　　　数值计算、模型试验与原型观测底流速对比表

部 位	底 流 速/(m/s)		
	数值计算	模型试验	原型观测
1号掺气坎前	19.3	21.9	18.4
5号掺气坎后	37.5	41.8	40.4
挑流鼻坎末端	41.4	39.8	40.9

表 4.2-21 为模型试验与原型观测通气井风速对比表，原型观测试验风速明显大于模型试验风速。

表 4.2-21　　　　　　模型试验与原型观测通气井风速对比表

部 位	风 速/(m/s)	
	模型试验	原型观测
1号掺气坎通气井	53.29	58.13
3号掺气坎通气井	62.8	52.95
5号掺气坎通气井	71.5	73.45

4.2.10.4　动水压力

表 4.2-22 为数值计算、模型试验与原型观测动水压力对比表，原型观测成果与水工模型试验成果、三维数值模拟计算成果在沿程分布上规律一致，但数值有一定差异。

4.2.10.5　空腔负压

表 4.2-23 为数值计算与原型观测空腔负压成果对比，1号掺气坎空腔负压值差异较

表 4.2-22　　　　　　　数值计算、模型试验与原型观测动水压力对比表

部　位	动 水 压 力/kPa		
	数值计算	模型试验	原型观测
堰面	164.51	170.79	142.57
1号掺气坎水舌落点	84.28	77.26	122.56
泄槽末端反弧段	133.32	199.14	190.01
挑流鼻坎反弧段	175.22	189.01	220.84

大，5号掺气坎的空腔负压值非常一致。

4.2.10.6　掺气浓度

在溢流堰、直线段，计算空化数明显较试验空化数大，计算空化数为 0.64～1.15，试验空化数为 0.48～0.77，原型空化数与计算空化数基本一致，表明溢流堰、直线段可利用计算空化数。

表 4.2-23　　数值计算与原型观测空腔负压成果对比表

部　位	空 腔 负 压/kPa	
	数值计算	原型观测
1号掺气坎	−3.13	0.13
5号掺气坎	−3.32	−3.48

掺气坎段及出口段，最小试验空化数、最小计算空化数均为 0.1，最小原型观测空化数为 0.17，原型较模型值、计算值略大。

4.2.10.7　溢洪道泄洪雾化

原型观测试验表明：溢洪道各工况泄洪时，左岸边坡、消力塘右岸、下游河道右岸 625 公路是泄洪雾化主要影响区域。电站尾水闸门平台、大坝下游围堰、糯扎渡大桥、进厂交通洞区域均无明显降雨。

图 4.2-33　溢洪道中槽全开雾化扩散全景

各泄洪工况下，消力塘左岸边坡实测最大降雨强度为 371.88mm/h，左岸观景台最大降雨强度为 5.40mm/h。消力塘右岸 610.00m 平台实测最大降雨强度为 190.00mm/h，河道右岸 625 公路实测最大的降雨强度为 67.56mm/h。

溢洪道泄洪不会对消力塘及进厂交通洞区域的交通造成影响。

溢洪道中槽全开雾化扩散全景见图 4.2-33。

4.3　左岸及右岸泄洪隧洞

4.3.1　左岸及右岸泄洪隧洞布置方案优选

4.3.1.1　左岸泄洪隧洞

左岸泄洪隧洞布置在坝体与引水发电建筑物之间，全长 950m，由有压段、闸体段、无压段、出口消能段组成。隧洞主要布置于工程地质条件最好的区域，仅出口地质条件较

差。受地形地质条件、导流隧洞进出口、电站进水口及尾水隧洞出口位置限制，泄洪隧洞进出口位置及洞轴线调整裕度不大，因此，洞轴线布置成一直线。

根据左岸泄洪隧洞的功能，考虑到国内外闸门发展水平、水力边界设计的难度和运行现状，工作闸门工作水头控制在 120m 以下，单扇闸门水压力 90000kN 以下较合适。经综合比较，左岸泄洪隧洞进口高程选择在 721.00m。

该工程对左岸泄洪隧洞轴线、进口布置、无压段体型、闸体位置、挑流鼻坎体型进行了大量研究，并结合施工导流，研究了左岸泄洪隧洞与 5 号导流隧洞结合的方案，两者在工作闸门室后结合。

左岸泄洪隧洞有压段进口为喇叭口，后接内径 12m 圆形断面，总长 247m，底板纵坡为 2.55%，钢筋混凝土衬砌厚度 0.8m。事故检修闸门与工作闸门布置在一座闸门竖井内，挡水水头 103m，闸门竖井分两孔布置，每孔设 5m×11m（宽×高）事故检修闸门一扇及 5m×9m（宽×高）的工作弧门一扇。闸门竖井总高 106.5m，衬砌厚度根据高程变化依次为 1.8m、2m、2.3m。闸门竖井顶部平台高程与坝顶高程相同，为 821.50m。事故检修闸门启门排架布置在闸门竖井顶部平台上，工作弧门启闭设备安装在闸门竖井内，闸门竖井内布置交通楼梯和通气井。

闸门竖井后为无压洞段，水平向长 515.8m。无压洞段前 25m 为两孔归一孔的渐变段，断面由两孔 7.8m×17.15m（宽×高）矩形断面渐变为单孔 17m×19m（宽×高）矩形断面，底板纵坡为 25%，衬砌厚度 2m；随后为 110m 的渐变段，由矩形渐变为圆拱直墙形。圆拱直墙断面宽 12m，高度因掺气坎的影响，为渐变断面，高 16～20m。无压洞段设置三道掺气坎，第一道坎布置在第二个渐变段末端，各掺气坎间距为 130m。各掺气坎顶部设直径 2m 的通气井与洞外相连。

无压洞出口接 88m 的明渠段，其后为挑流鼻坎段，鼻坎采用不对称舌形鼻坎，挑角为 15°（右）～40°（左），反弧半径为 60m，为便于水流扩散，右边墙末段为半径 50m 的平面曲线，舌形鼻坎为半径 40m 的圆弧曲线。

泄洪隧洞出口最大开挖边坡高 60～70m，开挖边坡坡比为 1∶0.5，边坡采用预应力锚索、系统锚杆、挂网、喷混凝土支护，并设排水设施。

左岸泄洪隧洞纵剖面见图 4.3-1。

4.3.1.2 右岸泄洪隧洞

右岸泄洪隧洞全长 1062m，由进口段、有压段、事故检修闸门井段、工作闸门室段、无压洞段、明渠及挑流鼻坎段组成。

右岸泄洪隧洞进口为喇叭口，有压隧洞为内径 12m 圆形断面，总长 526.7m，衬砌厚度 1.2m。事故检修闸门井前长 112m，底板纵坡为 0.7%，事故检修闸门井后长 414.7m，底板纵坡为 0.468%。检修闸门井前后分别设置长度 50m 的渐变段。

事故检修闸门井分为两孔布置，每孔设 5m×12m（宽×高）的事故检修闸门一扇，闸门井总高 140.7m，最大挡水水头 126m，闸门井衬砌厚度 2～3m。竖井顶部以上设事故检修闸门启门排架和启闭机室。

工作闸室为地下洞室结构，尺寸为 31m×22m×57m（长×宽×高），分两孔布置，每孔设 5m×8.5m（宽×高）的工作弧门一扇。工作闸室设置交通通风洞，分为上下两层，

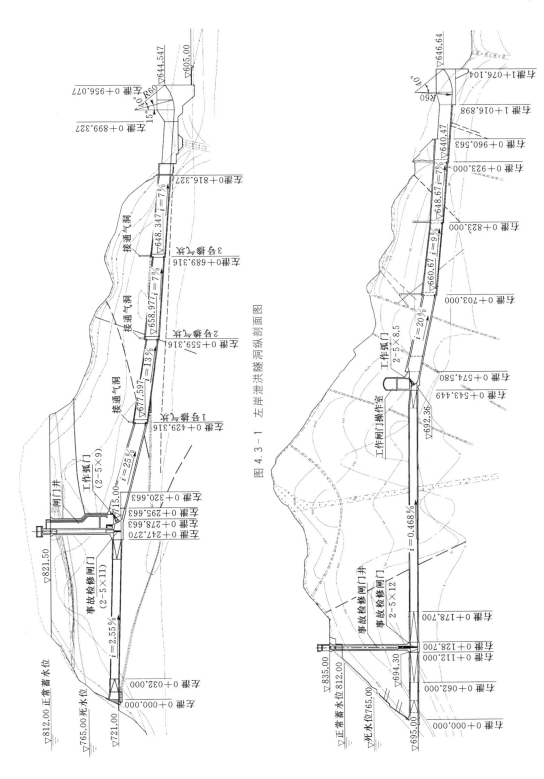

图 4.3-1 左岸泄洪隧洞纵剖面图

图 4.3-2 右岸泄洪隧洞纵剖面图

上层为交通洞，断面为 6m×3.6m；下层为通风洞，断面为 6m×6m。

工作闸室后为无压洞段，水平向长 386m。无压洞段前 25m 为两孔归一孔的渐变段，断面由两孔 7.8m×16.4m（宽×高）矩形断面渐变为单孔 17.4m×19.5m（宽×高）矩形断面，底板纵坡为 20%，衬砌厚度 2m；随后为 100m 的渐变段，由矩形渐变为圆拱直墙形。圆拱直墙断面宽 12m，高度因掺气坎的影响，为渐变断面，高 16～21m。无压洞段设置三道掺气坎，第一道坎布置在第二个渐变段末端，各掺气坎间距依次为 120m、100m。各掺气坎顶部设直径 2m 的通气井与洞外相连。

无压洞出口接 56m 的明渠段，其后为挑流鼻坎段，鼻坎采用不对称舌形鼻坎，挑角为 15°（右）～40°（左），反弧半径为 60m，为便于水流扩散，右边墙末段为半径 50m 的平面曲线，舌形鼻坎为半径 40m 的圆弧曲线。

泄洪隧洞出口地形坡度为 30°～45°，与 3 号导流隧洞出口开挖边坡合为一体。开挖边坡由洞脸边坡和侧向边坡构成圆弧形，右侧与导流隧洞出口边坡相接。开挖边坡每隔 20m 高设一宽 3m 的马道，边坡坡比为 1∶0.5～1∶0.6；边坡采用预应力锚索、系统锚杆、挂网、喷混凝土支护，并设排水设施。

右岸泄洪隧洞纵剖面见图 4.3-2。

4.3.2　泄洪隧洞掺气减蚀研究

高流速的泄洪隧洞常因空蚀而遭到破坏，设计时对此应特别重视。大量工程实践证明，布置掺气设施对解决空化空蚀问题是非常有效、经济、可靠的方法。掺气设施一般包括掺气槽、挑坎、跌坎三种基本形式，以及由它们组合成的其他形式。该工程在设计阶段针对左、右岸泄洪隧洞掺气减蚀问题做了大量的试验研究，优选掺气减蚀设施的体型，最终推荐泄洪隧洞掺气设施采用工作弧门后突扩突跌式掺气方式，无压段隧洞采用挑坎跌坎式掺气方式。

4.3.2.1　闸后突扩突跌设计

针对一洞两孔泄洪隧洞工作弧门后的突扩突跌体型，选择右岸泄洪隧洞闸室进行了 1∶25 的模型试验及减压箱模型试验研究，研究成果同时应用于左岸泄洪隧洞。

1∶25 的模型试验研究了突扩突跌的掺气效果，重点对跌坎后底坡长度及坡度进行优化研究，分别进行了 12%、20%、25%、30% 及 18% 五种跌坎后坡度的比较试验，对突扩突跌的掺气浓度分布、掺气空腔等进行了观测。试验表明，突扩突跌坎后隧洞的坡度（第一段坡）是通气设施选型中至关重要的参数，隧洞底坡越大，底空腔也越大，底部漩滚或回水的范围越小，因而对降低临界掺气水头特别有效；较大的底坡虽然底空腔很长，通气很好，但是与下游的衔接不好，加上收缩形成较强的冲击波，会出现水流流态不好，水面溅击洞顶、波动过大的情况，并且直接影响后面掺气效果。根据试验成果，确定跌坎后第一坡段底板纵坡为 20%，突扩突跌跌坎高 1.5m。突扩分两次：一次突扩两侧均宽 0.6m；二次突扩两侧分别宽 0.6m、1.0m。该方案出闸水流平顺、水翅小、不碰击弧门轴；在各水位下，闸门全开和局部开启运行时均能形成稳定的侧空腔和底空腔，两者连通，可以通过侧空腔通畅地向底空腔供气。

在闸门全开运行，库水位为 810.92m（设计洪水位）时，水舌落点处冲击压力为

103.0kPa。中墩压力分布因底空腔、水翅及水流波动，其压力值为 1.5～15.3kPa。右边墙压力为－11.0～151.1kPa，靠收缩段末的压力较大。

设计洪水时底空腔长度为 45m，在距突扩突跌坎 100m 范围内，沿程掺气浓度为 97.71%～1.72%，掺气效果良好。

设计采用的突扩突跌平面体型见图 4.3－3。

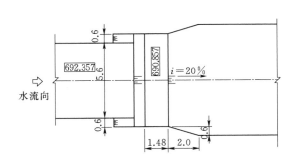 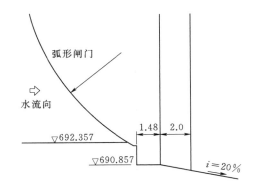

图 4.3－3　突扩突跌平面体型（单位：m）

针对闸室及工作弧门后突扩突跌体型，做了减压箱模型试验，分别位于上游中墩附近、工作闸室出口附近、工作闸室出口边墙附近、中闸墩下游端、落水点侧墙、落水点底板附近以及下游跌坎（二级掺气坎）附近布置水听器测点，分析噪声的频谱特性和噪声相对能量变化规律。试验结果表明，在校核洪水位时，中闸墩下游端测点及出闸水流落水点附近测点处的水流空化数小于初生空化数，这两个部位抗空化裕度不大，但是由于工作闸室出闸水流掺气充分，因此不会发生空蚀破坏；其余测点的水流空化数均大于初生空化数。

4.3.2.2　无压洞掺气坎设计

针对泄洪隧洞无压洞的掺气减蚀分别做了左岸及右岸泄洪隧洞的单体模型试验，对不同的掺气坎体型进行了深入研究。

1. 左岸泄洪隧洞

左岸泄洪隧洞无压段单体模型一共进行了 4 个方案的修改试验，各掺气坎体型均为挑跌坎式。各方案试验成果见表 4.3－1。

表 4.3－1　　　　左岸泄洪隧洞各方案设计水位掺气减蚀试验主要成果表

方案名称	体 型 参 数	水 力 参 数		通气情况
		空腔长/m	回水长/m	
方案 1	1 号掺气坎（0＋420.77） 挑坎高 0.60m，跌坎高 1.40m	11.25	11	少
	2 号掺气坎（0＋570.77） 挑坎高 0.30m，跌坎高 1.40m	11.25	11	
	3 号掺气坎（0＋720.77） 挑坎高 0.30m，跌坎高 1.40m	10.80	10.8	

方案名称	体 型 参 数	水 力 参 数		
		空腔长/m	回水长/m	通气情况
方案2	1号掺气坎 （0+420.77） 挑坎高 0.80m，跌坎高 1.40m	25.20	9.5	良好
	2号掺气坎 （0+570.77） 挑坎高 0.60m，跌坎高 1.40m	24.75	23	少
	3号掺气坎 （0+720.77） 挑坎高 0.30m，跌坎高 1.40m	22.50	15.3	好
方案3	1号掺气坎 （0+420.77） 挑坎高 0.60m，跌坎高 1.40m	25.20	9.5	良好
	2号掺气坎 （0+570.77） 挑坎高 0.80m，跌坎高 1.40m	24.75	18.9	良好
	3号掺气坎 （0+720.77） 挑坎高 0.30m，跌坎高 1.40m	22.50	11.3	良好
推荐方案	1号掺气坎 （0+429.32） 双排进气孔，挑坎高 1.50m，跌坎高 1.40m	30（左） 36（右）	0	良好
	2号掺气坎 （0+559.32） 双排进气孔，挑坎高 1.10m，跌坎高 1.20m	25.7（左） 26.6（右）	10.49（右）	良好
	3号掺气坎 （0+689.32） 单排进气孔，挑坎高 0.80m，跌坎高 1.20m	35（左） 35（右）	无	良好

左岸泄洪隧洞最终选定的掺气坎体型如下：

（1）左泄 0+429.32 处布置 1 号掺气坎，坎高 2.90m，其中挑坎高 1.50m。掺气形式为两侧进气，通气孔尺寸为 1.4m×2.5m。

（2）左泄 0+559.32 处布置 2 号掺气坎，坎高 2.30m，其中挑坎高 1.10m。掺气形式为两侧进气，通气孔尺寸为 1.2m×2.5m。

（3）左泄 0+689.32 处布置 3 号掺气坎，坎高 2.00m，其中挑坎高 0.80m。掺气形式为两侧进气，通气孔尺寸为 1.2m×2.5m。

左岸泄洪隧洞 3 号掺气坎体型见图 4.3－4。

试验结果表明：各掺气坎在各级水位下均能形成稳定的空腔。设计洪水位及校核洪水位下 1 号掺气坎空腔长 30～36m，内有回水，但回水不到坎端。2 号掺气坎空腔长 20～28m，回水深 0.45m，通气良好。3 号掺气坎空腔长 35m，无回水。各掺气坎供气通畅，掺气效果良好。掺气坎空腔负压除校核洪水位下 3 号掺气坎为－5.5kPa 外，其余均在－0.1～－4.9kPa 范围，满足规范不超过－5.0kPa 要求。校核洪水位下掺气坎通气井最大风速为 36.3m/s，设计洪水位下掺气坎通气井最大风速为 32.3m/s，均发生在 1 号掺气坎处，满足规范小于 60m/s 的要求。校核洪水位下泄洪流量为 3395m³/s，无压洞最大流速为 43.7m/s，沿程实测水深为 11.93～6.48m，洞顶净空余幅均大于 25%。

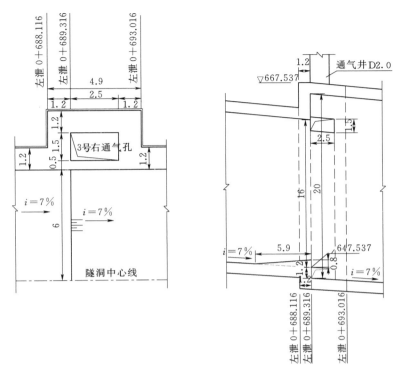

图 4.3-4　左岸泄洪隧洞 3 号掺气坎体型（单位：m）

2. 右岸泄洪隧洞

右岸泄洪隧洞无压段单体模型一共进行了 5 个方案的修改试验，各掺气坎体型均为挑跌坎式。各方案试验成果见表 4.3-2。

表 4.3-2　　　　　右岸泄洪隧洞各方案设计水位掺气减蚀试验主要成果表

方案名称	体 型 参 数	水 力 参 数		
		空腔长/m	回水长/m	通气情况
方案1	1号掺气坎（0+703.00） 跌坎高1.40m，挑坎高0.80m	24.7	24	少
	2号掺气坎（0+823.00） 挑坎高0.90m，跌坎高1.20m	34.6	34.6	好
	3号掺气坎（0+923.00） 挑坎高0.40m，跌坎高1.20m	27	9.6	
方案2	1号掺气坎（0+703.00） 挑坎高1.80m，跌坎高1.40m	27.9	12	良好
	2号掺气坎（0+823.00） 挑坎高1.00m，跌坎高1.20m	38.7	26	良好
	3号掺气坎（0+923.00） 挑坎高0.40m，跌坎高1.40m	27.5	9.5	好

续表

方案名称	体 型 参 数	水 力 参 数		
		空腔长/m	回水长/m	通气情况
方案3	1号掺气坎（0+703.00） 挑坎高1.80m	27.9	12	良好
	2号掺气坎（0+823.00） 挑坎高1.00m	38.7	26	良好
	3号掺气坎（0+923.00） 挑坎高0.40m	27.5	9.5	好
方案4	试验结果未能达到预期效果			
方案5				
推荐方案	1号掺气坎（0+703.00） 挑坎高1.30m，跌坎高1.40m	28.4（左） 31.5（右）	24~31.5	良好
	2号掺气坎（0+823.00） 挑坎高1.30m，跌坎高1.20m	36.5（左） 36.0（右）	0	好
	3号掺气坎（0+923.00） 挑坎高1.00m，跌坎高1.20m	40（左） 43（右）	0	好

右岸泄洪隧洞最终选定的掺气坎体型如下：

（1）工作闸门后采用突扩突跌形式，坎高1.50m，每孔左右侧分别突扩0.60m、1.00m。掺气形式为跌坎上游面进气。

（2）右泄0+703.00处布置1号掺气坎，坎高2.70m，其中挑坎高1.30m。掺气形式为两侧进气，通气孔尺寸为1.4m×2.5m。

（3）右泄0+823.00处布置2号掺气坎，坎高2.50m，其中挑坎高1.30m。掺气形式为两侧进气，通气孔尺寸为1.2m×2.5m。

（4）右泄0+923.00处布置3号掺气坎，坎高2.20m，其中挑坎高1.00m。掺气形式为两侧进气，通气孔尺寸为1.2m×2.5m。

试验表明：各掺气坎在各级水位下均能形成稳定的空腔。校核洪水位下1号掺气坎空腔长18~23.4m，内有回水，但回水只是偶尔到坎端，并且回水深度仅0.1~0.31m。2号掺气坎空腔长23.4~26.6m，回水阵发性地到坎端，深度仅0.2~0.45m。3号掺气坎空腔长28.8~31.5m，无回水。各掺气坎供气通畅，掺气效果良好。设计洪水位下各掺气坎空腔长度比校核洪水位下更长，回水更小。掺气坎空腔最大负压发生在设计洪水位（810.82m时）1号掺气坎处，为−4.41kPa，其余负压均在−0.21~−4.41kPa范围，满足规范不超过−5.0kPa要求。校核洪水位下掺气坎通气井最大风速为30.6m/s，设计洪水位下掺气坎通气井最大风速为40.7m/s，均发生在2号掺气坎处，满足规范小于60m/s的要求。右岸泄洪隧洞校核洪水位下泄洪流量为3257m³/s，无压洞最大流速为38.7m/s，沿程实测水深为12.8~7.01m，洞顶净空余幅均大于25%。

4.3.3 挑流鼻坎体型比选

左岸及右岸泄洪隧洞水头高，流量大，其最大泄洪流量均超过3000m³/s，单宽流量

超过 $270\mathrm{m}^3/(\mathrm{m}\cdot\mathrm{s})$，在前期设计时主要考虑采用挑流消能。如何分散入水水舌以及选择水舌落点，以减小对下游河床及岸坡的冲刷是消能工研究的重点。

该工程对左、右岸泄洪隧洞挑流鼻坎的体型进行了舌形鼻坎和窄缝两种体型的试验研究，经不同体型的综合分析，比较下游河床岸边流速及河床冲淤参数后，选定了最终方案。左岸及右岸泄洪隧洞的挑流鼻坎体型相同，见图 4.3-5。

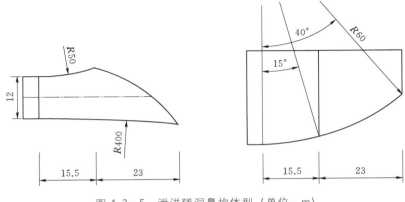

图 4.3-5　泄洪隧洞鼻坎体型（单位：m）

运行期，溢洪道为优先开启的泄洪建筑物，超过百年一遇洪水时溢洪道与泄洪隧洞联合泄洪。在设计洪水（$P=0.1\%$）时，溢洪道及泄洪隧洞联合运行，河床最大冲深9m，最大流速位于右岸，流速为 $6\sim7\mathrm{m/s}$。

泄洪隧洞在工程施工期参与中后期施工导流、放空水库。模型试验中当左岸泄洪隧洞单独运行、水库水位为792.00m 时，水舌虽挑离该岸，但掏刷左岸动定边界，河床最大冲深为14m，左、右岸岸边流速均在基岩抗冲流速6m/s 以下。在右岸泄洪隧洞单独运行、水库水位为792.00m 时，右岸泄洪隧洞挑流水舌落在河心附近，左岸岸坡流速达到 8m/s，河床最大冲深为3.7m；水库水位为740.00m 时，右岸泄洪隧洞水舌落在河心偏右附近，左岸岸坡流速为6.8m/s，河床最大冲深为8.5m，其余测点的岸边流速均在基岩抗冲流速6m/s 以下。

左岸泄洪隧洞在施工期未参与导流，在后期进行了原型观测试验。右岸泄洪隧洞施工期导流经历了长时间的过流，后又进行了原型观测试验。实际运行时，没有测量准确的岸坡流速，但护岸坡脚有局部掏空的情况，对此进行了回填混凝土的处理，岸坡混凝土未发生破坏。出挑坎水流扩散充分，形成扇形水舌挑入河中，挑流水舌外缘挑距比模型试验大，挑流消能的设计与预期基本一致。

4.3.4　通风减噪研究

右岸泄洪隧洞于2012年4—11月参与了后期导流，运行近7个月，其间闸门经过局部开启和全开全闭多次运行操作，泄流量为 $200\sim2610\mathrm{m}^3/\mathrm{s}$。运行过程中通过观察，闸后出流情况、明渠水流、挑流水舌形态均符合预期，水流掺气充分，但存在交通通风洞风速和噪声偏大的问题。工作闸门及通风洞洞口实测的噪声达到了 $102\sim109\mathrm{dB}$，通风洞内风速约107m/s。

由于通风洞内风速很高，且各部位噪声很大，因此对风速高、噪声大的原因以及降风速、减噪声措施进行了专项研究。研究采用物理模型试验与数值模拟相结合的方法，内容包括：测量无压段不同流量下水面线深度与洞顶余幅大小，测量闸室突扩突跌及各掺气坎掺气量，测量闸室通风洞、掺气坎上方掺气井及闸室、无压隧洞的通风量及风速，研究泄洪流量与掺气量及洞顶拖拽风速相关关系；测量各部位噪声大小，研究泄洪流量与通风、噪声的关系；对右岸泄洪隧洞通风设施改造方案进行效果研究，如工作闸门室增加通风井，对通风洞进出口体型进行改造以改善通风效果、降低噪声等。通风洞洞口改造纵剖面布置见图4.3-6。

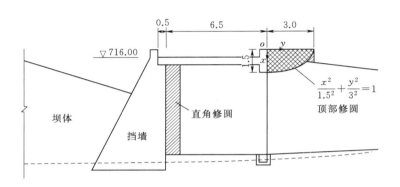

图4.3-6 通风洞洞口改造纵剖面布置图（单位：m）

针对该工程，通过研究可以得到以下结论：

（1）泄洪隧洞总通风量、通风洞风速及通风量随水位的增加而增加，闸室通风洞进风主要用来补充无压段洞顶拖拽风，影响总通风量的因素包括水流流速、洞顶余幅面积、通风洞面积等。经计算，该工程通风洞风速范围为84～148m/s，泄洪隧洞总通风量为3785～6559m³/s，通风洞风量约占总通风量的80%，3条顶部通风井约占总通风量的20%；左岸泄洪隧洞总的携气量接近4000m³/s，闸室通风井校核工况下计算典型断面最大风速为115m/s。

1）水流流速越大，拖拽风的风速越大，在进行通风量估算时，可近似地取风速为水流流速。

2）一般情况下洞顶余幅面积越大，通风量越大，直到达到某个上限值时，无压隧洞将产生出口逆补气现象，从而减小闸门室的通气量。此上限值与水流流速、隧洞长度等相关。一般情况下上限值远超规范要求的洞顶余幅面积。该工程只有在小流量泄洪时存在逆补气现象，在正常蓄水位闸门全部开启时，出口没有出现逆补气现象。由于无压隧洞进行洞内掺气，水流波动较剧烈，无论底掺气或表面掺气，都存在大量水气混合现象。因此在估算通气量时，洞顶余幅应考虑为静水洞顶余幅。

3）该工程由于泄洪隧洞的断面面积较大，闸门室通风洞面积远小于主洞洞顶余幅面积，因此会产生瓶颈效应，从而减小主洞通风量。随着通风洞面积增大，通风量也将增大，直至面积接近主洞洞顶余幅面积。

4）总结该工程泄洪隧洞实测资料，结合理论分析，总风量可按下式估算：

$$Q_风 = mv\left(A - \frac{Q_水}{v}\right) \tag{4.3-1}$$

式中　v——无压段最小断面处的水流流速，m/s；

　　A——无压段最小断面处的断面面积，m^2；

　　m——折减系数。

由于通风洞瓶颈效应，通风量比无压洞内的理论最大风量小，该工程通风洞面积为无压洞最小断面面积的18%，折减系数为0.8~0.9；对不同规模的泄洪建筑物，折减系数会有所不同，还需扩大研究样本进行进一步总结。

按式（4.3-1）计算右岸泄洪隧洞3000m^3/s泄量时总通风量为3360~3780m^3/s，通风洞平均风速为93~105m/s，与实测值相当。

由于泄洪隧洞通风的问题仅在超大型泄洪隧洞中才比较突出，以前国内还没有引起足够重视，相关研究较少，因此样本较少，公式（4.3-1）仅为对该工程的粗略估算，还需要进一步的研究、总结中不断完善。

（2）空气噪声大小的直接决定因素为气流紊动能及紊动能耗散率，而影响气流紊动能及紊动能耗散率大小的因素为气流流速、紊流状态等。因此降低噪声的措施主要包括降低风速，改善风道。左岸泄洪隧洞由于通风竖井位于闸室下游侧，同时向左右闸室通风，相比右岸泄洪隧洞从右侧通风，闸室的风速、紊动能及紊动能耗散率较小。

闸室噪声除出闸水流冲击流道及高速水流固有声源外，还包括气流在风道中的紊动及紊动能耗散引起的噪声。右岸泄洪隧洞风道噪声产生部位主要包括通风洞进口转弯处、通风洞出口、边墙内向闸门底坎通气的通气孔、闸门支臂附近等。左岸泄洪隧洞闸门竖井风速、紊动能及紊动能耗散率比较大的部位为边墙内向闸门底坎掺气的通风孔、通风竖井进口及出口；左岸泄洪隧洞主要为通风井进口和出口区域，闸室中向跌坎底部补气的通气孔进口区域。由于工作闸室内结构复杂，闸门及闸门支臂等机电设备的存在，且工作闸室及无压段气流流速主要受水流流速影响，气动噪声很难改善，加上水流噪声的存在，工作闸门室内噪声大是必然的。通过对通风设施进出口、沿程风道进行平滑、修圆处理等措施可有效改善空气流态，从而降低空气噪声。

（3）除通气风速较高导致的空气噪声较大外，高速水流本身的噪声也很大，且很难减小。工作门启闭机室为地下洞室结构，也是导致整体噪声水平很高的原因。在启闭机室内壁及底板布置隔音板，在启闭机室内布置隔音值班房等可降低噪声，改善工作环境，但考虑到泄洪隧洞运行机会不多，且闸门为远程控制，所以未采取隔音措施。

4.3.5　原型观测试验与对比分析

4.3.5.1　左岸泄洪隧洞原型观测

2014年9月7日，进行左岸泄洪隧洞的水力学原型观测试验，试验时上游水位为805.82m，电站出库流量为1080m^3/s。左岸泄洪隧洞水力学原型观测试验闸门开启情况见表4.3-3。

表 4.3－3　　　　　　　　左岸泄洪隧洞水力学原型观测试验闸门开启情况表

序号	工作闸门开启情况	1 号门		2 号门	
		开始时间/（时：分）	结束时间/（时：分）	开始时间/（时：分）	结束时间/（时：分）
1	闸门开启开度：0～20％（1.7m）	9：22	9：26	9：23	9：25
2	闸门开启开度：20％（1.7m）～40％（3.4m）	9：33	9：36	9：33	9：36
3	闸门开启开度：40％（3.4m）～60％（5.1m）	9：39	9：42	9：40	9：42
4	闸门开启开度：60％（5.1m）～80％（6.8m）	9：45	9：48	9：45	9：47
5	闸门开启开度：80％（6.8m）～全开	9：50	9：55	9：50	9：52
6	闸门全开～全关	10：45	11：04	10：45	11：05

1. 流态

模型试验表明：上游进口处流态较好，仅在库水位 800.00m 左右会出现一立轴漩涡。在校核洪水位 817.99m 工况下，水流出闸孔后形成四股不大的水翅，水翅无打击弧门支铰现象，墩尾处无水冠；无压段除了掺气坎附近水面偶尔溅到起拱线外，水面线总体平稳。当左岸泄洪隧洞工作门全开，水库水位从 721.00m 升至 728.16m 前，水流在挑流鼻坎内产生水跃，在出口形成跌流，当水位升至 778.84m 时，水舌挑离该岸。在设计洪水（$P=0.1\%$）工况下，上游库水位为 810.92m，下游库水位为 629.60m，左岸动定边界不冲，右岸动定边界有轻微冲刷，河床最大冲深为 9m，右岸 4 号导流隧洞出口右侧边坡岸边流速大于基岩抗冲流速（6m/s）。当左岸泄洪隧洞单独运行，水库水位为 792.00m 时，水舌虽挑离该岸，但掏刷左岸动定边界，河床最大冲深为 14m；左、右岸岸边流速均在基岩抗冲流速（6m/s）以下。

原型观测试验表明：左岸泄洪隧洞闸门全开时，库区及进水口水面平静；通气井口有阵发性的脱流漩涡。左岸泄洪隧洞闸门开启过程正常。水流短时间沿鼻坎坡脚下跌，随即顺利起挑。起挑过程水流自由面掺气充分，未见不利水力现象，出挑坎水流扩散充分，形成扇形水舌挑入河中。闸门全开稳定后，电站尾水平台后水面总体平稳，对电站尾水无不利影响。糯扎渡大桥岸边流速最大值为 4.27m/s。

模型试验与原型比较：模型试验及原型观测进水口流态完全一致，下游河道的泄洪消能效果较好。左岸泄洪隧洞过流边界体型、出口消能工水力学参数设计合理。

2. 动水压力

左岸泄洪隧洞模型试验与原型观测动水压强比较见表 4.3－4。

表 4.3－4　　　　　　　左岸泄洪隧洞模型试验与原型观测动水压强比较表

部　位	动水压强/kPa		部　位	动水压强/kPa	
	模型试验	原型观测		模型试验	原型观测
突扩突跌后	121.9	171.27	3 号掺气坎后	95.2	76.76
1 号掺气坎前	162.1	72.80	挑流鼻坎	216.9	218.98

水工模型试验成果与原型观测成果动水压力分布规律基本吻合，数值稍有不同。

3. 空腔负压

模型试验在汛限水位 804.00m 时空腔负压为 $-0.9\sim-2.2$kPa，负压均未超过 -5.0kPa。

原型观测掺气坎的空腔负压值总体随闸门开度的增加而增大，闸门全开时，突扩突跌区、3 号掺气坎最大空腔负压分别为 -18.01kPa、-27.97kPa。原型观测试验掺气坎空腔负压值比模型试验大，但负压测点过程线符合一般水力规律，各测点的主频均小于 1Hz，主频位于低频区，概率密度均为正态分布。

4. 空腔水力学参数

左岸泄洪隧洞模型试验与原型观测掺气浓度比较见表 4.3-5。原型观测试验掺气浓度与模型试验变化规律基本一致，在突扩突跌区域、3 号掺气坎区域，掺气浓度明显较模型试验大。通过比较，左岸泄洪隧洞底板的掺气浓度值均较大，掺气坎后冲击区的掺气浓度值较高，随后沿程衰减，到各道掺气坎保护段末仍能保持一定的掺气浓度。

表 4.3-5　　　　　　左岸泄洪隧洞模型试验与原型观测掺气浓度比较表

部　　位	掺　气　浓　度	
	模型试验（库水位为 804.00m）	原型观测（库水位为 803.73m）
距突扩突跌 60m	3.98%	10.11%
距 3 号掺气坎 117m	0.58%	2.8%

5. 风速

模型试验与原型观测各部位风速比较见表 4.3-6。原型观测试验闸室段通气井风速、1~3 号补气洞洞内最大风速明显较模型试验大。模型试验在通风量及风速上相似性较差。

表 4.3-6　　　　　　模型试验与原型观测各部位风速比较表

部　　位	风　　速/(m/s)	
	模型试验（校核洪水位为 817.99m）	原型观测（上游水位为 805.82m）
1 号掺气坎通风井	36.3	—
2 号掺气坎通风井	27.4	—
3 号掺气坎通风井	26.2	86
闸室通风竖井	—	98.8

6. 水舌轨迹及岸边流速

模型试验与原型观测轨迹比较见表 4.3-7，模型试验挑流流态见图 4.3-7，原型观测挑流流态见图 4.3-8。原型观测试验挑流水舌外缘挑距比模型试验大，左岸泄洪隧洞出口右岸回流流速、电站尾水回流流速比模型试验小。左岸泄洪隧洞泄洪对糯扎渡大桥区域流速影响不大，未见水流掏刷大桥基础等不利水力现象。

表 4.3-7 模型试验与原型观测轨迹比较表 单位：m

挑流参数	模型试验 （设计洪水位为 810.92m）	原型观测 （上游水位为 805.82m）	备 注
外缘挑距	142	190.991	原型观测挑流水舌挑距 比模型试验大
内缘挑距	32	83.475	
水舌最高点	673.9	678.467	

图 4.3-7 左岸泄洪隧洞模型试验库
水位 792.00m 挑流流态

图 4.3-8 左岸泄洪隧洞原型观测试验库
水位 805.00m 挑流流态

4.3.5.2 右岸泄洪隧洞原型观测

2014 年 9 月 5 日，进行右岸泄洪隧洞的水力学原型观测试验，试验时上游水位为 803.73m，电站出库流量为 814m³/s。右岸泄洪隧洞水力学原型观测试验闸门开启情况见表 4.3-8。

表 4.3-8 右岸泄洪隧洞水力学原型观测试验闸门开启情况表

序号	工作闸门开启情况	1号门		2号门	
		开始时间/ （时：分）	结束时间/ （时：分）	开始时间/ （时：分）	结束时间/ （时：分）
1	闸门开启开度：0~20%（1.7m）	9：33	9：36	9：31	9：35
2	闸门开启开度：20%（1.7m）~40%（3.4m）	9：41	9：44	9：42	9：44
3	闸门开启开度：40%（3.4m）~60%（5.1m）	9：50	9：52	9：49	9：52
4	闸门开启开度：60%（5.1m）~80%（6.8m）	9：55	9：57	9：55	9：57
5	闸门开启开度：80%（6.8m）~全开	10：04	10：06	10：04	10：06
6	闸门全开~全关	10：23	10：39	10：23	10：43

1. 流态

原型观测与模型试验进水口流态基本一致。右岸泄洪隧洞闸门全开时，库区及进水口水面平静，闸门操作室底板有震感，通风洞洞口有空气脱流现象。右岸泄洪隧洞闸门开启过程中，闸门操作室无异常现象。水流短时间沿鼻坎坡脚下泄，随即顺利起挑，鼻坎内水流起挑过程未见不利水力现象。出挑坎水流起挑充分，水流出舌型鼻坎后形成扇形水舌挑入河道。闸门全开稳定后，电站尾水平台后水面总体平稳，挑流水舌没有明显引起水面波动，对电站尾水无不利影响。泄水后的调查表明，右岸泄洪隧洞两侧边墙有明显的水印痕迹，水印痕迹距洞顶有一定距离，表明泄洪隧洞泄洪时水流未冲击顶拱。

2. 动水压力

右岸泄洪隧洞模型试验与原型观测动水压强比较见表 4.3 - 9。

水工模型试验成果与原型观测成果动水压力分布规律基本吻合，数值稍有不同。

表 4.3 - 9 右岸泄洪隧洞模型试验与原型观测动水压强比较表

部　　位	动水压强/kPa	
	模型试验	原型观测
突扩突跌后	95.9	70.02
1 号掺气坎前	194.1	201.09
3 号掺气坎后	70.7	30.25

3. 空腔负压

模型试验各掺气坎空腔负压为 -0.21～-4.41kPa，负压均未超过-5.0kPa。原型观测中突扩突跌区域、3 号掺气坎的空腔负压值随闸门开度的增加而增大。闸门全开时，突扩突跌区、3 号掺气坎最大空腔负压分别为-37.57kPa、-16.84kPa。原型观测试验掺气坎空腔负压值比模型试验大，但负压测点过程线符合一般水力规律，概率密度均为正态分布。

4. 空腔水力学参数

右岸泄洪隧洞模型试验与原型观测掺气浓度比较见表 4.3 - 10。右岸泄洪隧洞掺气浓度变化规律与左岸泄洪隧洞一致。原型观测试验实测掺气浓度较模型试验值明显偏大。相比左岸泄洪隧洞，右岸泄洪隧洞的掺气浓度略大。

表 4.3 - 10 右岸泄洪隧洞模型试验与原型观测掺气浓度比较表

部　　位	掺　气　浓　度/%	
	模型试验（库水位为 804.00m）	原型观测（库水位为 803.73m）
距突扩突跌 50m	4.28	11.6
距 1 号掺气坎 108m	1.59	—
距 3 号掺气坎 105m	—	7.20

5. 风速

模型试验与原型观测各部位风速比较见表 4.3 - 11。原型观测试验闸室段通气井风速、1～3 号补气洞洞内最大风速明显较模型试验大。模型试验在通风量及风速上相似性较差。

表 4.3 - 11 模型试验与原型观测各部位风速比较表

部　　位	风　　速/(m/s)	
	模型试验（校核洪水位为 817.99m）	原型观测（上游水位为 805.82m）
1 号掺气坎通风井	33.5	—
2 号掺气坎通风井	33.5	—
3 号掺气坎通风井	26.3	80.7
闸室通风洞	—	122.2

6. 水舌轨迹及岸边流速

模型试验与原型观测轨迹比较见表 4.3 - 12，模型试验挑流流态见图 4.3 - 9，原型观测挑流流态见图4.3-10。原型观测试验挑流水舌外缘挑距比模型试验稍大，左岸泄洪隧洞出口右岸回流流速、电站尾水回流流速比模型试验小。右岸泄洪隧洞泄洪对糯扎渡大桥区域流速影响不大，未见水流掏刷大桥基础等不利水力现象。

表4.3-12　　　　　　　　　　模型试验与原型观测轨迹比较表　　　　　　　　单位：m

挑流参数	轨　　　迹	
	模型试验（设计洪水位为810.92m）	原型观测（上游水位为803.73m）
外缘挑距	140	98.356
内缘挑距	60	37.601
水舌最高点	678.9	659.891

图4.3-9　右岸泄洪隧洞模型试验库
水位792.00m挑流流态

图4.3-10　右岸泄洪隧洞原型观测试验库
水位804.00m挑流流态

4.4　主要设计特点及创新技术

（1）利用左岸山凹地形布置溢洪道，尽可能地利用有利地形，减少了溢洪道开挖量及两岸边坡高度。溢洪道宽151.5m，最大长度865.517m，工程规模较大。由于充分利用了地形条件，泄槽段边坡最高仅70m，闸室段坝顶高程以上无开挖边坡，大大减小了开挖量及边坡治理难度。

（2）设计了合理的掺气坎布置及体型，解决了超大泄洪功率溢洪道的空化空蚀问题。设计过程中做了多项水力学模型试验对溢洪道水力学问题进行研究，包括枢纽整体水工模型试验、溢洪道消力塘护岸不护底模型试验（整体）溢洪道掺气减蚀试验、减压模型试验等。根据模型试验成果结合理论计算及工程经验，确定了溢洪道掺气减蚀设施的布置及体型。溢洪道采用挑坎加跌坎式的掺气设施，掺气坎间距为100~130m，掺气坎两侧设置掺气井与大气连通。试验成果表明，设计体型合理，无不良流态出现；掺气坎体型及间距设置合理，掺气充分，不会发生空化空蚀破坏。

（3）溢洪道泄洪功率巨大，挑流消能的水流冲刷问题突出。针对这个问题，设计采用了3种措施：①溢洪道挑流鼻坎采用渐退式布置，相互错开，以分散水舌落点，减小水流对溢洪道底板及两岸的冲刷；②合理拓宽消力塘宽度，以减小水流对两岸的冲刷，保证边坡稳定；③消力塘采用护岸不护底设计，允许消力塘底板存在冲坑，不影响工程安全的同时减小了工程量及施工难度。根据溢洪道消力塘护岸不护底试验研究，当消力塘底冲料按7m/s抗冲流速设计时，校核工况下底板最大冲坑深度14.7m，左岸坡脚最大冲坑深度7.9m，左岸坡脚齿槽深度10m，可以保证左岸高边坡稳定。

（4）溢洪道有 F_1、F_3 及 F_{35} 等 I 级、II 级结构面经过，底板基础较差。为提高基础承载力，对闸室、泄槽及挑流鼻坎底板进行固结灌浆处理，灌浆规模较大，超过 4 万 m^2，约占溢洪道底板总面积的 30％。泄槽固结灌浆区深挖 1m 做混凝土置换，并加密底板锚固。处理后声波测速及压水试验检查均满足设计要求，基础满足承载力要求。

（5）溢洪道流速较高，泄槽底板横向结构缝处理不好，将会大大增加空蚀破坏的风险，因此对横向结构缝的处理要求较高。该工程采用尽量减少横缝数量的设计思路，仅在掺气槽后的起始位置设横向伸缩缝，横缝间距为 65～128m，使挑坎形成的有效空腔跨越横缝，避免了横缝遭受高速水流冲击，减少了空蚀破坏的风险。长距离的横缝间距同时方便了滑模施工，简化了施工工艺。

（6）溢洪道消力塘左侧边坡最大开挖高度约 260m，边坡高度较高，局部存在不利结构面组合，稳定性差。针对消力塘高边坡进行了专题研究，做了一般工况及雾化雨工况下的边坡稳定计算分析，根据施工及监测信息，对边坡开挖过程中的岩石力学参数进行了反演分析，以此为基础对边坡进行施工期和长期的稳定分析，为边坡开挖工程的动态设计提供依据。消力塘边坡综合采用分台阶开挖、边坡防排水系统、系统喷锚支护、预应力锚索等处理措施，目前监测资料显示，消力塘边坡处于稳定状态。

（7）对左岸及右岸泄洪隧洞进行了不同内容、不同几何比尺的常压模型试验及减压箱模型试验，对工作闸门后突扩突跌、无压段掺气减蚀、泄洪隧洞泄流能力及流态、重点部位的水流空化数及初生空化数等进行了研究。泄洪隧洞闸室段掺气采用突扩突跌体型，无压段设置了 3 道掺气坎，各掺气设施间距约 130m，洞顶布置掺气井（洞）与外界大气连通。模型试验及右岸初期运行情况表明，泄洪隧洞体型设计合理，掺气充分。右岸泄洪隧洞经过长达 200 余天的运行，最大泄量为 2600m³/s，下闸检查发现除局部产生小的破坏（面积不超过 1m²，深度不超过 7cm）外，流道没有发生大的空蚀破坏。

（8）该电站坝高库深，泄洪隧洞水头较高，为保证工程安全，泄量分配上充分利用了开敞式溢洪道的泄流能力。校核工况下，溢洪道泄量占总泄量的 83.4％，在一条泄洪隧洞无法打开的情况下，坝顶高程也可满足挡水要求，大大降低了泄洪风险，有足够的安全裕度。

（9）根据模型试验及泄洪雾化研究，下游右岸岸坡为泄洪雾化影响最大的区域。在对下游右岸边坡进行了"开挖方案""锚固洞方案"及"排水洞强排水方案"的比较后，最终选择了开挖支护工程量最小，且可以保持自然地貌，更加生态环保的"排水洞强排水方案"。右岸下游雾化区边坡内布置了 4 条排水洞，洞长 425～737m，洞顶布置了 12m 深排水孔，可满足坡内排水的要求，减小边坡水压力。同时坡面上纵横向均布置了截水沟，尽量减小雾化暴雨对坡面的冲刷，保证边坡稳定。

第 5 章

引水及尾水建筑物

糯扎渡水电站共布置 9 台单机容量为 650MW 的发电机组，总装机容量为 5850MW。根据枢纽工程总体布置比选，引水发电系统布置在左岸溢洪道和左岸泄洪隧洞之间，与溢洪道近平行。引水发电系统透视图见图 5.0-1，纵剖面图见图 5.0-2。

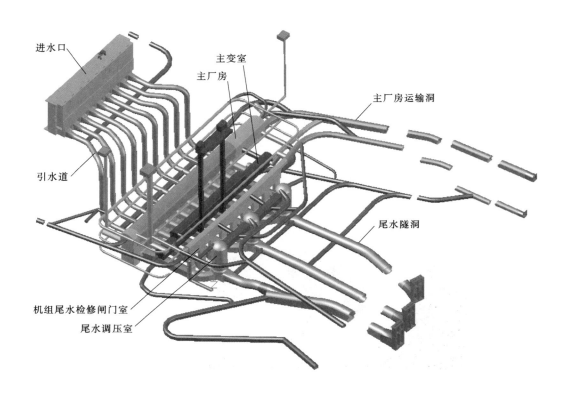

图 5.0-1　引水发电系统透视图

引水发电系统包括引水建筑物、地下发电厂房建筑物和尾水建筑物。

引水建筑物按单机单管布置，电站进水口布置在勘界河左岸，单机引用流量为 $381m^3/s$。

尾水建筑物按三机共用一座调压室、一条尾水隧洞的方式布置，其中 1 号尾水隧洞与 2 号导流隧洞相结合。尾水调压室采用圆筒阻抗式。

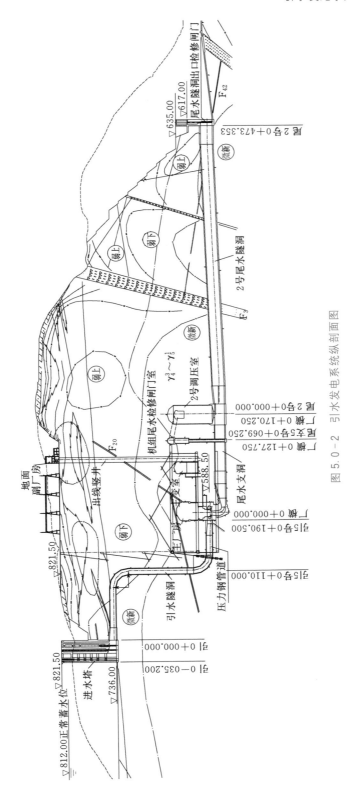

图 5.0 - 2　引水发电系统纵剖面图

5.1 引水建筑物布置

引水建筑物由电站进水口、引水隧洞和压力钢管组成。

5.1.1 电站进水口

电站进水口布置在勘界河左岸，较好地利用了勘界河的有利地形，开挖量小，边坡也不高。进水塔下游边墙距主厂房上游边墙 190.5m，左边缘距溢洪道右边墙 38.58m。为了减小对溢洪道泄流的影响，引水道采用对称收缩、独立的岸塔式单管单机形式布置。

进水口引渠长为 130～210m，底宽为 225m，底坡为 0。为尽可能减少推移质及施工弃渣进入引水隧洞，引渠底板高程比进水口低 1.5m，为 734.50m。引渠底板基础大部分为新鲜的花岗岩和沉积角砾岩，岩石整体稳定性好，强度满足要求，不用进行衬护。

进水塔与主厂房平行布置，前沿长度 225m，塔顶部位因布置门机轨道需要，以悬挑牛腿型式向 1 号、9 号机外侧各悬挑 5.6m，增加塔顶平台长度至 236.2m，塔体顺水流方向宽 35.2m，最大高度为 88.5m。进水塔高程 780.00m 以下部分紧靠后部直立边坡，高程 780.00m 以上进水口边坡因地形、地质条件原因放缓开挖坡比而与塔体分离。取水口底板高程为 736.00m，塔顶高程同大坝坝顶高程为 821.50m。

进水塔顺水流向依次布置工作拦污栅、检修拦污栅（叠梁闸门）、检修闸门、事故闸门和通气孔；其中检修拦污栅与叠梁闸门共用检修拦污栅槽。拦污栅按每台机 4 孔布置，孔口尺寸为 3.8m×66.5m（宽×高）；叠梁闸门最大挡水高程为 774.04m，叠梁闸门按每台机 4 孔布置，孔口尺寸为 3.8m×38.04m（宽×高），分成 3 节，每节高度均为 12.68m；在叠梁闸门之后按单机单孔布置闸门，检修闸门孔口尺寸为 7m×12m，事故闸门孔口尺寸为 7m×11m，通气孔孔口尺寸为 7m×2m。

进水塔对外交通分别通过位于 1 号塔、7 号塔的两座交通桥与公路连接，可满足施工后期及运行期交通要求。两座交通桥均为预应力混凝土简支箱梁桥，桥面宽 6.0m，行车道宽 4.9m，设计荷载汽-55，挂-120。1 号桥桥跨布置为 2m×25m，全长 51.380m；2 号桥桥跨布置为 3m×25m，全长 81.02m。

进水口上游在勘界河口设置永久拦污漂。

为了减免下泄低温水对下游生态的影响，电站进水口采取多层叠梁闸门分层取水方式。电站多层叠梁闸门分层取水口设计是该工程建设的一大创新点。

5.1.2 引水隧洞

进水塔后为 1～9 号引水隧洞，内径 9.2m，各引水隧洞总长依次为 330.304m、326.838m、323.735m、321.283m、320.356m、321.283m、323.735m、326.838m 和330.304m。由进口渐变段、上平段、上弯段、竖井段、下弯段、下平段组成。

进口渐变段和上平段中心线高程为 740.60m，下平段中心线高程为 589.30m，其中靠近厂房设置 18m 长的锥管段，中心线高程由 589.30m 降至机组安装高程 588.50m。上弯段和下弯段管道中心线转弯半径均为 25m，中心角均为 90°。

9 条引水隧洞前段轴线间距均为 25m，竖井及后段轴线间距均为 34m。

上平段前 20m 为渐变段，断面尺寸由 7m×11m 矩形断面渐变为 9.2m 直径的圆形断面，衬砌厚度为 1.5m。其余洞段断面均为圆形，其中：上平段、上弯段和竖井段内径为 9.2m，衬砌厚度为 0.8m，过断层处衬砌厚度为 0.85m；竖井末端 10m 范围为圆形渐缩段，内径为 9.2~8.8m，衬砌厚度为 0.8m；下弯段内径为 8.8m，衬砌厚度为 0.8m；下平段总长 55.5m，为压力钢管段。

引水隧洞平面布置见图 5.1-1。

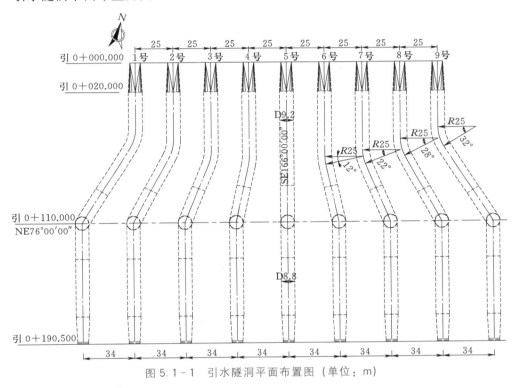

图 5.1-1 引水隧洞平面布置图（单位：m）

引水隧洞所在部位地质条件较好，以Ⅱ类、Ⅲ类围岩为主，岩性为花岗岩。上平段和竖井上段为弱风化下部，竖井下段和下平段为微新岩体，岩体新鲜、完整。穿过引水隧洞的Ⅲ级断层有 F_{20}，位于引水隧洞下平段。两组陡倾角节理在隧洞下平段未构成不稳定块体。

引水隧洞基本支护参数见表 5.1-1。

表 5.1-1   引水隧洞基本支护参数表

围岩类别	支 护 参 数	开挖直径/m	主要部位
Ⅳ	顶拱 270°范围内设砂浆锚杆 Φ25@1.5m×1m，长度为 6.0m/4.5m，交错布置，喷 C20 混凝土，厚 0.2m，钢筋网 φ6.5@0.2m×0.2m，格构架 4Φ28@1.0m（与锚杆焊接），连接筋 Φ25@0.5m；底拱 90°范围内设砂浆锚杆 Φ25@2m×2m，长度为 3.0m，交错布置	11.2	上平段和上弯段上游侧 30°范围

续表

围岩类别	支 护 参 数	开挖直径/m	主要部位
Ⅲ	顶拱270°范围内设砂浆锚杆 Φ25@2m×2m，长度为4.5m，交错布置，喷C20混凝土，厚0.15m，钢筋网 φ6.5@0.2m×0.2m；底拱90°范围内设砂浆锚杆 Φ25@2m×2m，长度3.0m，交错布置	11.1	上平段和上弯段上游侧30°范围
Ⅲ	全断面内设砂浆锚杆 Φ25@2m×2m，长度为4.5m，交错布置，喷C20混凝土，厚0.15m，钢筋网 φ6.5@0.2m×0.2m	11.1	上弯段下游侧60°范围
Ⅱ	全断面内设砂浆锚杆 Φ25@2m×2m，长度为4.5m，交错布置，喷C20混凝土，厚0.1m，视需要设置钢筋网φ6.5@0.2m×0.2m	11	竖井段
Ⅱ	全断面内设砂浆锚杆 Φ25@2m×2m，长度为4.5m，交错布置，喷C20混凝土，厚0.1m	10.6	下弯段上游侧60°范围
Ⅱ	顶拱270°范围内设砂浆锚杆 Φ25@2m×2m，长度为4.5m，交错布置，喷C20混凝土，厚0.1m；底拱90°范围内设砂浆锚杆 Φ25@2m×2m，长度为3.0m，交错布置	10.6	下弯段下游侧30°范围
Ⅱ	顶拱270°范围内设砂浆锚杆 Φ25@2m×2m，长度为4.5m，交错布置，喷C20混凝土，厚0.1m；底拱90°范围内设砂浆锚杆 Φ25@2m×2m，长度为3.0m，交错布置	10.2	下平段
Ⅱ	顶拱270°范围内设砂浆锚杆 Φ25@2m×2m，长度为4.5m，交错布置，喷C20混凝土，厚0.15m，钢筋网 φ6.5@0.2m×0.2m；底拱90°范围内设砂浆锚杆 Φ25@2m×2m，长度为3.0m，交错布置	10.3	下平段靠近厂房段

5.1.3 压力钢管

引水隧洞下平段55.5m为压力钢管。前32m内径为8.8m，回填混凝土厚度为0.8m；后接18m圆形渐缩段，内径为8.8~7.2m；厂前最后5.5m内径为7.2m，回填混凝土厚度为0.8~2.2m。

压力钢管为地下埋管，考虑到该工程压力钢管承受的内、外水压力较高（最大静水头为215m，最大水击压力为30.5m，外水压力计算水头为60m），管径较大等实际情况，为减小钢管壁厚并方便施工，钢材选用610级高强钢板。压力钢管第一段长41m，按埋管的强度设计值和结构系数控制；第二段长14.5m，按明管的强度设计值和结构系数控制。经计算，管壁厚度为40~56mm。

为有效降低库水顺压力钢管外壁和混凝土间接合面的渗漏，避免钢管承受过大外压，在距压力钢管起始端200mm处管壁外开始连续设三道阻水环。

5.2 尾水建筑物布置

尾水建筑物由尾水支洞、机组尾水检修闸门室、尾水调压室、尾水隧洞、尾水出口建筑物、尾水出口边坡组成。

5.2.1 尾水支洞

1~9号尾水支洞呈平行布置，洞轴线间距同机组中心间距为34m，洞线方位角与引水道轴线方向一致，均为SE166°，隧洞底板为平坡设计，高程为563.50m。

1号、3号、4号、6号、7号、9号尾水支洞长均为110.903m，2号、5号、8号尾水支洞长均为 94.6m。9 条支洞前 20m 为城门洞形渐变段,净空尺寸由 12m×15m 渐变为 11m×15m,衬砌厚度为 1.8m,其余洞段均为城门洞形断面型式,净空尺寸为 11m×15m,顶拱中心角为 106°15′37″,半径为 6.875m,侧墙和底板的衬砌厚度为 1.5m,顶拱采用变厚度的衬砌,厚度为 1～1.5m。

2 号、5 号、8 号尾水支洞沿原轴线方向在经过机组尾水检修闸门室后分别接入 1 号、2 号、3 号尾水调压室,1 号、3 号、4 号、6 号、7 号、9 号尾水支洞在机组尾水检修闸门室下游边墙下游侧 1.2m 处开始以中心角为 60°、轴线半径为 30.952m 平面转弯分别接入 1 号、2 号、3 号尾水调压室。

5.2.2　机组尾水检修闸门室

机组尾水检修闸门室布置在主变室和尾水调压室之间,轴线距主厂房轴线 116.25m,轴线方向同主厂房方位角 NE76°。高程 619.50m 以下布置 1～9 号尾水闸门井,其下部尾水检修闸门孔口尺寸为 11m×15m,中心线间距 34m,底板高程为 563.50m。检修闸门运行方式为静水启闭,采用布置在机组尾水检修闸门室上部的台车式启闭机启闭。在高程 643.00～639.50m 范围上、下游边墙部位各布置一根岩台吊车梁作为台车式启闭机的运行平台。高程 643.00m 启闭机平台 9 号机一侧,机组尾水检修闸门室通过尾水检修闸门运输洞与厂外交通连通。为减少机组尾水检修闸门室之间涌波影响,在 3 号、4 号闸门井之间,6 号、7 号闸门井之间高程 619.50～629.50m 设置混凝土中隔墙,厚 2m。

机组尾水检修闸门室开挖断面为长廊竖井型式,高程 618.50～578.50m 为矩形断面的闸门竖井,其中高程 590.00m 以下尺寸为 17m×7.6m,高程 590.00m 以上尺寸为 15.4m×6.1m;高程 618.50～639.50m 为矩形长廊,长 291.3m,宽 8.3m;高程 639.50m 以上为城门洞形长廊,长 314.15m,宽 11m,机组尾水检修闸门室最大开挖高度为 92m。

机组尾水检修闸门室高程 590.00m 以下衬砌厚度为 1.8m,高程 591.60m 以上至锁定平台(高程 619.50m)衬砌厚度为 1m,混凝土强度 C25,矩形断面。

岩台吊车梁高程 642.50m 和 642.00m 处分别布置一排受拉锚杆,Φ36@0.5m,入岩 7m,长度 9m,交错布置。高程 641.50m 布置上排系统锚杆,Φ36@2m,入岩 7.5m,长度 9m,高程 640.00m 布置下排系统锚杆,Φ28@2m,入岩 4.5m,长度 6m,与上排系统锚杆交错布置。高程 639.50m 岩台布置一排受压锚杆,Φ36@0.5m,入岩 7m,长度 9m。

机组尾水检修闸门室剖面图见图 5.2-1。

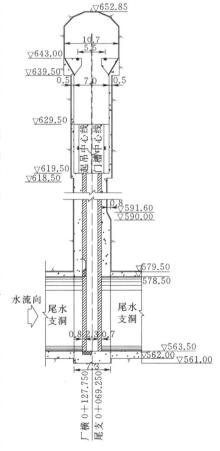

图 5.2-1　机组尾水检修闸门室剖面图(单位:m)

5.2.3 尾水调压室

尾水调压室布置在机组尾水检修闸门室下游侧"厂横 0+170.250"桩号处,与尾水检修闸门室轴线距离 42.5m,尾水调压室中心间距 102m。尾水调压室采用"三机一井"布置,结构型式采用带上室的圆筒阻抗式调压室。3 个尾水调压室上部之间由连通上室连接。

尾水调压室顶拱为球冠形,穹顶高程为 652.80m,下部为圆筒形。1 号调压室球冠中心角为 138°00′33″,半径为 15.531m,圆筒内径为 27.8m,高程 643.00~590.00m 衬砌厚度为 0.6m,高程 590.00~585.00m 衬砌厚度为 0.6~3.1m,高程 585.00m 以下衬砌厚度为 3.1m;2 号、3 号调压室球冠中心角为 130°49′01″,半径为 17.046m,圆筒内径为 29.8m,高程 643.00~588.00m 衬砌厚度为 0.6m,高程 588.00~585.00m 衬砌厚度为 0.6~2.1m,高程 585.00m 以下衬砌厚度为 2.1m。圆形阻抗孔孔口直径为 10.5m,阻抗板厚度自孔口至井壁部位为 2~4m。调压室底部为平面四岔口——上游与 3 条尾水支洞连通,下游与 1 条尾水隧洞连通,立体五岔口——顶部与调压室井筒连通的结构型式,底板高程为 563.50m,底板和边墙衬砌厚度均为 2.5m。尾水调压室之间连通上室的底板高程为 626.50m,1 号、2 号调压室之间长 72m,2 号、3 号调压室之间长 71m,断面为城门洞形,净空尺寸为 12m×16.35m,顶拱中心角为 90°20′17″,半径为 9.87m,底板和边墙衬砌厚度为 1.0m,顶拱无衬砌。连通上室上游边墙在 1 号和 2 号调压室、2 号和 3 号调压室中间位置布置两条通风洞与尾水检修闸门室连通,尾水检修闸门室一端底板高程为 643.00m,连通上室一端底板高程为 637.00m,通风洞长 30.6m,断面为城门洞形,净空尺寸为 6.8m×6.8m,顶拱中心角为 111°35′21″,半径为 4.111m。

尾水调压室规模巨大,可行性研究阶段内径达 33m,高度超过 90m,又是三机共用一室,上部是三室连通,下部有 5 个岔口,水力设计和结构设计都较为复杂。施工图阶段优化了体型,2 号、3 号调压室内径减小为 29.8m,1 号调压室由于利用了 2 号导流隧洞,内径更是减小到 27.8m。为此,又开展了数值模拟计算、模型试验、结构分析等工作。

尾水调压室体型的优化减小了投资,加快了施工进度,取得了可观的经济效益。

5.2.4 尾水隧洞

1 号、2 号、3 号尾水隧洞分别自 1 号、2 号、3 号尾水调压室下游引出,3 条隧洞前段平行布置,方位角均为 SE166°,洞轴线间距 102m,后段间距渐缩。1 号尾水隧洞与 2 号导流隧洞结合。尾水建筑物平面布置见图 5.2-2。

尾水隧洞典型断面采用圆形断面型式,内径为 18m,地质条件良好洞段衬砌厚度为 0.6m,地质条件不良洞段衬砌厚度为 1.6m,其他洞段衬砌厚度为 1.2m。

1 号尾水出口检修闸门室前 30m 范围为渐变段,由 16m×21m 城门洞形断面渐变为 18m×21m 方形断面,2 号、3 号尾水出口检修闸门室前 30m 范围为渐变段,由直径 18m 的圆形断面渐变为 8m×18m 矩形断面,衬砌厚度为 1.8m。

尾水隧洞基本支护参数见表 5.2-1。

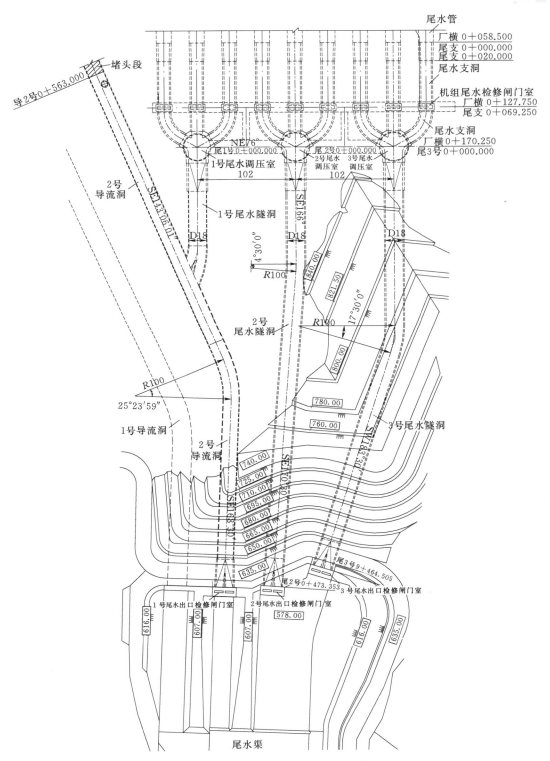

图 5.2-2　尾水建筑物平面布置图（单位：m）

表 5.2-1　　　　　　　　　　　　尾水隧洞基本支护参数表

围岩类别	支 护 参 数	开挖半径 /m	主要部位
Ⅱ	顶拱 270°范围内设系统锚杆 Φ25@3m×3m，长度为 4.5m，交错布置，喷 C20 混凝土，厚 0.1m；底拱 90°范围内设系统锚杆 Φ25@3m×3m，长度为 3.0m，交错布置	9.7	
Ⅲ	顶拱 270°范围内设系统锚杆 Φ28@2m×2m，长度为 3m，交错布置，喷 C20 混凝土，厚 0.15m，钢筋网 φ6.5@0.2m×0.2m；底拱 90°范围内设系统锚杆 Φ25@2m×2m，长度为 3.0m，交错布置	10.35	
Ⅳ	顶拱 270°范围内视需要设置超前锚杆 Φ25，长度为 4.5m，设系统锚杆 Φ28@2m×1m，长度为 6m（9m），交错布置，喷 C30 钢纤维混凝土，厚 0.25m，视需要设置钢支撑 Ⅰ20b，间距 1.0m，连接筋 Φ25@0.5m；底拱 90°范围内设系统锚杆 Φ25@2m×2m，长度为 4.5m，交错布置	10.45	
Ⅴ	顶拱 120°管棚支护，搭接长度为 1.5m，φ42 间距 0.3m，长度为 6m，内插 Φ25 钢筋，长度 4.5m；顶拱 270°范围内设系统锚杆 Φ28@2m×0.5m，长度为 6m（9m），交错布置，喷 C30 钢纤维混凝土，厚 0.25m，设置钢支撑 Ⅰ20b，间距 0.5m，连接筋 Φ25@0.5m；底拱 90°范围内设系统锚杆 Φ25@2m×2m，长度为 4.5m，交错布置	10.85	F₃ 影响范围

5.2.5　尾水出口建筑物

电站尾水出口建筑物包括：1 号、2 号、3 号尾水出口检修闸门室和相应的启闭机室，尾水渠及其护岸。尾水出口位于 1 号导流隧洞出口左侧，顺水流方向依次为 1 号、2 号、3 号尾水出口。

1 号、2 号、3 号尾水出口检修闸门室均设两孔检修闸门，孔口尺寸为 7m×18m。闸门室塔体垂直水流方向宽 25m，沿水流方向长 10m，1 号闸门室高度为 62m，2 号、3 号闸门室高度为 60m。高程 615.00m 以下部分紧靠后部直立边坡，高程 615.00m 以上边坡因地形、地质条件放缓开挖坡比与闸门室分离。导流隧洞运行期间，1 号闸门室底板高程为 576.00m，导流工况完成后底板浇筑至 579.00m，上游侧以 1：4 的坡比与渐变段底板衔接。2 号、3 号闸门室底板高程为 578.00m。每孔闸门上游侧设 0.8m×0.8m 通气孔，通气孔内设爬梯。闸门中墩和边墩下游侧修圆，半径为 2m。闸门锁定平台高程为 617.00m。塔体顶高程为 635.00m。对外交通通过在闸门室后回填石渣与高程 635.00m 公路连接，可满足施工后期及运行期交通要求。启闭机室位于高程 635.00m 平台以上，为两层现浇混凝土框架楼板式结构，启闭机平台高程为 644.00m。

尾水出口检修闸门室为岸塔式，与岸坡岩体紧密地连接在一起，连接高度达 42m，约占塔体总高度的 70%，并且设有锚杆连接。尾水出口检修闸门室对称布置，荷载对称，稳定性较好。

为减少开挖，方便运行，1 号导流隧洞出水渠和 1 号尾水渠间、1 号和 2 号尾水渠间预留岩埂，顶高程为 607.00m。1 号尾水渠底板和两侧岩埂边坡覆盖 2m 厚 C30 混凝土。2 号尾水渠底板和右侧岩埂边坡覆盖 1m 厚 C20 混凝土。拦渣坎下游侧底板覆盖 1m 厚 C20 混凝土。1 号尾水渠按导流要求设计，全长 139.85m，底宽 25m；出口平底段长

44.85m，底高程为576.00m，后接斜坡段长95m，底坡为20％。为了减少石渣进入尾水隧洞，在斜坡段顶部设钢筋混凝土拦渣坎，坎高2m。

2号和3号尾水出口间由于岩体破碎，难于形成岩埂，共用尾水渠，宽56~66m。2号尾水出口检修闸门室出口平底段长3.748m，底高程为578.00m，后接斜坡段长139.13m，底坡为11.5％。3号尾水出口检修闸门室出口平底段长26.678m，底高程为578.00m，后接斜坡段长139.13m，底坡为11.5％。为了减少石渣进入尾水隧洞，在斜坡段顶部设钢筋混凝土拦渣坎，坎高2m。

拦渣坎下游共用尾水渠底高程为594.00m，尾水渠末端与左岸下游护岸连接。

以上底板均设置排水孔$\phi50@3m\times3m$，深入基岩1m。底板有断层F_1出露的位置做2m厚的C15混凝土塞。

尾水渠高程635.00m以下边坡进行C20混凝土护坡，厚度为1~0.8m。

5.2.6 尾水出口边坡

尾水出口边坡是由3条尾水隧洞和1号导流出口开挖形成的边坡，正面边坡的高度为223m，坡脚高程为577.00m，坡顶高程为800.00m，见图5.2-2。

对尾水出口边坡进行刚体极限平衡稳定性分析，尾水出口边坡整体是稳定的，存在局部由结构切割形成的组合块体破坏，需采用锚杆、锚索、挂钢筋网、喷混凝土等综合支护措施。

5.3 分层取水设计研究

5.3.1 分层取水的由来

我国早期建设的水电站大多数利用单层取水，主要满足发电的要求。近年来，由于水电工程建设的规模越来越大，水库库容和水位变幅不断增加，水库垂向温度分布呈分层现象，上层温度较高称为温水层；下层温度较低称为深水层；中间的过渡段称为温跃层。单一从库区深层取水，会给下游农业和其他生态环境带来许多不利的影响。因此，人们不断寻求最合理的方法维持生态平衡，防止或减轻环境、水源、大自然污染。随着国家越来越重视环保工作，工程建设必须考虑生态环境的保护问题，在水利水电工程建设中设置分层取水或采取相应的替代措施是不可避免的。

糯扎渡水电站工程坝高达261.5m，电站进水口正常情况下水深达76m，水温差异明显，需设置分层取水措施。

2004年12月《糯扎渡水电站环境影响报告书》中将电站进水口设置分层取水作为一项环保措施上报国家环境保护总局。2005年6月国家环境保护总局以环审〔2005〕509号文进行了批复，认为电站水库巨大，设置分层取水措施是必要的。昆明院据此进行了分层取水进水口结构布置、水温预测和水工模型试验等设计研究工作。

5.3.2 水库运行方式

糯扎渡水电站工程为澜沧江中下游河段"二库八级"水电规划中的第五个梯级，水库正常蓄水位为 812.00m，死水位为 765.00m，调节库容为 113.35 亿 m³，水库具有多年调节能力。水库的运行方式主要从发电和防洪的角度来拟定。

为了同时兼顾发电与防洪的需要，水库设置主汛期限制水位为 804.00m，采用防洪和兴利库容重复利用的运行方式。主汛期库水位为汛期限制水位 804.00m 时，水库进行洪水调度。水库的下泄流量不能大于该次洪水过程已出现的最大入库流量。每场洪水过后都应将库水位维持在汛期限制水位 804.00m 附近。后汛期水库可逐步蓄水到水库正常蓄水位 812.00m。若水库水位达到 812.00m 仍继续上升时，可适当开启溢洪道闸门，尽量维持库水位为 812.00m。枯期以库水位不低于水库死水位 765.00m 为限。

5.3.3　水库分层取水控制水位的选择

水库最大消落深度为 47m，电站装机规模巨大，机组台数多，分层取水方式是作为水库下泄低温水的减免措施提出来的。为合理布置引水发电系统的取水方式（叠梁闸门或双层取水进水口），应确定适当的分层取水控制水位。

根据工程自身特点并结合引水发电系统进水口布置初步分析，由于受进水口最小淹没深度、过栅流速等限制，电站引水发电系统若采用分层取水进水口方案最多只能布置两层取水口，即满足水库死水位 765.00m 正常运行相对应的电站进水口为下层，上层取水口位置在死水位 765.00m 与正常蓄水位 812.00m 之间选择。上层取水口设置低一些对电站运行有利，而设置高一些则有利于提高水库的下泄水温。

根据水库下泄水温预测模型的分析计算结果，电站运行下泄水温低于天然状态水温的情况主要集中在汛期（尤其是 7 月和 8 月），为有效缓解水库下泄低温水的问题，电站应尽可能在汛期取用水库表层水发电。上述水库运行特性及统计分析结果表明，由于上游小湾水库的调节作用，电站水库常年维持在较高水位运行。鉴于水库同时承担下游景洪市的防洪任务，每年汛期（6—9 月）库水位须维持在汛期限制水位 804.00m 附近。因此，为保证每年汛期提高水库下泄水温的效果，在保证库水位在 804.00m 附近运行、电站能采用上层取水口正常取水发电的情况下，上层取水口的设置应尽可能高一些，同时考虑到给电站运行的灵活性留有余地，拟定库水位 803.00m 为上层取水口取水发电的最低运行水位。根据统计分析结果，上层取水（库水位在 803.00m 及以上）的工作时间达到 81.2%。

同样，叠梁闸门方案最上层相应的水库最低运行水位也按 803.00m 拟定。

综上所述，水库分层取水控制水位拟定为：当库水位在 803.00m 及以上时，电站采用上层取水口（或上层叠梁闸门）取水发电；当库水位低于 803.00m 时，电站采用下层取水口（或次一级叠梁闸门，直至叠梁闸门全开）取水发电。

5.3.4　分层取水型式研究

国内大型水电站进水口较多采用岸塔式，岸塔式与岸坡和预留岩埂紧密地连接在一起，对进水塔稳定的不利荷载仅为风浪压力，一般只考虑其抗滑稳定和抗倾覆稳定性。如二滩水电站、天生桥一级水电站、小湾水电站等工程进水塔都采用这种结构型式。根据糯扎渡水电站工程的地形地质条件，经综合分析比较，进水口采用岸塔式。

国内外分层取水方法主要有如下几种：

（1）设置不同高度的泄流孔。在大坝不同高程上设置泄流孔，以便能够选择泄放不同高程的水层，是一种最简单的控制水质的分层取水方法。

（2）分层取水。分层取水在美国和日本应用较多。大多数是利用取水塔，塔壁上沿不同的高度开孔取水，利用机械为动力开启闸门，这种方式能取得较大流量的满足要求的水。一般来说，水库较深，取用流量较大时，多采用分层取水方式。

国内外采用的分层取水设施用于农田水利和水产养殖的居多，总体引用流量不大。大型水电站可以借鉴的分层取水研究几乎没有。

糯扎渡水电站工程进水塔针对双层取水口和叠梁闸门取水两种方案，通过对不同结构型式水流的下泄水温、进水塔的水力学条件和结构稳定等方面展开详尽的研究，采用实地考察、数值模拟和物理模型等方法，得出对工程有益的结论，为实际工程提供了可靠的依据。

5.3.4.1　双层取水方案

根据环保对电站发电下泄水流的水温要求、水库运行特性、电站运行的灵活性以及电站进水口布置等因素，选择上层进水口取水的最低运行水位为 803.00m。

水库正常蓄水位为 812.00m，进水塔底板高程为 736.00m，高差为 76m。为了满足过栅流速要求，拦污栅的孔口高度需大于 28m，因此进水口最多只能布置两层，上层进水口底板高程为 766.00～774.00m。

单层取水方案（736.00m 方案）电站年平均下泄水温比天然河道年均水温降低 0.6℃，对取水口底板高程 766.00m 方案（最低运行水位为 795.00m，取上层水的历时保证率约为 92.8%）和高程 774.00m 方案（最低运行水位为 803.00m，取上层水的历时保证率约为 81.2%）进行预测分析，结果表明，双层取水高程 766.00m 方案降低 0.2℃，双层取水高程 774.00m 方案增加 0.3℃；高程 766.00m 方案下泄水温年平均值比高程 736.00m 方案高 0.4℃；高程 774.00m 方案比高程 736.00m 方案高 0.9℃，比高程 766.00m 方案高 0.5℃。采用高程 766.00m 分层取水方案，无法完全消除低温水对鱼类的影响，而高程 774.00m 方案 6—8 月均能满足鱼类产卵需求。虽然高程 774.00m 方案也会使鱼类产卵期延迟 1～2 个月，但相对高程 736.00m 方案和 766.00m 方案而言，对鱼类的不利影响已有了较大改观。因此拟定库水位高程 803.00m 为上层取水口的最低运行水位。上层取水底板高程 766.00m 和 774.00m 取水效果对比见表 5.3-1。

表 5.3-1　　　　上层取水底板高程 766.00m 和 774.00m 取水效果对比

底板高程/m	最低运行水位/m	保证率/%	年平均水温变化/℃
766.00	795.00	92.8	−0.2
774.00	803.00	81.2	+0.3

进水塔采用岸塔式，正向进水。进水塔在单层进水口方案基础上向上游延伸 20.25m。单机单管引水，单机引用流量为 381m³/s，引水道中心间距为 25m，进口前缘宽度为 225m。

下层取水最低水位为水库死水位 765.00m，按过栅流速小于等于 1m/s 布置，拦污栅孔口为每台机 4 孔，最小过水尺寸为 3.8m×28.5m，最大过栅流速为 0.9m/s。考虑拦污栅顶低于死水位 0.5m，则下层进水口底板高程为 736.00m。上层取水口最低运行水位为 803.00m，底板高程为 774.00m。

在进水塔前部布置直立工作栅和检修栅，每台机 4 孔，孔口尺寸为 3.8m×66.5m，拦污栅后各机组进口前沿相通，引水流量可互相补充、调剂。拦污栅后按单机单孔布置闸门，上层取水处布置工作闸门，孔口尺寸为 7m×12m；下层取水处布置工作闸门，孔口尺寸为 7m×12m；在桩号引 0−008.700 处布置事故闸门，孔口尺寸为 7m×11m。在桩号引 0−003.100 处布置通气孔，孔口尺寸为 7m×2m。

上层取水喇叭口两侧采用 1/4 圆弧，半径为 2m；上唇采用椭圆曲线，曲线方程为 $\dfrac{x^2}{15^2}+\dfrac{y^2}{4.5^2}=1$。下层取水喇叭口两侧采用 1/4 圆弧，半径为 2m。

双层取水进水口布置见图 5.3−1。

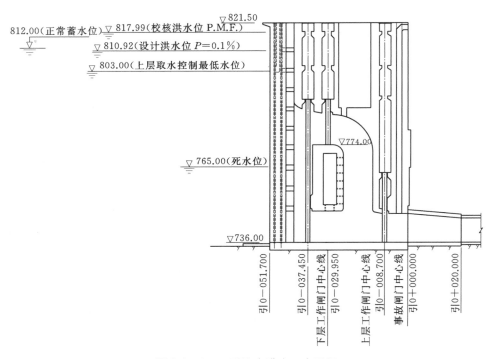

图 5.3−1 双层取水进水口布置图

5.3.4.2 叠梁闸门多层取水方案

由于双层取水方案引取表层水的保证率较低，电站运行的灵活性较差，设置上、下两层闸门的布置方案增加投资较多，上层取水时水头损失较大，影响发电效益，上下层闸门动水转换时会引起水位波动等原因，因此对叠梁闸门多层取水设计方案进行了研究。

进水塔顺水流向依次布置工作拦污栅、检修拦污栅（叠梁闸门）、检修闸门、事故闸门和通气孔；其中检修拦污栅与叠梁闸门共用检修拦污栅槽。拦污栅按每台机 4 孔布置，孔口尺寸为 3.8m×66.5m（宽×高）；叠梁闸门顶高程为 774.04m，叠梁闸门按每台机 4

孔布置，孔口尺寸为 3.8m×38.04m（宽×高），分成 3 节，每节高度均为 12.68m；在叠梁闸门之后按单机单孔布置闸门，检修闸门孔口尺寸为 7m×12m，事故闸门孔口尺寸为 7m×11m，通气孔孔口尺寸为 7m×2m。

叠梁闸门多层取水进水口布置型式见图 5.3-2。

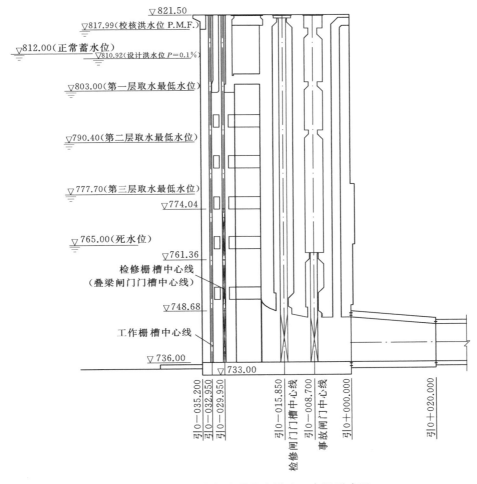

图 5.3-2　叠梁闸门多层取水进水口布置型式图

叠梁闸门多层取水进水口能保证电站发电时尽量取表层水，以提高下泄水温，使发电用水不超出天然河道水温变化范围，以减少低温水对下游植物及鱼类生长发育的不利影响。叠梁闸门分成 3 节布置，底坎高程为 736.00m，孔口尺寸为 3.8m×38.04m。第一层取水最低水位为 803.00m，门叶整体挡水，挡水闸门顶高程为 774.04m；第二层取水最低水位为 790.40m，吊起第一节叠梁闸门，仅用第二、第三节门叶挡水，此时挡水闸门顶高程为 761.36m；第三层取水最低水位为 777.70m，吊起第二节叠梁闸门，仅用第三节门叶挡水，此时挡水闸门顶高程为 748.68m；水库水位降至 777.70m 以下至 765.00m 时，吊起第三节叠梁闸门，无叠梁闸门挡水，此为第四层取水。

5.3.4.3　取水方案比选

1. 进口流态及水头损失

经过对双层取水方案和叠梁闸门多层取水方案水头损失和进水口附近流态的数值计算和模型试验，结果如下：

（1）双层取水方案数值计算。进水口水头损失计算值见表 5.3-2。

表 5.3-2　　　　　　　　　双层取水方案进水口水头损失结果

工况	取水方案	库水位/m	数值模拟结果		模型试验结果	
			水头损失/m	水头损失系数	水头损失/m	水头损失系数
工况 1	底层取水	765.00	0.541	0.58	0.31	0.33
工况 2	上层取水	803.00	2.461	2.57	1.41	1.47

当库水位到 765.00m 死水位时，下层取水口进口上壁面处产生较小范围回流，回流范围纵向长度为 4.1m，垂向长度为 0.4m。上层取水当库水位到 803.00m 时，在直角岔管后上壁面处产生较大范围回流，回流范围纵向长度为 8.2m，垂向长度为 2.1m。下层取水口取水时，所取水体大部分为库内下层水体，但仍有部分上层水体随下层取水口流入下游；上层取水口取水时，所取水体大部分为库内上层水体，同时仍有部分下层水体随上层取水口流入下游。

（2）双层取水方案模型试验。进水口水头损失试验值见表 5.3-2。

1）下层取水口取水时，流速沿垂向在底部孔口高度范围较大，说明所取的水体大部分为下层水体，最大流速约为 1.0m/s；上层取水口取水时，流速沿垂向在孔口高度范围较大，最大流速为 0.6m/s，说明所取水体大部分为上层取水口高度所对应层的水体。

2）根据试验观测进水口的漩涡情况，上层取水口最低控制水位为 803.00m，下层取水口最低控制水位为 765.00m，均不会产生漩涡。

3）进水口上层取水口或下层取水口正常运行情况下，进水口压强比较稳定，时均压强值略小于库水位作用下的静水压强；上层取水口取水时，下层取水口工作闸门处不会产生负压区；下层取水口取水时，上层取水口工作闸门处也没有出现负压。

4）在上下层工作闸门切换的全过程中，进水口水流流态比较平稳。

5）快速关闭事故闸门，在事故闸门上游各测点压强增加，由于通气孔的通气作用在通气孔下游的测点没有出现负压；上层取水口运行时压强最大增值为 6.7m 水柱，发生在处于关闭状态的下层工作闸门处。在事故闸门关闭过程中通气孔内最大通气风速约 7.6m/s，小于通气孔允许风速的极限值。

6）进水口正常运行时机组突甩或突增负荷，进水口不会产生负压强。机组突甩负荷或突增负荷，事故闸门后的通气孔的水位波动大于工作闸门后的通气孔的水位波动；机组突甩负荷，事故闸门后的通气孔水位最大波动值约为 +9m，工作闸门后的通气孔水位最大波动值约为 +3.5m；机组突增负荷，事故闸门后的通气孔水位最大波动值约为 -8m，工作闸门后的通气孔水位最大波动值约为 -3m。

由表 5.3-2 可见，进水口水头损失计算值和试验值差距较小。

综合分析电站进水口双层取水模型试验结果，就水力学特性而言，该进水口双层取水设计是合理可行的。

（3）叠梁闸门多层取水方案数值计算和模型试验。叠梁闸门多层取水方案数值计算及模型试验流速分布成果见图 5.3-4～图 5.3-7。进水口水头损失结果见表 5.3-3。

2. 取水效果分析

（1）叠梁闸门方案比双层取水的上层方案下泄水温最大温升高 2.8℃，比下层方案下泄水温最大温升高 4.3℃，主要是因为叠梁闸门可取到水库上层的水，并且水温明显升高的月份正是对下游鱼类保护关注的 4 月、5 月、6 月 3 个月，最大升高值均在 5 月。

（2）采用双层取水方案，上层取水口的水库运行水位为 803.00m，其取水保证率为 81.2%。当水库运行水位低于 803.00m 时，改用下层取水口取水发电，届时下泄水温较低。但如果采用叠梁闸门多层取水方案，在水库运行水位低于 803.00m、高于 790.40m 时，吊起第一节叠梁闸门，此时挡水闸门顶高程为 761.36m，可以避免双层取水方案只能起用底层取水口（736.00m）情况的出现。依次类推，当水库运行水位在低于 790.40m、高于 777.70m 运行时，可在 748.68m 高程取水；当水库运行水位在低于 777.70m、高于 765.00m 运行时，可在 736.00m 高程取水。因此，叠梁闸门多层取水方案可较大幅度提高表层水的取水保证率，提高下泄水温的效果更好。

3. 发电效益

电站采取分层取水方式虽比单层取水方式的年发电量有所减小，但减少的比例较小。与可行性研究阶段的单层取水方案相比，双层取水方案多年平均年发电量减少了 0.48 亿 kW·h，占单层取水方案的 0.20%；叠梁闸门多层取水方案多年平均年发电量减少了 0.30 亿 kW·h，占单层取水方案的 0.12%。

4. 金属结构

双层取水方案进水口金属结构设备主要包括拦污栅槽 72 孔，拦污栅 40 扇，闸门门槽 27 孔，平面闸门 27 扇，液压启闭机 27 台，双向门式启闭机 1 台及轨道、锁定、拉杆等辅助设备，金属结构设备总工程量为 14605.43t，其中闸门、拦污栅共 6152.93t，闸门槽及拦污栅槽 4609.5t，双向门式启闭机、液压启闭机等启闭设备 2310t，门式启闭机轨道、锁定及拉杆等辅助设备 1533t。

叠梁闸门多层取水方案进水口金属结构设备共设置拦污栅槽 72 孔，拦污栅 40 扇，闸门门槽 18 孔，闸门 48 扇，液压启闭机 9 台，双向门式启闭机 1 台及轨道、锁定、拉杆等辅助设备。金属结构设备总工程量为 12598.63t，其中闸门、拦污栅共 6221.9t，闸门槽及拦污栅槽 4272.03t，双向门式启闭机、液压启闭机等启闭设备 1255t，门式启闭机轨道、锁定及拉杆等辅助设备 849.7t。

（1）双层取水方案优缺点如下：

1）采用液压启闭机操作，可在不停机状态下调节取水高度，减少停机损失。

2）每套液压泵站控制 3 台液压启闭机，故调节上、下双层闸门取水高度速度快。

3）调节取水高度可实现现地控制和远方控制，满足电站无人值班、少人值守的要求。

4）坝顶布置简洁、美观，不需要考虑设备堆放等。

5）下层进水口工作闸门运行工况复杂，闸后流态不明确。

6）金属结构工程量较大，设备投资相对偏大。

（2）叠梁闸门多层取水方案优缺点如下：

1）调节闸门挡水高度，实现多层取水，能保证尽量取表层水，利于控制下泄水温。

2）金属结构工程量较小，设备投资相对偏低；与双层取水方案金属结构设备工程量相比减少 2006.8t。

3）叠梁闸门必须在静水状态下操作，且叠梁闸门节数多，操作时间长，增加了停机损失。

4）无法实现远方控制，必须现地操作，调节一层闸门须操作 36 节叠梁闸门，调节水温速度慢。

5）自动抓梁操作次数频繁。

6）坝顶叠梁闸门摆放工作量大，维护、保养量大（共 108 节叠梁闸门）。

5. 施工条件

进水塔混凝土浇筑工程量由多到少分别为双层取水方案、叠梁闸门多层取水方案、单层取水方案，双层取水方案和叠梁闸门多层取水方案施工人员及施工设备的投入也较单层取水方案有所增多，但 3 个方案的施工工艺及工期控制进度无明显差别。

3 个方案的金属结构安装程序相同，闸门的安装方式一致，都是用门机吊装。其中，单层取水方案闸门型式较为简单，安装的难度和工作量最低；双层取水方案的结构较为复杂，闸门安装难度较大，工作量最大；叠梁闸门多层取水方案的闸门安装难度最大，工作量较大。

6. 投资

与单层取水进水口相比，双层取水方案进水塔总投资 6.945 亿元，增加投资 2.548 亿元，增幅 58%；叠梁闸门多层取水方案总投资 5.542 亿元，增加投资 1.146 亿元，增幅 26.1%。叠梁闸门多层取水方案与双层取水方案相比节约投资 1.403 亿元。

综上所述，通过水工、环保、金属结构、施工及造价等专业的设计及研究，推荐采用叠梁闸门多层取水方案。

5.3.5 叠梁闸门多层取水水力计算及水工模型试验研究

5.3.5.1 数值模拟和模型试验

叠梁闸门多层取水方案第一层取水水位为 812.00～803.00m，第二层取水水位为 803.00～790.40m，第三层取水水位为 790.40～777.70m，第四层取水水位为 777.70～765.00m。

1. 水头损失

进水口水头损失结果见表 5.3-3。数值模拟结果与试验结果的比较表明，各层取水的水头损失变化规律和数值吻合较好。

表 5.3-3　　　　　　　　　　进水口水头损失结果

工况	取水方案	库水位 /m	数值模拟结果		模型试验结果	
			水头损失/m	水头损失系数	水头损失/m	水头损失系数
1	第一层取水	812.00	1.97	1.10	1.94	1.09
2	第二层取水	803.00	1.55	0.87	1.53	0.86
3	第三层取水	790.40	1.43	0.80	1.47	0.83
4	第四层取水	765.00	0.48	0.27	0.49	0.28

注　工况 1 试验的库水位为 803.00m。

随着叠梁闸门挡水高度的增加，水头损失有所增加。第一层取水、第二层取水和第三层取水的水头损失大于第四层取水的水头损失。第一层取水、第二层取水和第三层取水时水流过叠梁闸门顶部，类似于堰流，并由垂向流动转向水平流动进入进水口，因而较第四层取水的水头损失增加。

2. 流速分布

拦污栅孔口布置见图 5.3-3。

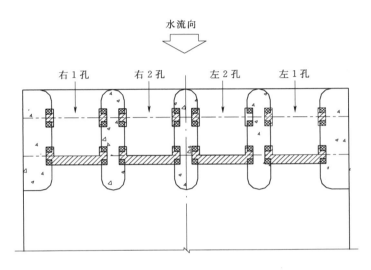

图 5.3-3　拦污栅孔口布置示意图

（1）进口前流速分布。数值计算和模型试验中各工况流速分布见图 5.3-4～图 5.3-7。

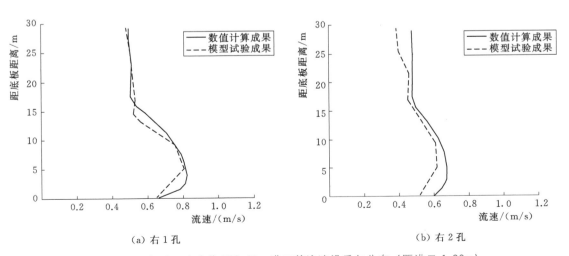

（a）右 1 孔　　　　　　　　　　　（b）右 2 孔

图 5.3-4（一）　库水位 765.00m 进口前流速沿垂向分布（距进口 1.96m）

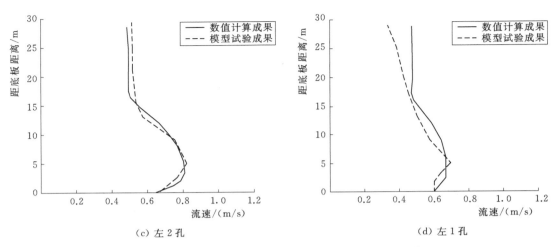

（c）左 2 孔　　　　　　　　　　（d）左 1 孔

图 5.3-4（二）　库水位 765.00m 进口前流速沿垂向分布（距进口 1.96m）

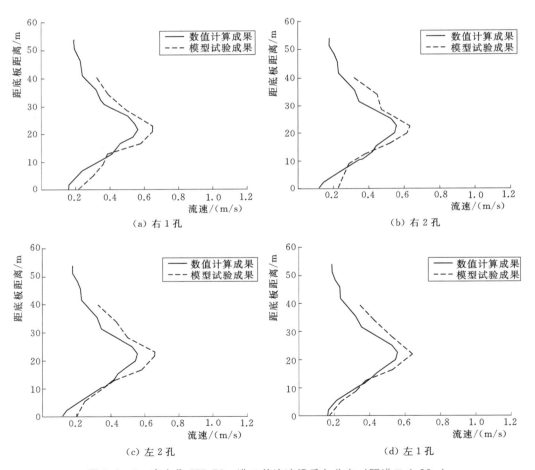

（a）右 1 孔　　　　　　　　　　（b）右 2 孔

（c）左 2 孔　　　　　　　　　　（d）左 1 孔

图 5.3-5　库水位 777.70m 进口前流速沿垂向分布（距进口 1.96m）

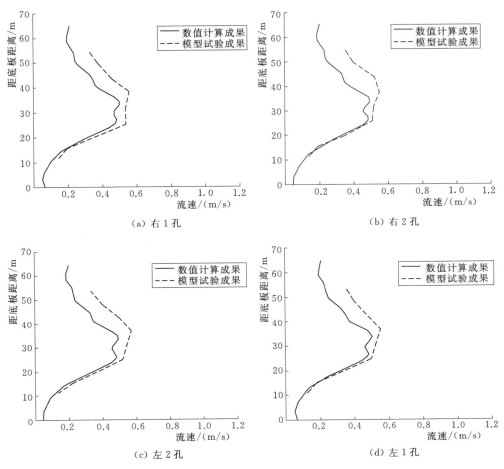

图 5.3-6　库水位 790.40m 进口前流速沿垂向分布（距进口 1.96m）

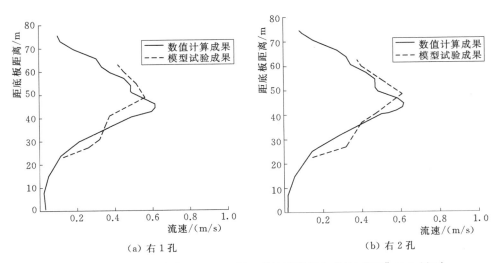

图 5.3-7 （一）　库水位 803.00m 进口前流速沿垂向分布（距进口 1.96m）

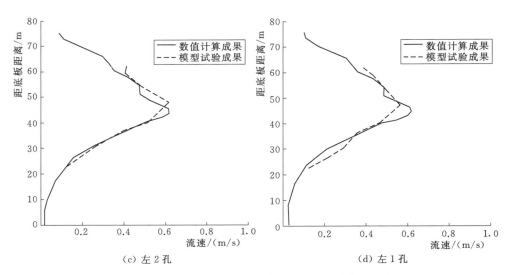

(c) 左 2 孔　　　　　　　　　　　(d) 左 1 孔

图 5.3-7 （二）　库水位 803.00m 进口前流速沿垂向分布 （距进口 1.96m）

　　进水口前横向流速分布规律为：靠近进口轴线的中间两扇拦污栅孔口的流速较大，两侧拦污栅孔口的流速较小。铅直方向流速分布规律为：在第一层、第二层和第三层取水时，流速在叠梁闸门顶上下一定范围内流速较大，最大流速约为 0.6m/s，说明所取水体大部分为该层水体；第四层取水时，流速在进口高度范围内流速较大，最大流速为 0.8m/s，说明所取水体大部分为该层水体。

　　进水口前行近流速沿水深的分布，部分地表征了库内不同层水体流入进水口的情况。

　　（2）拦污栅孔口处流速分布。试验对 803.00m 水位取水时 5 号进水口 4 个拦污栅孔口处流速分布进行了量测。图 5.3-8 为拦污栅处流速沿垂向分布情况，从图中可以看出，4 扇拦污栅孔口的流速分布规律及大小基本相同。由于拦污栅槽和叠梁闸门槽之间横向梁的存在，使得流速沿垂向分布不均匀。梁所对应的位置流速小，而梁与梁之间的流速相对较大，最大流速约为 1.5m/s，位于距底板高度约为 33m 的位置，大于拦污栅的设计流速 1.0m/s。

　　3. 进水口最低运行水位

　　当水库水位低于进水口最低运行水位时，进水口可能发生对工程有害的吸气漩涡。

　　根据戈登公式，初步判定水位 765.00m 和水位 777.70m 第四层取水时，进水口不会发生有害的吸气漩涡。

　　根据格列佛推荐的进水口安全淹没标准，对电站进水口是否产生漩涡进行了初步判别，见表 5.3-4，结果表明，进水口不会出现漩涡。

　　第一层、第二层和第三层取水时水流自叠梁闸门顶流入进水口，类似于堰流，不会发生漩涡。

　　试验观测了水位 765.00m 和水位 777.70m 第四层取水时进水口附近的漩涡情况，进水口附近的水面比较平稳，没有观测到明显漩涡。试验结果表明，第四层取水在 765.00m 水位和 777.70m 水位之间运行时，进水口不会产生有害漩涡。

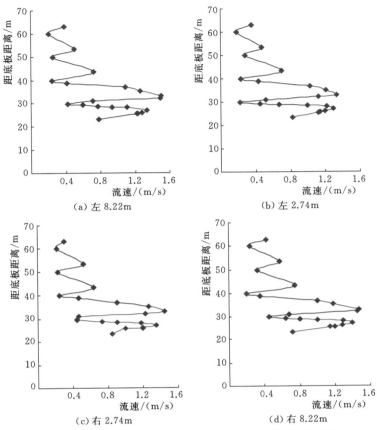

图 5.3-8　拦污栅处流速沿垂向分布（水位 803.00m，第二层取水）

表 5.3-4　　　　　　　　　　　进 水 口 漩 涡 判 别

取水口	库水位/m	孔口高度/m	孔口顶部淹没深度/m	流量/(m³/s)	孔口平均流速/(m/s)	弗劳德数	淹深孔高比	有无漩涡
第四层	765.00	12.0	17.0	381.0	4.54	0.42	1.42	无
	777.70	12.0	29.7	381.0	4.54	0.42	2.47	无

5.3.5.2　小结

（1）对进水口叠梁闸门多层取水方案进行了三维数值模拟研究。随着叠梁闸门高度的增加，水头损失有所增加。第一层、第二层、第三层和第四层取水，进水口流态较好。

（2）叠梁闸门多层取水方案水工模型试验研究表明，进水口的水力学特性能满足要求。

（3）进水口采用叠梁闸门多层取水方案，可以实现有选择地取用水库的不同层水体，对减免电站取水对下游生态环境的负面影响具有积极作用。

5.3.6　分层取水结构数值仿真分析

1. 动静力分析

叠梁闸门多层取水结构动静力分析，结论如下：

（1）进水塔结构在静力各工况下，大部分区域应力符合强度要求。但在完工后空库工况时，塔体的主要荷载是自重，整个结构以沉降为主，塔体与拦污栅墩的沉降不同，造成二者之间连系梁上的拉应力较大，最大值达到了 3.60MPa。塔体与后部岩体采用接触方式，整体的应力和位移分布基本相同。运行时，由于水压力的作用，连系梁上的拉应力普遍减小，连系梁上的拉应力不足 1.0MPa，变化特别明显，在塔体内部流道顶部拉应力达到 2.0MPa 以上。

（2）通过对静力计算结果和两项地震激励作用下计算结果的正应力叠加，可知，塔体应力满足混凝土的设计要求，结构未出现较大的拉应力和压应力区。

（3）考虑地震荷载的情况下，进水塔的结构设计从应力角度来说基本上是合理的。对于垂直水流方向位移，按照塔体分缝独立建模计算，动力计算显示最大位移 24.5mm。实际工程中要结合具体的塔段之间的分缝大小来采取适当的措施，避免在地震过程中各塔段之间的碰撞。

（4）对于整体结构稳定来说，主要是拦污栅墩和连系梁的强度问题。在地震作用下，拦污栅墩摆动较大，导致拦污栅墩底部与地板的连接处拉应力过大，同时顺水流方向连系梁作为拦污栅墩与塔体的连接体，它对拦污栅墩的稳定起到重要作用。结构应力的最大值主要集中在结构的不同构件连接处，角点的拉应力超出混凝土的抗拉强度，将转角做成圆弧或补角并加设斜筋加固，也可直接加大连系梁截面。

（5）通过计算结果分析，在塔体摆动过程中，塔体背后山体对塔体变形有一定抑制作用。

2. 流激振动作用下多层进水口结构响应研究

在水利水电工程中，由于水流的强烈紊动，其脉动压力作用在结构物上，有可能导致结构的振动。尤其是当今的水工建筑物，泄量大、流速高及结构趋向轻型化发展使得流激振动问题更为突出，有必要对进水口的整体结构以及进水口闸门结构在流激振动动力作用下的结构受力情况及可靠度进行研究。通过对结构固有频率和振型、水流荷载特性、动力响应特性的试验和计算分析结果来研究进水口结构的流激振动现象，并分析由于水流作用而诱发的结构物振动是否会危及建筑物的安全，结论如下：

（1）水利工程中的脉动压力、脉动流速等随机过程常具有各态历经性质。统计特性与所取时间的起点无关，因此对水利工程可以采用功率谱法和时程法进行分析。

（2）进水口在各个工况条件下，脉动压力功率谱的幅值均不大，对各测点脉动压力而言，在进水口处最大，各测点的脉动压力的能量以低频为主。

（3）功率谱法可以求得流激振动对结构整体应力应变在一定保证率下的结果，在实际工程中可以根据实际情况对结果进行修正。

（4）在脉动水流作用下，总体来说进水塔结构的应力水平很低，其中最大正应力在两种方法分析中均小于 0.14MPa，因此闸门泄水产生的脉动水流不会对结构产生明显的不利影响。

3. 整体塔群在地震荷载作用下的动力响应研究

以进水口叠梁闸门多层取水方案为研究对象，计算进水塔结构动力自振特性，并在考虑行波效应的基础上，分析了其在地震荷载下的动力响应。同时，针对无宽缝进水塔结构，研究了其在地震荷载下各塔段之间可能出现的挤压碰撞，以此来综合评价高耸塔式进水口结构的抗震安全。

（1）整体塔群的自振频率分布较密集，塔体的基本振型主要表现为垂直水流方向和顺水流方向的振动。对于相邻的塔段，均存在相对摆动和相对转动。低阶振型主要表现为三个主轴方向以平动为主的第一振型，叠加现象不明显。在高阶振型下，结构局部部位有较大变形，特别是拦污栅墩下部，在振动过程中对后部塔体有一定影响。

（2）对于进水塔整体塔群，考虑地震波行波效应计算所得的结构动力响应更为真实。在地震荷载下，整体塔群动位移值均不大，在安全范围以内；局部结构动应力值较大，尤其在纵、横向连系梁、拦污栅墩上游侧与底板相交部位，配置适量抗拉钢筋。

（3）行波效应对结构的影响是复杂的，在对大跨度结构设计进行校核时，必须考虑到地震动不同方向对结构的最不利的情况，计入地震波的空间效应对结构产生的影响，以保证结构具有可靠的抗震安全性。

1）整体塔群在行波效应影响下，应力和位移响应都存在着明显的延迟现象，视波速越小，延迟现象越明显，视波速的大小和方向决定了结构上各点之间的延迟时间差。

2）在行波效应作用下，结构各部位动应力和动位移的最大响应随着视波速的变化，可能小于一致激励也可能大于一致激励，规律性不明显，视波速较大时，行波效应响应的波形与一致激励响应的波形比较相似。

3）考虑行波效应的影响后，特别是垂直水流方向输入时，塔段之间的相互作用较大，整体性增强。在未考虑行波效应的情况下，由于各塔段受力相同，相邻塔段之间的相互作用不太明显；而考虑行波效应后，在同一时刻，相邻塔段动力响应不同，相邻塔段出现明显的相对位移，塔段之间的相互作用增大。

（4）为了更好地研究无宽缝进水塔结构各塔段间的碰撞关系，采用了接触单元来模拟塔段间相互作用。在垂直水流向地震作用下，各塔段间发生较明显的挤压碰撞现象，而且接触面上的接触压强、接触摩擦应力和缝间张开距离随着波速降低而显著增加，说明随着波速的降低，各个塔段间相互作用在不断增强。但在不同工况下塔段间接触压强等响应数值均不大，在安全范围以内，不会因相互碰撞而影响结构的正常运行。

（5）综合来看，进水口叠梁闸门多层取水方案能够满足整体结构的抗震安全性要求，但仍需在一些薄弱部位（纵、横向连系梁、拦污栅墩上游侧与底板相交部位）进行适量配筋，以保证结构在特殊工况下的正常运行，并提高其抗震安全度。

4. 混凝土配筋及开裂研究

采用有限元分析技术，对叠梁闸门多层取水方案进水口结构进行了配筋设计及裂缝开展性状研究，主要结论如下。

（1）根据有限元应力计算成果，对静、动力工况下进水塔结构进行了配筋设计，顺水流向为 X 方向，垂直水流向为 Y 方向。

1）通过空库和正常工况的分析，塔体主要有 3 个部位需要进行承载力配筋，分别为最低两层连系梁和进水流道上部区域，配筋结果如下：

进水口高程 751.50m 连系梁受 X 方向拉应力较大，在 X 方向配置配筋率为 0.186% 的钢筋。

进水口高程 764.00m 连系梁 X 方向拉应力超过了混凝土的轴心抗拉强度设计值，在 X 方向需配置配筋率为 0.251% 的钢筋。

进水流道上部受 Y 方向的拉应力较大，超过了混凝土的轴心抗拉强度设计值，通过计算，在 Y 方向需配置配筋率为 0.155% 的钢筋。

进水流道底部受 Y 方向的拉应力较大，超过了混凝土的轴心抗拉强度设计值，通过计算，在 Y 方向需配置配筋率为 0.192% 的钢筋。

为了保证在受拉区混凝土开裂后受拉钢筋不致立即屈服，其他部位配置最小配筋率的三向钢筋。

2）动力工况下：

进水口高程 751.50m 连系梁 X 方向最大拉应力为 3.16MPa，需要对 X 方向进行配筋，采用对称配筋，求得配筋率为 0.296%。

进水口高程 764.00m 连系梁 X 方向最大拉应力为 2.83MPa，需要对 X 方向进行配筋，采用对称配筋，求得配筋率为 0.460%。

进水口高程 774.00m 连系梁 X 方向最大拉应力为 1.95MPa，需要对 X 方向进行配筋，采用对称配筋，求得配筋率为 0.318%。

进水口流道底部受 Y 方向的拉应力较大，超过了混凝土的轴心抗拉强度设计值，通过计算，在 Y 方向需配置配筋率为 0.2% 的钢筋，钢筋布置在下部受拉侧。

进水口流道顶部受 Y 方向的拉应力较大，超过了混凝土的轴心抗拉强度设计值，需配置配筋率为 0.179% 的钢筋，钢筋布置在流道内部受拉侧。

（2）采用子模型技术，对配筋后钢筋应力进行了验算，计算结果表明：

1）进水口高程 751.50m 连系梁配筋后计算得出钢筋最大轴向拉应力为 100MPa，最大轴向拉应变为 0.501×10^{-3}，均符合规范要求。

2）进水口高程 764.00m 连系梁配筋后计算得出钢筋最大轴向拉应力为 85.3MPa，最大轴向拉应变为 0.418×10^{-3}，均符合规范要求。

3）进水口流道上部结构配筋后计算得出钢筋最大轴向拉应力为 25.0MPa，最大轴向拉应变为 0.125×10^{-3}，均符合规范要求。

（3）对进水塔结构的裂缝开展性状进行了研究，主要结论为：采用钢筋混凝土的弥散式模型，确定塔体的裂缝位置在高程 751.50m 层连系梁上，裂缝形式大部分为"拉-压-压"裂缝，少部分为"拉-拉-压"裂缝，无"拉-拉-拉"裂缝产生；通过分离式布置钢筋，将有限元法计算成果与规范相结合，计算得出裂缝的开展宽度为 0.169mm，小于规范规定的最大裂缝宽度值，故配筋合适。

（4）考虑关键部位的混凝土损伤塑性，对进水塔结构的承载力和受力特性进行了深入研究，主要结论如下：

1）相对于未考虑损伤情况下的塑性材料而言，考虑混凝土损伤后，结构裂缝区最大拉应力值减小，在配筋前，由未考虑损伤时的 3.61MPa 减小到 2.25MPa；在配筋后，由考虑损伤时的 3.11MPa 减小到 2.48MPa。

2）钢筋最大拉应力值增大，由未考虑损伤时的 100MPa 增加到 129MPa，处于正常使用极限状态，符合要求。

3）裂缝开展宽度增大，由未考虑损伤时的 0.254mm 增加到 0.298mm，小于规范规定的最大裂缝开展宽度，符合要求。综上所述，考虑混凝土损伤后结构承载力亦满足要求。

（5）基于结构力学方法对进水塔结构进行了配筋设计，与实体有限元计算成果相比，从有限元模型来说，实体梁模型的计算结果比较直观且精确地显示了梁内的复杂应力状态，而简化为杆件单元后，只能输出轴力和弯矩，使应力状态简化且存在一定的误差。

在配筋计算过程中，采用传统方法计算的钢筋应力偏大，配筋结果偏于安全；实体配筋所得钢筋应力更符合真实状态，可以节省配筋；经过比较，采用有限元方法所得的结果。

5. 波浪作用下多层进水口结构响应研究

采用大型通用有限元计算程序 ADINA，以水电站进水口结构为研究对象，对进水口结构和波浪耦合系统进行动力有限元分析，对拟静力法浪压力计算公式进行了深入验证。结论如下：

（1）正常水位运行时，波浪作用范围多在进水口上游直墙段，影响不到拦污栅框架结构，浪压力的计算采用规范规定的直墙挡水建筑物上的浪压力计算公式；死水位运行时，波浪对结构的作用多集中在拦污栅支承框架结构，按无顶板开孔沉箱结构的浪压力计算。

（2）通过数值模拟的方法，较真实地模拟了波浪的传播过程，得出流体与固体的相互作用更接近于实际情况。

（3）在波浪荷载作用下，结构的应力应变区域一般出现在浪压力直接作用的位置，对其他部位的影响较小；浪压力荷载作用对结构影响较小，结果远小于静水压力和自重荷载引起的应力应变。因此，结构设计时可不计入波浪荷载对结构的影响。

（4）针对提出的波浪荷载计算公式，采用能真实反映波浪与结构物相互作用的数值模拟方法进行了深入探讨，结果表明：拟静力法浪压力计算公式是合理、方便的。

5.4　尾水调压室设计研究

由于尾水管线较长，3 条尾水洞长度分别为 479.071m、473.353m 和 464.505m，水轮机调速器的调节能力和调节保证计算不能满足规范要求，需要布置调压设施。由于工程规模巨大，下游水位变幅也较大，不适合采用变顶高尾水洞等其他调压措施，因此采用常规调压室方案。

5.4.1　型式选择

5.4.1.1　方案布置

由于尾水调压室规模巨大，经综合分析并参考已建工程经验，宜采用阻抗式调压室。可行性研究阶段按调压室面积基本一致的原则布置了长廊式和圆筒式两种尾水调压室方案并进行比较。

1. 方案 1：长廊式调压室

3 个尾水调压室与主厂房轴线平行，方位角为 NE76°。3 条尾水支洞汇入一个尾水调压室，每个调压室接一条尾水隧洞。尾水调压室长 78m，下部净宽 10～16m，高程 619.50m 以上净宽 20m，净高 90.47m。长廊式尾水调压室平面布置见图 5.4-1，横剖面见图 5.4-2。

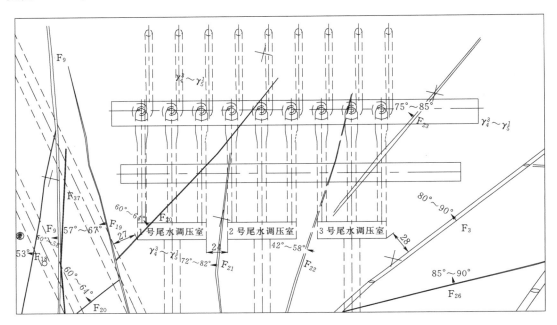

图 5.4-1 长廊式尾水调压室平面布置图（单位：m）

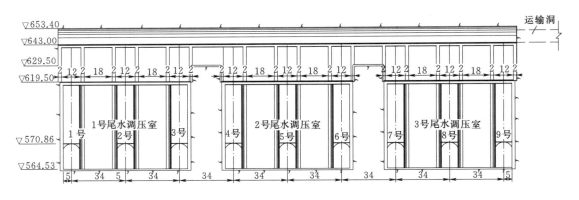

图 5.4-2 长廊式尾水调压室横剖面图（单位：m）

3 个尾水调压室之间在高程 629.50m 以下有岩埂隔开，以上连通布置。

2. 方案 2：圆筒式调压室

3 个圆筒按"一"字形布置，间距为 102m，中心连线与主厂房轴线平行，方位角为 NE76°。3 条尾水支洞汇入一个尾水调压室，每个尾水调压室接一条尾水隧洞。

调压室内径 33m，净高 90.97m。3 个尾水调压室之间在高程 626.50m 布置连通上室，内布置驼峰堰，堰顶高程为 629.50m。连通上室与尾水闸门室之间布置通风、交通洞。

5.4.1.2　方案比较

1. 布置

长廊式调压室方案减少了单独的尾水闸门室，较圆筒式调压室方案减少了一个主要洞室，枢纽布置更为紧凑，洞室间距调整余地大。从布置上看，长廊式调压室优于圆筒式调压室。

2. 地质条件

两个方案均布置在地质条件较好的区域，都避开了规模较大的 II 级断层 F_3（长廊式距 F_3 断层约 28m，圆筒式距 F_3 断层约 30m）。圆筒式井筒同时避开了 F_{20}、F_{21}、F_{23} 等 III 级断层，F_{22} 断层穿过 3 号调压室上部，F_{20}、F_{21}、F_{22}、F_{23} 等断层穿过尾水闸门室，对尾水闸门室围岩稳定有一定影响，但尾水闸门室开挖断面较小，支护难度小。F_{20}、F_{21}、F_{22}、F_{23} 等断层均穿过长廊式调压室，由于长廊式调压室开挖跨度达 22m，直边墙长 78m，高达 90m 以上，上述断层对长廊式调压室的围岩稳定影响较大，支护难度较大。

3. 围岩稳定分析

从计算分析的角度对圆筒式调压室方案和长廊式调压室方案进行对比分析。

（1）破坏区分布对比。采用圆筒式调压室方案，在整个开挖过程中，除了在断层带处围岩破坏范围稍大外，洞周的破坏主要以塑性破坏为主，破坏范围也较小。而采用长廊式调压室方案，在 II 类岩体中，洞室的稳定条件与圆筒式调压室方案相差不大，但在 III 类和 IV 类岩体中围岩的破坏区明显加大，三大洞室之间岩体有被塑性区贯穿的可能，围岩稳定条件较差。就成洞以后的破坏区体积的大小而言，长廊式调压室方案的破坏区体积明显大于圆筒式调压室方案，见表 5.4−1。

表 5.4−1　　　　　　　　支护条件下破坏体积对比　　　　　　　　单位：万 m³

分期	圆筒式调压室方案		长廊式调压室方案	
	回弹体积	塑性体积	回弹体积	塑性体积
1	0	4.0657	0	10.04
2	1.5399	3.2022	7.7049	2.7227
3	1.8709	6.2247	7.8848	6.0199
4	2.4064	11.0483	8.3954	9.6375
5	2.8438	17.3187	8.8276	16.2118
6	4.5696	18.4930	9.6776	20.4688
7	6.5966	22.7769	15.6872	23.6208

因此可以认为，圆筒式调压室方案和长廊式调压室方案相比，在破坏区的分布和体积大小方面，圆筒式调压室方案较优。

（2）洞周位移大小对比。从表 5.4−2 可以看出，对于调压室洞周最大位移，长廊式普遍大于圆筒式，这就再一次验证了圆筒式调压室在力学上的优越性。

表 5.4-2 支护条件下洞周最大位移对比 单位：cm

部位	顶拱		上游边墙		下游边墙	
	圆筒式	长廊式	圆筒式	长廊式	圆筒式	长廊式
调压室	0.64	0.69	0.76	2.29	1.76	3.16

（3）锚杆应力对比。长廊式调压室方案的调压室顶拱和上下游边墙的锚杆应力普遍大于圆筒式调压室方案。

综合上面的比较分析，从三维有限元计算分析的结果来看，圆筒式调压室方案要优于长廊式调压室方案。

4. 衬砌结构

圆筒式调压室结构受力条件较好，抗外压和抗内压均是最优断面。长廊式调压室的高直边墙结构抗外压较差，该区域天然地下水水位较高，最大外水水头达 140m，考虑厂区排水的作用仍不小于 40m（最下一层排水廊道高程为 605.00m），结构处理难度较大。

5. 室内流态

长廊式调压室由于和尾水闸门室布置在一起，调压室工作时，尾水检修闸门闸墩处很难避免产生立轴漩涡，使调压室内部流态较差。而阻抗圆筒式调压室的流态更为优越，只要满足孔口淹没水深，就可以避免漩涡的产生。

6. 过渡过程

从过渡过程角度分析，两者差别不大。根据大波动计算结果，长廊式最高涌浪比圆筒式低 0.14m，最低涌浪比圆筒式高 0.74m，小波动和水力干扰差别很小。

7. 施工条件

从开挖、支护和混凝土衬砌等施工条件来看，长廊式调压室略优，但两者差异不大。

8. 工程量和投资估算

由于长廊式调压室围岩稳定性比圆筒式调压室差，支护量大，虽然少一条洞，但工程量仍比圆筒式调压室多。

圆筒式调压室和长廊式调压室投资估算（含机组尾水检修闸门室）分别为 21381.51 万元和 28230.54 万元，圆筒式调压室造价比长廊式调压室少 6849.03 万元。

综合比较长廊式和圆筒式两种调压室方案的布置、地质条件、围岩稳定分析、衬砌结构、室内流态、过渡过程、施工条件、工程量和投资估算，调压室型式确定为阻抗圆筒式。

5.4.2 调压室布置

尾水调压室布置在尾水检修闸门室下游侧，与尾闸室轴线距离 42.5m，中心间距 102m。采用"三机一井"布置，结构型式采用带上室的圆筒阻抗式尾水调压室。3 个尾水调压室上部之间由连通上室连接。

尾水调压室顶拱为球冠形，下部为圆筒形。可行性研究阶段 3 个调压室的圆筒内径均为 33m，圆形阻抗孔孔口直径均为 10.5m。尾水调压室之间连通上室的底板高程为 626.50m，调压室之间长 69m，断面为城门洞形，净空尺寸为 12m×16.35m，中部设驼峰堰，堰顶高程为 629.50m。

施工图阶段根据新确定的机组参数，并按《水电站调压室设计规范》（DL/T 5058）的规定，对尾水调压室的稳定断面积进行计算。经计算，1 号尾水调压室所需托马稳定断面面积为 214.216m²，相应的井筒直径为 16.515m。2 号尾水调压室所需托马稳定断面面积为 241.8m²，相应的井筒直径为 17.546m。3 号尾水调压室所需托马稳定断面面积为 233.609m²，相应的井筒直径为 17.246m。单从托马稳定断面看有一定的富余，需进行综合分析确定最终断面面积。

大型地下水电站设计中常将导流隧洞与水电站尾水系统相结合，以减少工程量，加快施工进度，节约工程投资。如果能够利用导流隧洞减小调压室断面面积，无疑具有重大的实用价值。

为了减小尾水调压室规模、降低施工难度、确保施工安全，结合尾水管底板降低和利用 2 号导流隧洞等因素，对尾水调压室开展了优化设计。

由于 1 号尾水调压室距离 2 号导流隧洞较近，考虑利用 2 号导流隧洞优化 1 号尾水调压室的尺寸。1 号尾水隧洞与 2 号导流隧洞结合。

经综合比较调整后，1 号尾水调压室内径为 27.8m，2 号、3 号尾水调压室圆筒内径为 29.8m，圆形阻抗孔孔口直径为 10.5m。调压室底部为平面四岔口（上游与 3 条尾水支洞连通，下游与 1 条尾水隧洞连通）、五洞交岔口（顶部与调压井井筒连通）结构型式，底板高程为 563.50m；尾水调压室之间连通上室的底板高程为 626.50m，1 号、2 号尾水调压室之间长 72m，2 号、3 号尾水调压室之间长 71m，断面为城门洞形，净空尺寸为 12m×16.35m，中部设驼峰堰，堰顶高程为 629.50m；连通上室上游边墙在 1 号和 2 号尾水调压室、2 号和 3 号尾水调压室中间位置布置 2 条通风洞与尾闸室连通，尾水闸门室一端底板高程为 643.00m，连通上室一端底板高程为 637.00m，通风洞长 30.6m，断面为城门洞形，净空尺寸为 6.8m×6.8m。优化调整后的调压室平面图及剖面图见图 5.4-3 和图 5.4-4。

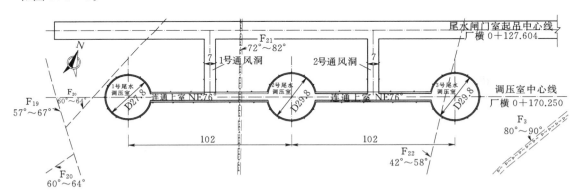

图 5.4-3　优化调整后的调压室平面图（单位：m）

5.4.3　水力过渡过程数值计算与模型试验

根据调整后的体型进行了水力过渡过程数值计算和水力学模型试验。

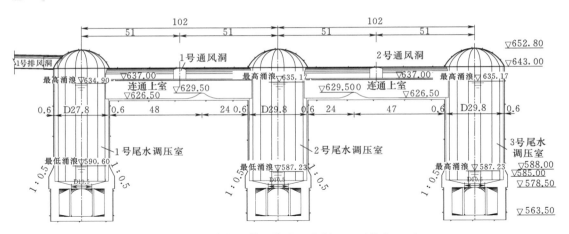

图 5.4 - 4　优化调整后的调压室剖面图（单位：m）

5.4.3.1　水力过渡过程数值计算

1. 大波动过渡过程计算

大波动水力过渡过程数值计算工况见表 5.4 - 3。

表 5.4 - 3　　　　　　　　大波动水力过渡过程数值计算工况

序号	工　况	上游水位/m	下游水位/m
1	上下游设计洪水位，同一调压室单元的 2 台机正常运行，另 1 台机由空载增至全负荷	810.92	627.68
2	上下游设计洪水位，同一调压室单元的 3 台机正常运行时突甩全负荷，其他调压室单元机组全部停机	810.92	627.68
3	上下游设计洪水位，同一调压室单元的 3 台机组正常运行时突甩全负荷，其他调压室单元机组正常运行	810.92	627.68
4	上下游校核洪水位，同一调压室单元的 2 台机正常运行，另 1 台机由空载增至全负荷	817.99	631.43
5	上下游校核洪水位，同一调压室单元的 3 台机正常运行时突甩全负荷，其他调压室单元机组全部停机	817.99	631.43
6	上下游校核洪水位，同一调压室单元的 3 台机组正常运行时突甩全负荷，其他调压室单元机组正常运行	817.99	631.43
7	下游 3 台机发电水位，额定水头为 187.00m，同一调压室单元的 3 台机组正常工作时突甩全负荷	794.49	602.15
8	下游 1 台机发电水位，额定水头为 187.00m，同一调压室单元的 1 台机组正常工作时突甩全负荷	792.86	598.69
9	下游两台机发电水位，额定水头为 187.00m，同一调压室单元的 2 台机组正常工作时突甩全负荷	810.92	600.39
10	上游正常蓄水位，下游 9 台机发电水位，同一调压室单元的 3 台正常运行时突甩全负荷	812.00	609.00

序号	工　况	上游水位/m	下游水位/m
11	上游正常蓄水位，额定水头为187.00m，同一调压室单元的3台机正常运行时突甩全部负荷	812.00	620.96
12	上游死水位，发电最小静水头为152.00m，同一调压室单元的3台机正常运行时突甩全部负荷	765.00	613.00
13	上游死水位，发电最小静水头为152.00m，同一调压室单元的2台机正常运行，另1台机由空载增至最大开度	765.00	613.00
14	下游两台机发电水位，额定水头为187.00m，同一调压室单元的2台机正常运行，另1台机由空载增至最大开度，在最不利时刻3台机同时甩全部负荷	790.62	600.39
15	上游正常蓄水位，下游3台机发电水位，同一调压室单元的2台机正常运行，另1台机由空载增至最大开度，在最不利时刻3台机同时甩全部负荷	812.00	602.15
16	上游正常蓄水位，额定水头为187.00m，同一调压室单元的2台机组正常运行，另1台机由空载增至最大开度，最不利时刻3台机同时甩全部负荷	812.00	620.96
17	上游设计洪水位，下游设计洪水位，同一调压室单元中2台机正常运行，另1台机由空载增至全负荷，在最不利时刻3台机同时甩全部负荷	810.92	627.68
18	上游校核洪水位，下游校核洪水位，同一调压室单元中2台机正常运行，另1台机由空载增至全负荷，在最不利时刻3台机同时甩全部负荷	817.99	631.43

计算结果表明：

（1）1号尾水调压室单元蜗壳最大动水压力为258.33m，尾水管真空度为1.38m，机组转速上升率为44.10%。

（2）2号、3号尾水调压室单元蜗壳最大动水压力为258.31m，尾水管真空度为6.01m，机组转速上升率为44.25%，均满足规范要求。

（3）1号尾水调压室数值计算最高涌浪高程为636.60m，最低涌浪高程为590.59m，向上最大压差为4.72m，向下最大压差为5.49m。模型试验最高涌浪高程为634.90m，最低涌浪高程为590.60m，向上最大压差为5.22m，向下最大压差为6.07m。最高涌浪对应工况为18；最低涌浪对应工况为14；向上最大压差对应工况为10；向下最大压差对应工况为11。

（4）2号、3号尾水调压室数值计算最高涌浪高程为636.89m，最低涌浪高程为585.86m，向上最大压差为5.19m，向下最大压差为7.14m。模型试验最高涌浪水位为635.17m，最低涌浪水位为587.23m，向上最大压差为5.61m，向下最大压差为10.34m。最高涌浪对应工况为18；最低涌浪对应工况为14；向上最大压差对应工况为14；向下最大压差对应工况为14。

2. 小波动过渡过程计算

小波动过渡过程的计算目的是整定调速器参数，研究在负荷阶跃条件下机组转速、导叶开度、机组出力、调压室水位波动的变化规律，以保证机组的稳定运行、良好的调节品质和供电质量。由于水轮机运行范围较大，不同的工况点，水轮机的工作水头、引用流量、效率、出力有较大的差别，所以选择了 8 种典型的计算工况，其工况性质与说明见表 5.4-4。

表 5.4-4　　　　　　　　　小波动水力过渡过程数值计算工况

工况代号	上游水位 /m	下游水位 /m	水头 /m	初始流量 /(m³/s)	初始出力 /MW	初始开度 /%	计 算 内 容
D3s10%	793.20	602.15	187.00	390.96	660.35	68.33	下游 3 台机发电水位，额定水头下 3 台机各甩 10% 出力
D3z10%	793.20	602.15	187.00	346.28	594.07	57.00	下游 3 台机发电水位，额定水头下 3 台机各增 10% 出力
SI3s10%	765.00	613.00	148.94	344.30	465.94	68.33	上游死水位，最小水头，同单元 3 台机各甩 10% 出力
SI3z10%	765.00	613.00	148.94	309.81	419.25	59.15	上游死水位，最小水头，同单元 3 台机各增 10% 出力
JH3s10%	817.99	631.43	182.71	385.89	637.76	68.33	校核洪水位同单元 3 台机各甩 10% 出力
JH3z10%	817.99	631.43	182.71	342.46	574.11	57.27	校核洪水位同单元 3 台机各增加 10% 出力
ZC3s10%	812.00	609.00	199.58	363.95	660.20	58.25	上游正常蓄水位，下游 9 台机发电水位，同单元 3 台机各甩 10% 出力
ZC3z10%	812.00	609.00	199.58	327.00	594.24	51.03	上游正常蓄水位，下游 9 台机发电水位，同单元 3 台机各增 10% 出力

经过整定的调速器参数为：$T_n = 1.4s$，$b_t = 0.5$，$b_p = 0.0$，$T_d = 8.5s$。对表 5.4-4 中的小波动计算工况进行数值模拟计算。

计算结果表明：

(1) 电站小波动过渡过程与机组的工作水头大小密切相关：高水头工况（JH3s10%、JH3z10%）机组转速波动只要 0.5 个周期就能迅速进入 0.2% 的带宽，机组调节时间在 24s 以内；低水头工况（D3s10%、D3z10%、SI3s10%、SI3z10%）机组转速波动在 5 个周期也能较快地进入 0.2% 的带宽，机组调节时间在 376s 以内。

(2) 1 号尾水调压室单元与 2 号、3 号尾水调压室单元相比，1 号尾水调压室单元小波动过渡过程更理想。相同工况下，1 号尾水调压室单元机组转速调节时间短，调压室波动周期短。2 号导流隧洞对小波动过渡过程有利。

(3) 总体来说，小波动过渡过程是比较理想的，机组转速大都能在 376s 以内进入 0.2% 的带宽，说明机组的调节品质较好。其理由是电站工作水头较高，水轮机的工作范围都处于高效率区（模型效率都在 90% 以上），其综合特性系数 e 值较小，有利于机组的稳定，使之具有良好的调节品质。

3. 水力干扰过渡过程计算

根据电站的具体情况，同一调压室单元的 3 台机组主要是 1 台机组甩负荷对运行机组的影响与 2 台机组甩负荷对另 1 台运行机组的影响，初步选取机组在接近最大水头、设计水头与最小水头下不同的组合方式。计算中采用小波动过渡过程中整定的调速器参数，对不参与调节和参与调节两种环境下的机组出力变化和机组的调节品质进行了 6 种工况（见表 5.4-5）的水力干扰过渡过程计算。

表 5.4-5   优化方案水力干扰过渡过程计算工况

工况代号	上游水位 /m	下游水位 /m	工作水头 /m	导叶初始开度/%	初始流量 /(m³/s)	初始出力 /MW	工况说明
GR1	812.00	602.15	206.577	54.10	352.047	660.28	同一调压室单元的 1 台机甩全部负荷，另 2 台运行
GR2	812.00	602.15	206.577	54.10	352.047	660.28	同一调压室单元的 2 台机甩全部负荷，另 1 台运行
GR3	793.20	602.15	187.00	68.33	391.142	660.00	同一调压室单元的 1 台机甩全部负荷，另 2 台运行
GR4	793.20	602.15	187.00	68.33	391.142	660.00	同一调压室单元的 2 台机甩全部负荷，另 1 台运行
GR5	765.00	613.00	148.93	68.33	344.52	466.42	同一调压室单元的 1 台机甩全部负荷，另 2 台运行
GR6	765.00	613.00	148.93	68.33	344.52	466.42	同一调压室单元的 2 台机甩全部负荷，另 1 台运行

水力干扰过渡过程数值计算中，试算后在小波动过渡过程调速器参数的基础上适当增大各参数值（$T_n = 1.50s$，$T_d = 9.00s$，$b_p = 0.0$，$b_t = 0.60$）来消除载波。基于此，对上述 6 个计算工况进行数值计算。

（1）不参与调节的计算结果表明：

1）无论是 1 号尾水调压室单元还是 3 号尾水调压室单元，同一调压室单元的 2 台机组甩全部负荷都较 1 台机组甩全部负荷所引起的水力干扰严重得多。

2）对于 3 号尾水调压室单元，从额定水头、最大水头到最小水头，机组的引用流量依次减少，尾水调压室水位波动的振幅、运行机组功率的最大摆动量均逐渐减小。

1 号尾水调压室单元从额定水头到最大水头，机组的引用流量依次减少，尾水调压室水位波动的振幅、运行机组功率的最大摆动量均逐渐减小。但对应于最小水头工况，并没有这样的规律，原因是最小水头工况下，调压室水位始终高于 2 号导流隧洞通气孔底部高程，导流隧洞抬高调压室最低涌浪的作用不明显。此时最小水头下尾水调压室水位波动的振幅和运行机组功率的最大摆动量都是最大的。因此，在可以利用 2 号导流隧洞的范围内，导流隧洞对水力干扰过渡过程有利。

3）在额定水头及最大水头工况下，2 号导流隧洞对调压室水位有很大影响，3 号尾水调压室单元尾水调压室水位波动的振幅和运行机组功率的最大摆动量均比 1 号尾水调压室单元各参数大；在最小水头工况下，2 号导流隧洞没有被充分利用，对调压室水位影响不大，各调压室单元特征参数值相近。

（2）参与调节的计算结果表明：

1）水力干扰对运行机组稳定性的影响比小波动的影响要严重，但波动的总趋势是收敛的，因此不会造成事故进一步扩大，导致运行机组接踵甩负荷。

2）对于机组转速的摆动而言，上述 6 个工况（除了 GR1）在 400.0s 内难以进入 $\pm 0.2\%$ 的范围内，但波动总趋势是收敛的。

3）在可以有效利用 2 号导流隧洞的同种工况（GR1、GR2、GR3、GR4）下，1 号尾水调压室单元机组转速的最大偏差量、尾水调压室水位波动的向上向下振幅、机组功率的最大摆动量都比 2 号和 3 号尾水调压室单元要小，说明在 2 号导流隧洞可以利用的范围内，2 号导流隧洞对水力干扰有利，与不参与调节时的规律一致。

4）同一调压室单元中的 2 台机组甩全部负荷较 1 台机组甩全部负荷所引起的水力干扰严重得多，与不参与调节时的规律一致。

5.4.3.2 模型试验

调压室水力学模型试验工况见表 5.4-6。

表 5.4-6　　　　　　　　　　　　调压室水力学模型试验工况

工况代号	下游水位/m	工 况 说 明
1y23t－1s	598.69	2 号、3 号机停机，1 号机正常运行时突甩全部负荷
2y13t－2s	598.69	1 号、3 号机停机，2 号机正常运行时突甩全部负荷
3y12t－3s	598.69	1 号、2 号机停机，3 号机正常运行时突甩全部负荷
23y1t－23s	600.39	1 号机停机，2 号、3 号机正常运行时突甩全部负荷
13y2t－13s	600.39	2 号机停机，1 号、3 号机正常运行时突甩全部负荷
12y3t－13s	600.39	3 号机停机，1 号、2 号机正常运行时突甩全部负荷
23y1t－23y1z－123s	600.39	2 号、3 号机运行，1 号机增全部负荷，最不利时刻 3 台机同时甩全部负荷
13y2t－13y2z－123s	600.39	1 号、3 号机运行，2 号机增全部负荷，最不利时刻 3 台机同时甩全部负荷
12y3t－12y3z－123s	600.39	1 号、2 号机运行，3 号机增全部负荷，最不利时刻 3 台机同时甩全部负荷
123y－123s	602.15	1 号、2 号、3 号机正常运行时突甩全部负荷
23y1t－23y1z－123s	602.15	2 号、3 号机运行，1 号机增全部负荷，最不利时刻 3 台机同时甩全部负荷
13y2t－13y2z－123s	602.15	1 号、3 号机运行，2 号机增全部负荷，最不利时刻 3 台机同时甩全部负荷
12y3t－12y3z－123s	602.15	1 号、2 号机运行，3 号机增全部负荷，最不利时刻 3 台机同时甩全部负荷
23y1t－23y1z	631.43	2 号、3 号机运行，3 号机增全部负荷
13y2t－13y2z	631.43	1 号、3 号机运行，3 号机增全部负荷
123y－123s	630.75	1 号、2 号、3 号机运行，3 台机同时甩全部负荷
23y1t－23y1z－123s	631.43	2 号、3 号机运行，1 号机增全部负荷，最不利时刻 3 台机同时甩全部负荷
13y2t－13y2z－123s	631.43	1 号、3 号机运行，2 号机增全部负荷，最不利时刻 3 台机同时甩全部负荷

注　表中工况代号一栏中"y"代表机组运行，"s"代表机组甩负荷。"－"代表机组运行状态的变化。

试验主要成果如下：

（1）1 号尾水调压室最高涌浪高程为 634.90m，最低涌浪高程为 590.60m，向上最大压差为 5.22m，向下最大压差为 6.07m。最高涌浪对应工况为上下游校核洪水位，同一单元 2 台机运行，另 1 台机增负荷，最不利时刻 3 台机同时甩全部负荷；最低涌浪对应工况为下游 2 台机发电水位，额定水头，同单元 2 台机正常运行，另 1 台机增负荷，最不利时刻 3 台机同时甩全部负荷；向上最大压差对应工况为上游正常蓄水位，下游 9 台机发电水位，同单元 3 台机甩全部负荷；向下最大压差对应工况为上游正常蓄水位，额定水头，同单元 3 台机突甩全部负荷。

（2）2 号、3 号尾水调压室最高涌浪高程为 635.17m，最低涌浪高程为 587.23m，向上最大压差为 5.61m，向下最大压差为 10.34m。最高涌浪对应工况为上下游校核洪水位，同一单元 2 台机运行，另 1 台机增负荷，最不利时刻 3 台机同时甩全部负荷；最低涌浪对应工况为下游 2 台机发电水位，额定水头，同单元 2 台机正常运行，另 1 台机增负荷，最不利时刻 3 台机同时甩全部负荷；向上和向下最大压差对应工况均为下游 2 台机发电水位，额定水头，同单元 2 台机正常运行，另 1 台机增负荷，最不利时 3 台机甩全部负荷。

5.4.3.3　小结

（1）水力过渡过程计算和模型试验结果表明：电站引水发电系统现有布置方案是可行的，机组调节保证参数满足规范要求。

（2）1 号尾水调压室直径为 27.8m，阻抗孔口直径为 10.5m，数值计算最高涌浪水位为 636.60m，最低涌浪水位为 590.59m，向上最大压差为 4.72m，向下最大压差为 5.49m。模型试验最高涌浪水位为 634.90m，最低涌浪水位为 590.60m，向上最大压差为 5.22m，向下最大压差为 6.07m。

（3）2 号导流隧洞最低水位为 596.74m，在 1 号尾水隧洞与 2 号导流隧洞连接处设置阻流板，阻流板底高程为 586.00m，2 号导流隧洞中的气体不会进入 1 号尾水隧洞，满足设计要求。

（4）2 号、3 号尾水调压室直径为 29.8m，阻抗孔口直径为 10.5m，数值计算最高涌浪水位为 636.89m，最低涌浪水位为 585.86m，向上最大压差为 5.19m，向下最大压差为 7.14m。模型试验最高涌浪水位为 635.17m，最低涌浪水位为 587.23m，向上最大压差为 5.61m，向下最大压差为 10.34m。

（5）1 号尾水调压室单元蜗壳最大动水压力为 258.33m，尾水管真空度为 1.38m，机组转速上升率为 44.10%。2 号、3 号尾水调压室单元蜗壳最大动水压力为 258.31m，尾水管真空度为 6.01m，机组转速上升率为 44.25%，均满足规范要求。

5.4.4　尾水调压室复杂结构有限元分析研究

由于调压室规模大、五洞交岔口结构复杂，开展了尾水调压室复杂结构有限元分析研究，其中对调压室初期支护进行了三维弹塑性计算与分析。

5.4.4.1　初期支护三维弹塑性计算与分析

1. 计算结果

通过初期支护施工期、初期支护运行期、初期支护动态稳定三维有限元计算分析，结果如下：

（1）初期支护施工期工况下，洞室围岩第一主应力变化范围为 $-8.90 \sim 0.38$ MPa，主要为压应力，局部出现拉应力。

（2）初期支护运行期计算工况下，调压室开挖后第一主应力最大为 1.00MPa，位于 3 号调压室与 F_{22} 断层相交处和靠近 F_{20} 断层侧的 1 号调压室拱顶；位移最大值为 0.43mm，

发生在 F_{21} 断层与连通上室底板相交处。

（3）由各典型断面关键点第一主应力、总位移和点安全系数随调压室工程区洞室开挖施工进行的变化规律可知，围岩应力主要表现为压应力，洞室开挖造成围岩变形较小。

（4）由反馈分析可知，洞室表现稳定。

局部不稳定块体为 F_{22} 断层发育于3号尾水调压室顶部圆形球冠右侧至连通上室左侧端点处，产状为 SN，W∠52°～60°，破碎带宽度为20～60cm，局部宽度为5～10cm，主要由灰绿色强烈绿泥石化糜棱岩、碎裂岩组成，胶结差，松散，组成物质干燥，糜棱岩具挤压镜面。受断层影响，两侧2～5m范围内岩体破碎，岩体稳定性差。

2. 工程措施

调压室顶拱系统支护为喷C30钢纤维混凝土厚0.2m，锚杆 Φ28（Φ36）@2m×2m，长度为6m（9m），交错布置。调压室顶拱过断层及破碎带部位架设单层钢网片 Φ20@0.25m×0.25m，钢网片采用125kN级的随机预应力锚杆固定，喷钢纤维混凝土厚度必须盖住钢网片。实际开挖中，根据现场 F_{22} 出露情况，3号调压室与连通上室相贯线外侧调压室洞壁增加两排锁口锚杆，锚杆参数采用 Φ32，长度为9m，间排距为1.5m×1m，外露0.1m，交错布置。锁口锚杆与洞轴线夹角为10°。尾水调压室基本支护参数见表5.4-7。

表5.4-7　　　　　　　　尾水调压室基本支护参数表

部位	高程/m	支护参数	锚索
调压室顶拱	653.00～643.00	锚杆 Φ28（Φ36）@2m×2m，长度为6m（9m），交错布置，外露0.1m；喷C30钢纤维混凝土厚0.2m	1号尾水调压室顶拱 SW256°～NW346°范围
调压室井筒	643.00～580.45	锚杆 Φ25（Φ32）@2m×2m，长度为4.5m（9m），交错布置，外露0.1m；喷C20混凝土厚0.15m，挂网 φ6.5@0.2m×0.2m	布置高程：642.50m、638.50m、633.50m、620.00m、615.00m、610.00m。上游侧调压室与尾闸室之间布置对穿锚索
调压室底部侧墙	580.45～561.00	锚杆 Φ25（Φ32）@2m×2m，长度为4.5m（9m），交错布置，外露0.1m；喷C20混凝土厚0.15m，挂网 φ6.5@0.2m×0.2m	布置高程：563.50m、568.50m
调压室底板	561.00	锚杆 Φ25@2m×2m，长度为4.5m，交错布置，外露0.5m	
调压室连通上室顶拱及侧墙	643.00～625.50	锚杆 Φ25@2m×2m，长度为4.5m，交错布置，外露0.1m；喷C20混凝土厚0.15m，挂网 φ6.5@0.2m×0.2m	
调压室连通上室底板	625.50	锚杆 Φ25@2m×2m，长度为3m，交错布置，外露0.5m	
调压室通风洞顶拱及侧墙	649.90～643.00变化至643.90～637.00	锚杆 Φ25@2m×2m，长度为3m，交错布置，外露0.5m，喷C20混凝土厚0.1m	
调压室通风洞底板	643.00～637.00	锚杆 Φ25@2m×2m，长度为3m，交错布置，不外露	

5.4.4.2 结构弹性有限元计算分析

尾水系统采用3台机共用1个尾水调压室和1条尾水隧洞的布置方式,具有体积大、结构复杂、运行过程中水流惯性力巨大等特点。尾水调压室下部高程580.50~561.00m为五洞交岔形结构(3条尾水支洞、1条尾水隧洞和调压室大井),结构复杂。为了检验尾水调压室下部衬砌结构在各个工况下是否满足结构安全、稳定要求,需要采用有限元计算方法进行整体结构三维有限元弹性、非线弹塑性等计算,对结构的安全性进行论证,提出优化建议,并指导配筋设计。

调压室的建模及网格划分处理对象包括实体混凝土、围岩、钢筋等。

二次衬砌三维模型见图5.4-5,拟定了4种支护方案进行比较。其中,方案1的二次衬砌范围为五洞交岔口+阻抗板,方案2的二次衬砌范围为五洞交岔口+阻抗板+井身高程583.30~598.50m,方案3的二次衬砌范围为五洞交岔口+阻抗板+井身高程583.30~613.50m,方案4的二次衬砌范围为五洞交岔口+阻抗板+井身高程583.30~625.50m。计算结果如下:

(1)结构弹性计算位移分析结果见表5.4-8。对比4种支护方案三维弹性计算结果可知,主体混凝土结构在控制工况中表现出良好的刚度特征,整体变形较小。

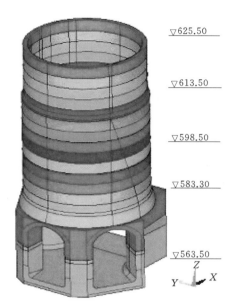

图5.4-5 二次衬砌三维模型

表5.4-8 结构弹性计算位移分析结果表

方案名称	1号尾水调压室		2号尾水调压室		3号尾水调压室	
	总位移最大值/mm	部位	总位移最大值/mm	部位	总位移最大值/mm	部位
方案1	0.74	五洞交岔口底板	0.91	五洞交岔口底板	1.09	五洞交岔口底板
方案2	0.76		0.93		1.15	流道直墙
方案3	0.78		0.95		1.28	
方案4	0.77		0.95		1.28	

(2)结构弹性计算应力分析见表5.4-9。对比4种支护方案三维弹性计算结果可知,主体混凝土结构在控制工况中,整体应力较小,衬砌在极限荷载状况下主要表现为拉应力。

(3)调压室应力越集中,配筋率越高。按公式计算时,若配筋率小于规范要求,则按规范最小配筋率配筋。根据混凝土结构正应力配筋,从配筋结果来看,各部位均较理想。各方案阻抗板部位配筋率较大,最大值为0.565%。

表 5.4 - 9　　　　　　　　　　　　　结构弹性计算应力分析表

方案名称	1号尾水调压室		2号尾水调压室		3号尾水调压室	
	第一主应力最大值/MPa	部位	第一主应力最大值/MPa	部位	第一主应力最大值/MPa	部位
方案1	1.35	五洞交岔口顶板	1.48	五洞交岔口底板和流道直墙	1.48	流道直墙
方案2	1.25	五洞交岔口顶板及底板、流道直墙	1.81	阻抗板	1.64	阻抗板
方案3	1.26		1.82		1.68	
方案4	1.26		1.82		1.69	

5.4.4.3　结构弹塑性非线性有限元计算分析

在结构弹性有限元计算分析中，通过计算得到了 4 个支护方案调压室结构在极端工况下的位移、应力等物理量，并做了相应的配筋计算。为了考察配筋设计的合理性，获取调压室混凝土衬砌结构在配筋后实际工作状态下混凝土的裂缝开展情况、混凝土承载力等内容，进行了钢筋混凝土弹塑非线性损伤力学的计算。首先进行调压室结构承载能力极限状态非线性计算与分析，其次进行正常使用极限状态非线性验算与分析，最后对 4 个支护方案进行围岩稳定性评价，并与初期支护围岩稳定性对比，确定优选方案。计算结果如下：

(1) 4 个支护方案调压室非线性计算中表现出良好的刚度特征，整体变形较小。对于 1 号、2 号、3 号尾水调压室，结构位移最大值主要呈现于五洞交岔口底板部位。调压室主体混凝土结构在弹塑非线性损伤计算中，总体上混凝土结构的位移值较弹性计算获得的位移值要小，说明虽然考虑了配筋、混凝土开裂后强度的降低、裂缝开展等实际情况，但由于混凝土裂缝开展非常小，导致结构总体位移较小。

(2) 弹性计算和弹性非线性计算第一主应力最大值，方案 1 由 1.48MPa 转变为 1.35MPa，方案 2 由 1.81MPa 转变为 1.36MPa，方案 3 由 1.82MPa 转变为 1.35MPa，方案 4 由 1.82MPa 转变为 1.36MPa，说明非线性计算后各区域混凝土所承受的拉应力明显比弹性计算有所降低。

(3) 各方案的拉损值结果见表 5.4 - 10。各方案整体混凝土结构拉损值没有超过 0.50，说明整体混凝土结构拉损值较小，局部拉损值较大部位的混凝土主要靠钢筋来承担拉力。

表 5.4 - 10　　　　　　　　　　拉　损　值　结　果　表

方案名称	拉损最大值	部位
方案1	0.33	2号尾水调压室五洞交岔口底板与流道直墙交岔处
方案2	0.31	3号尾水调压室五洞交岔口顶板与阻抗板内边缘交岔处
方案3	0.30	
方案4	0.30	

(4) 混凝土结构在非线性计算时，最大拉应力分布由弹性计算中的各个集中部位向内部推移，即混凝土内部应力分布更加均匀，转移的深度与具体部位的应力集中幅度、

钢筋布置方式、钢筋参数有关；部分区域由承受拉应力转为只承受少许压应力，说明部分混凝土将在实际工作情况下开裂失效，不再承受拉应力，拉应力将基本全部由钢筋来承担。

（5）钢筋应力和混凝土裂缝宽度计算表明，4个支护方案中调压室钢筋混凝土结构钢筋受的最大拉应力均位于3号尾水调压室分流墩部位，经承载能力极限状态计算和正常使用极限状态验算后，钢筋应力远小于钢筋轴心抗拉强度设计值310MPa。经混凝土最大裂缝宽度验算，方案1为0.038mm，方案2为0.036mm，方案3为0.056mm，方案4为0.057mm，均位于3号尾水调压室分流墩部位，远小于规范要求的0.25mm，所以满足规范要求。

通过结构非线性计算表明，4个支护方案的配筋结果均较理想，结构满足规范承载能力极限状态和正常使用极限状态承载能力要求。

（6）初期支护下调压室井身与连通上室交岔处、五洞交岔口顶板与尾水支洞、尾水隧洞交岔处围岩的点安全系数普遍较低；施加衬砌标高以下围岩的点安全系数较初期支护均有较大幅度的提高；通过对4个支护方案比较表明，在二次衬砌支护未达到高程625.50m之前，调压室井身中部、井身与连通上室交岔处的点安全系数较初期支护下几乎无变化，当二次衬砌支护达到这些点标高后，这些关键点的点安全系数较初期支护提高明显，围岩的点安全系数均超过规范规定的最小安全系数，且有一定裕度。经过方案比选，选择方案4对调压室进行支护。

5.4.4.4　小结

（1）通过初期支护施工期、初期支护运行期、初期支护动态稳定三维有限元计算分析，尾水调压室洞室表现稳定，存在局部不稳定块体。通过工程措施对不稳定块体进行加强支护，满足了安全运行要求。

（2）二次衬砌支护方案根据井筒衬砌的不同高度分为4种，通过结构弹性、弹塑性有限元分析，最终采用方案4（即井筒全衬砌方案）。按全衬砌方案实施，满足安全运行要求。

5.5　主要设计特点及创新技术

1. 主要设计特点

（1）充分利用勘界河有利地形布置电站进水口。

（2）为了尽量减小电站进水口与左侧溢洪道和右侧泄洪隧洞进水口的相互影响，采用收缩式隧洞进口布置方案，引水隧洞洞口间距为25m，引水隧洞间距为25～34m，钢管道间距（机组间距）为34m。

（3）电站进水口采用岸边塔式结构，为了减小下泄低温水给下游农业和其他生态环境带来的不利影响，电站进水口采用叠梁门多层取水布置方式，尽量取表层水。

（4）引水系统采用单机单管布置方式。

（5）引水隧洞内径为9.2m，采用钢筋混凝土衬砌，最大设计水头达260m。

（6）钢管道内径为8.8m，按埋管设计，采用610MPa级钢板。

（7）尾水系统按 3 台机共用 1 个尾水调压室和 1 条尾水隧洞进行布置，其中 1 号尾水隧洞与 2 号导流隧洞相结合。

（8）尾水调压室采用阻抗圆筒式，按"一"字形布置，中心间距为 102m。1 号尾水调压室利用部分 2 号导流隧洞洞段，内径由 29.8m 减小到 27.8m。2 号、3 号尾水调压室圆筒内径为 29.8m，圆形阻抗孔孔口直径为 10.5m。3 个尾水调压室上部连通布置。

（9）尾水调压室下部高程 580.50～561.00m 为五洞交岔形结构（3 条尾水支洞、1 条尾水隧洞和调压室大井），结构复杂，跨度大。

（10）尾水隧洞内径达 18m，采用钢筋混凝土衬砌。

2. 创新技术

（1）大型电站分层取水口设计研究。糯扎渡水电站工程规模巨大，电站进水口总长为 236.2m，塔体顺水流方向宽 35.2m，最大高度为 88.5m，单机最大引用流量达 381m³/s。如此巨大规模的进水口采用分层取水还没有先例。同期国内在建的北盘江光照水电站（坝高 200.5m）、雅砻江锦屏一级水电站（坝高 305m）、湖北江坪河水电站（坝高 219m）等工程均在研究分层取水。

糯扎渡水电站工程全面、系统地进行了大型水电站进水口分层取水研究，并在大型水电站分层取水进水口型式选择、流域梯级水温累积影响研究、三维模型水温模型在大尺度水域的模拟应用、水温分布物理模型试验、建立水弹性模型进行叠梁闸门过流的流激振动试验研究、进水口三维设计、考虑地震行波效应的进水口结构响应研究、进水口结构在水动力荷载作用下的结构响应研究、基于流固耦合方法的进水口波浪荷载研究、进水口整体塔群各塔段相互碰撞关系研究等方面提出了创新性的研究成果。

通过研究，推荐进水口采用安全、经济和合理的叠梁闸门分层取水型式。其下泄的发电水流基本满足下游水生生物的要求，最大限度地减免下泄低温水对下游水生生物的影响，实现水电开发和环境保护同时兼顾的目标。

创新性的研究成果如下：

1）分层取水口型式研究。大型水电站叠梁闸门分层取水进水口型式，成果总体达到国际先进水平，属工程新技术、新工艺、新材料、新设备应用。采用叠梁闸门多层取水进水口，可以引取水库表层水，能够减免下泄低温水对下游生态的影响，可以实现水电开发和环境保护同时兼顾的目标。

2）水温预测考虑流域梯级水温累积影响。应用一维及三维水动力学水温模型对水温结构进行研究。采用了相似工程的实测资料对水温模型参数进行率定，水温影响研究考虑了澜沧江中下游梯级水电站开发的水温累积影响。

3）应用三维数值模拟和水工模型试验进行水力特性研究。采用三维数值分析、模型试验、流激振动模型试验，分析了叠梁闸门的过流特点及安全性，研究成果直接应用于工程。

4）水温分布模拟和物理模型试验。利用数值模拟和物理模型试验两种研究手段，系统地研究了进水口叠梁闸门方案的下泄水温，得出了下泄水温的一般规律；在水温模型试验中提出了直接模拟水温的新方法，形成稳定的多层水温分布，直接测量取水口的下泄水温。

5）进水口三维设计。以叠梁闸门取水口为研究对象，实现了三维 CAD/CAE（包括水力、结构）集成设计。

6）考虑地震行波效应的进水口结构响应研究。系统研究了大型水电站取水口结构在复杂地震非一致激励作用下，各塔段间接触压力、接触摩擦力、缝间张开距和碰撞等的相互作用和地震响应。

7）进水口结构在水动力荷载作用下的结构响应研究。针对叠梁闸门取水方案，研究在不同工况下的泄流形式及水动力荷载对结构的影响。将流固耦合方法应用于取水口波浪荷载研究，优化了物理模型，并能真实反映波浪对取水口结构的影响。

云南省水能资源极为丰富，澜沧江、金沙江、怒江等干流上经济指标优越的高坝大库较多，随着水电开发的不断进行，生态环境的保护与水电开发的矛盾也越来越突出，电站进水口设置分层取水措施，可以减免下泄低温水对下游生态的影响，对于未来大型水电站的建设具有重要意义。糯扎渡水电站进水口三维设计、结构动静力分析、水温模型试验等专题中提出了创新性的研究成果，总体研究成果达到国际领先水平，推广应用前景十分广阔。"大型水电站进水口分层取水研究"获 2011 年度云南省科学技术进步奖一等奖。

（2）调压室优化设计研究。大型地下水电站设计中常将导流隧洞与水电站尾水系统相结合，以减少工程量，加快施工进度，节约工程投资。如果能够利用导流隧洞减小调压室断面面积，无疑具有重大的实用价值。

1 号尾水隧洞与 2 号导流隧洞结合。3 个尾水调压室采用带上室的圆筒阻抗式调压室，按"一"字形布置。3 条尾水支洞汇入一个调压室，每个调压室接一条尾水隧洞。

通过水力学模型试验和数值计算研究 1 号尾水调压室利用 2 号导流隧洞进行体型优化的可行性和相应的导流隧洞利用段的改造措施等。研究表明：

1）导流隧洞对提高调压室最低水位的作用是十分明显的，在相同调压室断面面积的条件下，导流隧洞可以提高调压室最低水位近 6m；在满足淹没深度条件下，导流隧洞至少能减小调压室断面面积 10% 以上，有效减小了调压室开挖高度，优化了调压室体型。

1 号尾水调压室直径为 27.8m，2 号、3 号尾水调压室直径为 29.8m。1 号尾水调压室由于利用了 2 号导流隧洞，相比于 2 号、3 号尾水调压室直径减小了 2m，更有利于围岩稳定和结构安全，减少了工程量，节约了工程投资，缩短了工期。

2）尽管利用导流隧洞减小调压室断面面积的作用十分显著，但在负荷变化过程中，导流隧洞中将出现剧烈的水体波动现象。如果导流隧洞与尾水隧洞相连处的水位低于洞顶高程，则导流隧洞内的气体很容易进入尾水隧洞，使尾水隧洞内产生明满流交替现象，对结构不利。在导流隧洞内设置阻抗孔可显著改善导流隧洞内的压力脉动和紊乱的流态，并能阻止气体进入下游尾水隧洞。

当阻抗孔过流断面面积小于导流隧洞截面面积的 50% 时，导流隧洞中的水位波动振幅变化很小；当过流断面面积大于 50% 时，导流隧洞中的水位波动振幅较大且随着过流断面面积的增大急剧增加。而当过流断面面积太小时，导流隧洞对调压室涌浪的作用不明显。因此，在导流隧洞设置挡板使其过流面积在 30%～50% 的范围内，这样既可以改善导流隧洞的水流条件，又对调压室的最低水位影响较小。

3）充分利用施工导流隧洞，合理优化调压室体型的技术可行。电站已安全运行多年，可供类似大型水电站工程参考。

（3）尾水调压室复杂结构分析研究。尾水调压室规模大，五洞交岔口结构复杂，跨度大，因此进行了尾水调压室复杂结构有限元分析研究。

用尾水调压室上部开挖位移监测数据反演岩体力学参数进行正演分析得到整个研究区域特别是尾水调压室底部岔口复杂部位的应力变形。由反馈分析可知，洞室表现稳定。调压室施工期适时支护，并对调压室初期支护施工期、运行期进行三维有限元计算、动态稳定性分析。二次衬砌支护方案根据井筒衬砌的不同高度分为 4 种，通过结构弹性、弹塑性有限元分析，确定采用井筒全衬砌方案。按全衬砌方案实施，满足安全运行要求。

尾水调压室复杂结构分析研究优化了开挖、支护和二次衬砌，指导了施工，降低了投资，可供类似大型水电站工程参考。

第6章

发电厂房建筑物

6.1 发电厂房建筑物总体布置

糯扎渡水电站地下引水发电系统位于左岸溢洪道和左岸泄洪隧洞之间的天然缓坡平台下方，整个引水发电系统地下洞室群纵横交错、规模宏大，属大型地下洞室群，规模居国内乃至世界前列。其中地下发电厂房垂直埋深为 184～220m，水平埋深大于 265m，主厂房、主变室、尾水闸门室和尾水调压室等主要洞室在布置上避开了厂区附近的 F_1 和 F_3 两条主要断层的影响，并完全位于微风化～新鲜花岗岩体内。

发电厂房建筑物主要由地下厂房洞室群及高程 821.50m 平台地面建筑物组成，总体布置见图 5.0-1 及图 6.1-1。

图 6.1-1 地下引水发电系统

1. 地下发电厂房洞室群

地下发电厂房洞室群主要包括地下主副厂房、主变室（含 GIS 室）、母线洞、出线竖井、地下厂房运输洞、厂区防渗排水系统以及各类交通、通风辅助等 60 余条地下洞室，具体见图 5.0-2。

主副厂房开挖尺寸为 418m×31m×81.6m（长×宽×高），厂房纵轴线方位角为 NE76°。其左侧通过主厂房运输洞通向运输洞洞口回车场，下游侧上方通过主变运输洞、交通洞及 9 条垂直于厂房纵轴线的母线洞通向其下游的主变室，下游侧下方通过 9 条垂直于厂房纵轴线的尾水管扩散段、尾水支洞通向下游的尾水闸门室。

主变室平行布置于主副厂房下游，开挖尺寸为 348m×19m×23.6m（长×宽×高，23.6m 为两侧低洞段高度，中间高洞段高度为 38.6m），纵轴线方位角为 NE76°。其左侧通过主变交通洞接主厂房运输洞通向运输洞洞口回车场，上游侧通过主变运输洞、交通洞及母线洞通向主副厂房，下游侧布置 2 条出线竖井（内设楼梯及电梯）通向其上方的高程 821.50m 平台地面副厂房。

在距离厂区下游约 1.5km 位置的河道左岸平缓地形部位布置了运输洞洞口回车场，主厂房运输洞、尾闸运输洞由此进入厂区，分别与地下主副厂房、尾水闸门室相连，是厂区对外交通、运行期的维护及检修的主要通道。

在主厂房、主变室、尾水闸门室、尾水调压室间以及地面高程 821.50m 平台间设置了进风竖井、主副排风洞及竖井、1～2 号进风洞、1～2 号排风洞、1～2 号通风洞、事故排烟洞及消防通道等辅助洞室，保证了地下发电厂房建筑物在施工、运行期间的通、排风要求。

在洞室群四周设三层排水平洞，上下层排水平洞间设垂直排水孔，在主厂房、主变室顶部分别设"人"字形排水幕，厂区的渗水最终由第三层排水洞汇入主厂房渗漏集水井，并经抽排系统排出厂区。其中第一层排水洞左侧与主厂房运输洞相连，并通过 5 条疏散通道通向主厂房发电机层上游侧边墙，兼作地下厂房上游侧的紧急疏散通道。

2. 高程 821.50m 平台地面建筑物

高程 821.50m 平台地面建筑物主要包括地面副厂房、500kV 出线场、排水管网、平台道路以及各类进、排风楼等。

6.2 地下厂房永久洞室群布置

6.2.1 主洞室轴线的设计研究

地下主副厂房、主变室、尾水闸门室、尾水调压室等主要洞室位于微新风化花岗岩体内，围岩为块状结构和整体结构。主副厂房及主变室地段普遍发育有 2 组节理，多为微张至闭合的刚性结构面。厂房部位无二级结构面，F_1、F_3、F_{35} 3 条二级结构面与主厂房左端墙最近距离为 100m 左右，对地下厂房主洞室围岩稳定的影响较为有限。

在主厂房及尾水调压室部位测量的空间地应力成果表明，厂区最大地应力为 8.28MPa，属中等水平，最大主应力方位大致为 N29°～E56°。

综合考虑厂区主要地质结构面的影响、地应力的大小、方向以及地下引水发电系统与枢纽区拦河坝、左岸开敞式溢洪道、左岸泄洪隧洞等相关建筑物在布置上的协调关系，确定厂房纵轴线方向为 NE76°，相应的主厂房纵轴线与地应力大主应力及厂房部位主要结构面的相互关系见图 6.2-1。由此可见，厂房部位最大主应力方向与厂房轴线方向夹角为 20°～47°，且地应力量值不大，对地下引水发电系统各主要洞室的围岩稳定影响较小。

6.2.2 地下厂房洞室群布置及间距

地下厂房洞室群布置于左岸泄洪隧洞与溢洪道之间，厂区主要洞室基本没有左右移动的余地。通过优化布置方案，将厂房洞室群的布置适当靠向上游，兼顾了与引水建筑物的顺利衔接，使得整个地下厂房洞室群位于地质条件较好的 A 区，并避开了 F_3、F_9、F_{19}、F_{26} 等主要断层及其影响带的影响。洞室群与附近主要断层的关系见图 5.4-1。

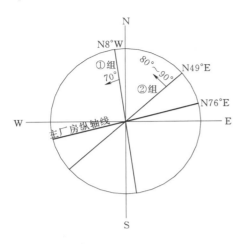

（a）主厂房纵轴线与主要节理关系

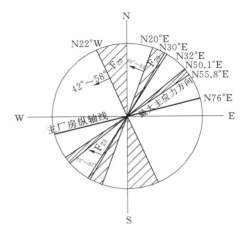

（b）主厂房纵轴线与主要断层
及最大主应力方向关系

图 6.2-1 主厂房纵轴线与地应力及主要结构面的相互关系

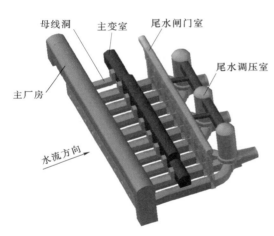

图 6.2-2 厂区主要洞室

厂区主要洞室主厂房、主变室、尾水闸门室及尾水调压室从上游至下游依次平行布置，见图 6.2-2。

在分析研究该电站的洞室规模及工程地质条件的基础上，对比了国内已建类似规模地下厂房的洞室间距，见表 6.2-1。

综合考虑到该电站主要洞室的规模居国内前列，确定主厂房与主变室之间的净间距为 44.75m，为两相邻洞室平均开挖宽度的 1.79 倍；主变室与尾水闸门室的净间距为 28.5m，为两相邻洞室平均开挖宽度的 1.9 倍；尾水闸门室与圆筒式调压室的净间距为 19.5m，为尾水闸门室开挖宽度的 1.77 倍。

表 6.2-1　　　　　　　　　　国内已建部分地下厂房洞室间距

序号	电站名称	大洞室开挖宽度 /m	小洞室开挖宽度 /m	洞室间距 /m	大小洞室平均开挖宽度的倍数
1	白山	25.0	15.0	16.5	0.8
2	太平驿	19.7	12.4	23.4	1.4
3	二滩	30.7	18.3	37.0	1.5
4	东风	21.7	19.5	30.2	1.5
5	龚嘴	24.5	5.0	22.3	1.5
6	小浪底	26.7	14.4	32.8	1.6

序号	电站名称	大洞室开挖宽度 /m	小洞室开挖宽度 /m	洞室间距 /m	大小洞室平均开挖宽度 的倍数
7	天荒坪	22.4	18.0	32.8	1.6
8	十三陵	23.0	16.5	34.1	1.7
9	广蓄	22.0	17.2	34.5	1.8
10	小湾	30.6	19.0	50.0	2.02
11	糯扎渡	31.0	19.0	44.75	1.79

6.3 地下厂房永久洞室群围岩稳定分析及开挖支护设计研究

6.3.1 开挖支护设计的基本方案

6.3.1.1 开挖设计基本方案

1. 主副厂房

主副厂房总长 418m，从右到左依次为副安装场、主机间、安装场及地下副厂房，开挖断面为方圆形。其中，副安装场段长 20m，开挖高度为 84.6m，开挖跨度：发电机层以下为 29m，发电机层至岩壁梁间为 31.7m，岩壁梁以上为 32.7m；主机间段长 306m，开挖高度为 81.6m，开挖跨度：底板至高程 582.00m 为 14.5～29m，高程 582.00m 至岩壁梁以下为 29m，岩壁梁以上为 31m；安装场段长 70m，开挖高度为 35.1～49.1m，开挖跨度同主机间；地下副厂房段长 22m，开挖高度为 42.6m，开挖跨度为 29～31.5m。图 6.3-1 为主厂房开挖典型断面。

2. 主变室

主变室开挖总长 348m，开挖断面为方圆形，由于其中部布置 GIS 室，因此主变室在立面上为"两侧低、中间高"的型式。左侧低洞段开挖长度为 86.25m，右侧低洞段开挖长度为 45.85m，开挖高度为 23.6m；高洞段开挖长度为 215.9m，开挖高度为 38.6m；低洞段、高洞段的开挖跨度均为 19m。

6.3.1.2 支护设计基本方案

该电站地下厂房上部顶拱开挖跨度为 31m，下部边墙开挖跨度为 29m，开挖最大高度为 81.6m，主副厂房总长为 418m，大跨度、高边墙的洞室稳定问题十分突出。研究地下洞室群的围岩稳定，合理选择开挖支护参数是该工程地下厂房首先需要解决的重大问题。结合揭露的地质条件，采用巴顿 Q 系统法，并类比其他工程拟定开挖支护设计的基本方案，并结合有限元分析成果对相关参数进行复核、验证、调整及优化。

1. 用巴顿 Q 系统法选择支护参数

根据主厂房纵轴线地质资料，沿主厂房纵轴线方向的围岩为 Ⅱ～Ⅳ 类围岩，参照《水力发电工程地质手册》388 页 Q 值计算方法确定 Q 值。再查巴顿 Q 系统分类支护措施表确定支护分类，得出系统支护型式。

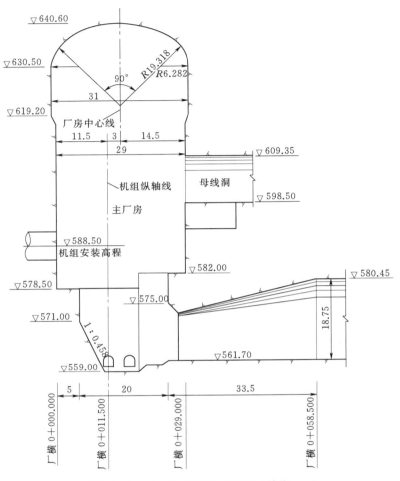

图 6.3-1　主厂房开挖典型断面（单位：m）

2. 工程类比

为确定电站厂房地下洞室支护参数，对国内已建和在建地下厂房跨度在 20m 以上洞室支护参数资料进行工程类比（见表 6.3-1）。

表 6.3-1　　　　　　　　　　我国部分地下厂房柔性支护工程实例

序号	电站名称	厂房埋深 /m	厂房开挖尺寸 （长×宽×高） /(m×m×m)	围岩地质条件	支护类型
1	二滩	300～350	280.3×30.7×65.7	正长岩、玄武岩，最大主应力为 20～40MPa	锚网喷加预应力锚索
2	小浪底	70～100	251.5×26.2×61.4	砂岩，最大水平应力为 5MPa	锚网喷加预应力锚索
3	广蓄一期	330～400	146.5×22×44.5	斑状黑云母花岗石，地应力为 12.2MPa	锚网喷
4	天荒坪	90～120	146.5×22×44.7	凝灰岩，最大主应力为 13～18MPa	锚网喷
5	白山一期	55～110	121.5×25×54.2	混合岩，地应力为 13.5～15MPa	锚网喷加预应力锚索

序号	电站名称	厂房埋深 /m	厂房开挖尺寸 （长×宽×高） /(m×m×m)	围岩地质条件	支护类型
6	东风	150～110	105×20×48	灰岩，地应力为 13.5～15MPa	锚网喷
7	鲁布革	150～200	125×18×38.4	白云岩，地应力为 13～15MPa	锚网喷
8	大朝山	60～200	234×26.4×63	玄武岩	锚网喷加预应力锚索
9	小湾	350～500	326×29.5×65.5	花岗片麻岩，地应力为 16.4～26.7MPa	锚网喷加预应力锚索
10	糯扎渡	180～220	418×31×81.6	花岗岩，地应力为 6.55～8.27MPa	锚网喷加预应力锚索

6.3.1.3　开挖支护设计基本方案

综合比较上述成果，拟定了基本的支护参数，见表 6.3-2。

表 6.3-2　　　　　　　　　　　主副厂房基本支护参数表

工程部位	支 护 参 数
顶拱	砂浆锚杆Φ25/Φ32@1.5m×1.5m，长度为 4.5m/9.0m，梅花形长短交错布置，喷 C30 钢纤维混凝土厚 0.2m；破碎带挂Φ25@0.25m×0.25m 钢网片及 125kN 及预应力锚杆进行加强支护
上、下游边墙	（1）砂浆锚杆Φ25/Φ28/Φ32@2m×2m，长度为 4.5m/6m/9m，梅花形长短交错布置，喷 C20 混凝土厚 0.15m，破碎带挂网Φ6.5@0.2m×0.2m。 （2）主机间：在高边墙上部布置一排 1000～2000kN 级无黏结预应力锚索，长 20～30m；在高边墙中部布置六排 2000～2500kN 级无黏结预应力锚索，长 25～40m；在高边墙下部布置三排 1000～2000kN 级无黏结预应力锚索，长 20～30m。以上锚索间距、排距均为 5m，矩形长短交错布置。 （3）安装间：在边墙上部布置一排 1000～2000kN 级全长黏结预应力锚索，长 20～30m；在边墙中部布置两排 2000～2500kN 级全长黏结预应力锚索，长 25～40m；在边墙下部布置一排 1000～2000kN 级全长黏结预应力锚索，长 20～30m。以上锚索间距、排距均为 5m，矩形长短交错布置。 （4）地下副厂房：在边墙上部布置两排 1000～2000kN 级无黏结预应力锚索，长 20～30m；在边墙中部布置两排 2000～2500kN 级无黏结预应力锚索，长 20～40m；在高边墙下部布置两排 1000～2000kN 级无黏结预应力锚索，长 20～30m。以上锚索间距、排距均为 5m，矩形长短交错布置
左、右端墙	（1）砂浆锚杆Φ25/Φ28/Φ32@2m×2m，长度为 4.5m/6m/9m，梅花形长短交错布置，喷 C20 混凝土厚 0.15m，破碎带挂网Φ6.5@0.2m×0.2m。 （2）左端墙：在边墙上部布置两排 1000kN 级无黏结预应力锚索，长 20～25m；在边墙中部布置两排 2000kN 级无黏结预应力锚索，长 25～30m；在边墙下部布置两排 1000kN 级无黏结预应力锚索，长 20～25m，其中高程 607.50m 一排锚索与第二层排水洞做成对穿锚索。以上锚索间距、排距均为 5m，矩形长短交错布置。 （3）右端墙：在高边墙上部布置两排 1000kN 级无黏结预应力锚索，长 20～25m；在高边墙中部布置七排 2000kN 级无黏结预应力锚索，长 25～30m；在高边墙下部布置四排 1000kN 级无黏结预应力锚索，长 20～25m，其中高程 605.00m、高程 575.00m 两排锚索与第二层、第三层排水洞做成对穿锚索。以上锚索间距、排距均为 5m，矩形长短交错布置
尾水管	（1）砂浆锚杆Φ25/Φ32@顶拱 1.5m×1.5m、边墙 2m×2m，长度为 4.5m/9m，梅花形长短交错布置，喷 C20 混凝土厚 0.15m，破碎带挂网Φ6.5@0.2m×0.2m。 （2）在尾水管扩散段上游预留岩台处高程 575.00m 附近设置一排 2000kN 级无黏结预应力锚索，长 25～30m，间距 5m，上倾 20°，长短交错布置
岩柱部位	（1）砂浆锚杆Φ25/Φ28@2m×2m，长度为 4.5m/6m，梅花形长短交错布置，喷 C20 混凝土厚 0.15m，破碎带挂网Φ6.5@0.2m×0.2m。 （2）每个岩台设 1000kN 级无黏结预应力对穿锚索

6.3.2 围岩稳定分析

在基本方案基础上，为全面准确地了解和评价地下洞室群的围岩稳定性，验证地下洞室群施工开挖顺序的合理性，并合理选择地下厂房洞室围岩支护参数，采用三维弹塑性损伤有限元法对地下厂房洞室群围岩稳定、开挖和支护情况进行了研究。研究的主要内容为：①地下厂房枢纽三维初始地应力场反演与拟合；②地下厂房洞室群毛洞开挖和分期锚固支护开挖方式下的洞室围岩稳定比较分析；③地下厂房渗流控制计算分析；④渗流对围岩稳定的影响；⑤岩壁吊车梁结构计算分析及其对围岩稳定的影响等。

6.3.2.1 初始地应力场的反演分析和三维渗流场计算

1. 初始地应力场分析

采用有限元分期开挖卸荷方式模拟河谷的形成，根据岩体的地质构造和山体的地形条件及实测地应力资料，采用三维非线性有限元反演出三维初始应力场。经过反演，初始应力场反演结果在主厂房测点处基本反映了实测点的大小和方向，大部分最大主应力（第一主应力）的反演、实测差值都在 $1\sim2\mathrm{MPa}$ 以内，总体吻合较好，整个地下厂房区域初始地应力场的垂直向地应力值基本都小于或等于 γH，地应力场是一个以自重为主偏低的地应力场，见图 6.3－2。

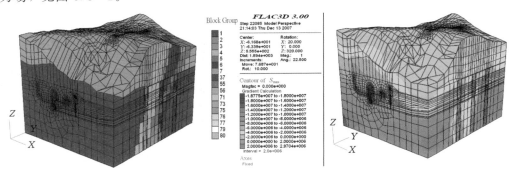

图 6.3－2 地应力反演模型（左）及反演的初始阶段最大主应力 σ_1（右）分布图

2. 厂区三维渗流场计算

通过对地下厂房洞室群所在的左岸山体进行三维渗流有限元计算，以获取洞室群区域附近的渗流状况，并确定渗流荷载，进而对地下厂房洞室进行应力应变的稳定分析。图 6.3－3 为考虑了地下厂房防渗系统、蓄水运行后 5 号引水隧洞剖面的渗流等水头线图。

通过三维渗流场计算，主要结论如下：

（1）渗控设计方案中"厂外堵排为主，厂内排水为辅"的设计原则是合适的。厂外排水廊道和排水孔幕所构成的封闭性排水系统为厂区渗流场控制性排水设施，其排水降压作用明显，并显著地改善了各洞室围岩中的渗流场。

（2）因排水降压作用显著，渗透压力主要耗散在排水廊道及排水孔幕的外围，排水系统内三大主洞室的围岩所直接承受的渗透压力较小，起到降低围岩中渗透荷载的作用。

（3）岸坡山体中的地下水水位较高，地下厂房顶拱区渗控排水措施设计非常重要。为此，在后续的设计上专门考虑了地下厂房顶拱渗水的导排问题。

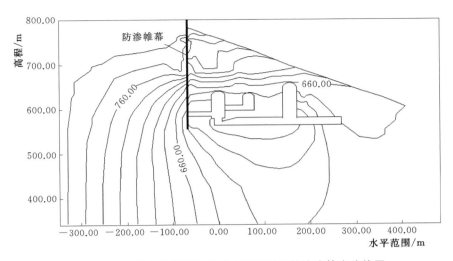

图 6.3-3　蓄水运行后 5 号引水隧洞剖面的渗流等水头线图

6.3.2.2　地下厂房洞室群围岩稳定分析研究

1. 计算条件和网格划分

根据地下厂房布置，建立了包括 4～9 号 6 个机组段内的三维有限元模型，计算网格一共剖分了 11538 个 20 节点空间等单元。计算模型包括 F_{20}、F_3、F_{21}、F_{22}、F_{23} 共 5 条断层，断层位置和三维有限元网格剖分见图 6.3-4。根据初拟的施工程序，从上到下分了 7 期开挖（见图 6.3-5），根据不同岩体采用不同锚固支护参数进行分期开挖及分期支护计算。

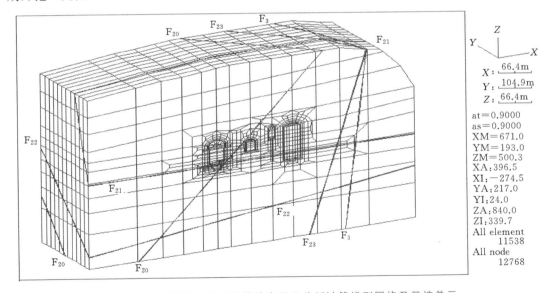

图 6.3-4　地下厂房三维整体有限元分析计算模型网格及开挖单元

2. 计算主要结果

（1）锚固条件下分期开挖的围岩塑性区、开裂区分布。锚固支护条件下分期开挖的洞周塑性、开裂参数见图 6.3-6，主要结论如下：

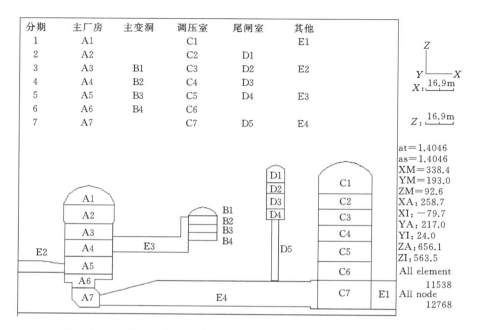

图 6.3－5　地下厂房三维整体有限元分析计算分期开挖方案示意图

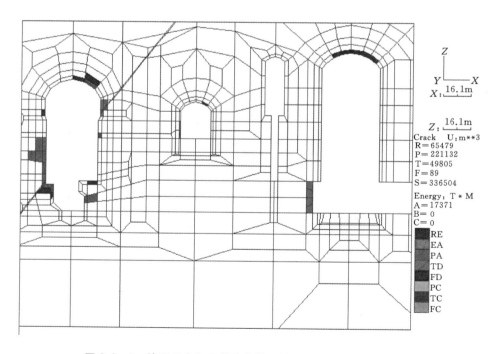

图 6.3－6　地下厂房三维整体分期开挖 5 号机组段塑性开裂区
RE—弹性回弹；EA—弹性区；PA—塑性区；TD—拉应力破坏；
FD—断裂破坏；PC—塑性开裂；TC—拉裂；FC—断裂

1）随着洞室群的开挖，在无支护条件下，主厂房、调压室不同部位在Ⅱ～Ⅳ类岩体中的岩体塑性破坏深度及特性差别较大，Ⅱ类岩体的塑性破坏深度在不同机组段为0～4m，Ⅳ类岩体为7～9m；对洞室实施支护后，Ⅱ类和Ⅲ类岩体稳定特性较好，Ⅳ类岩体顶拱破坏深度稍大，整个厂房洞室稳定是有保证的。

2）随着分期开挖的继续，洞室的部分塑性破坏区开始回弹，说明前期开挖对厂房顶拱稳定影响较大，后期开挖影响不大。

3）随着开挖到后期、洞室高边墙基本形成后，支护结构对洞室稳定起了很大作用，Ⅱ～Ⅳ类岩体的洞室边墙稳定条件总体较好，塑性破坏区基本限制在2～4m范围内，受断层F_{21}影响的局部破坏深度最大为12～16m，但开裂区范围很小，实施针对性的加强支护可以满足稳定要求。

4）各期的破坏量和塑性耗散能增加较均匀，量值较小，围岩的破坏指标增长较小。说明采用的分期开挖方案在锚固支护条件下是合理的，开挖过程没有出现突变现象，整个开挖过程是稳定的。

综上分析，在整个开挖过程中，除在断层带处围岩破坏范围稍大外，洞周的破坏主要以塑性破坏为主，破坏范围也较小。说明整个洞室稳定条件较好，拟定的支护参数和开挖方式是基本合理的。

（2）分期开挖围岩应力分布。洞室群整体分期开挖后洞周的应力等值线分布规律见图6.3－7，主要结论如下：

1）洞室边墙的径向应力在开挖后有较大减小，切向应力随着开挖不断增加，主厂房

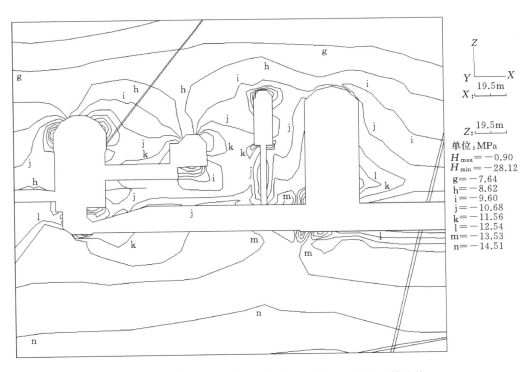

图6.3－7　地下厂房分期开挖5号机组段第一主应力等值线

开挖完成后在Ⅱ～Ⅳ类岩体中的切向应力为-12.94～-9.28MPa，径向应力释放到1.05～-0.94MPa，各类岩体中洞周的应力分布正常，没有出现特别的应力集中，锚固支护后整个洞周应力状态较好。

2）洞室开挖后洞周的第一主应力基本上为切向，而第三主应力基本上为径向，各机组段第一主应力矢量分布规律基本相同，第三主应力矢量随着岩性不同有较大差别，整个洞周应力矢量分布正常，没有明显的应力集中，应力状态较好。

3）各机组段洞周应力等值线分布规律大体相同，在洞室顶拱和洞室交口处应力梯度较大，从应力等值线变化趋势看，整个洞周的布局是合理的。

综上分析，在整个开挖过程中，整个洞周围岩应力分布较均匀，没有明显的应力集中，围岩应力扰动范围不大，整个洞周应力状态较好。

（3）分期开挖洞周位移。锚固支护分期开挖情况下底洞周各点位移见图6.3-8，主要结论如下：

1）开挖完毕位移回弹后Ⅱ～Ⅳ类岩体主厂房顶拱的位移值为0.16～3.0cm，Ⅱ类、Ⅲ类岩体洞室顶拱位移基本满足要求，针对Ⅳ类岩体洞室顶拱位移偏大的情况，在设计中采用加强支护的方案进行处理。

2）主厂房边墙的位移随着洞室进一步开挖，位移不断加大，开挖完毕后，各机组段主厂房边墙的位移一般为1.5～2.9cm，最大局部位移为3.3～3.9cm，说明整个洞周位移值不大，洞周位移都在正常范围内。

3）主厂房洞周的位移均向洞内变化，主变室、调压室的位移矢量倾向上游变形，说

图6.3-8 地下厂房三维整体第7期开挖5号机组洞周位移等值线

明主变室和尾水闸门室受主厂房洞室开挖的影响较大。

4）位于Ⅳ类岩体洞室顶拱的位移矢量、洞周位移等值线变化梯度均较大，等值线较密集，位移变化也很不均匀，易导致局部破坏，增加Ⅳ类围岩的支护是必要的。

综上分析，除了Ⅳ类岩体洞室顶拱的位移较大外，其他部位的位移基本都在合理范围内，整个洞周变形均不大，说明所采用的洞室布局、开挖方式、锚固支护参数是合理的。在设计上根据块体稳定分析计算成果，重点对Ⅳ类岩体部位的洞段进行加强支护，具体措施见 6.3.3 节。

（4）锚杆、锚索和喷层应力。锚杆、锚索和喷层应力计算结果为：除了Ⅳ类岩体洞室的锚杆、锚索应力较大外，其他部位应力大部分在 170MPa 以下，锚索应力为设计强度 1860MPa 的 56%～62%，喷层应力都不大，说明锚固支护参数基本合理。在后续设计中对Ⅳ类岩体洞室的锚杆、锚索应进行加强支护，具体措施见 6.3.3 节。

6.3.3 开挖支护动态设计

6.3.3.1 开挖时段

2007 年 3 月 1 日至 2009 年 9 月 30 日是主厂房的开挖时段，开挖历时曲线见图 6.3－9。

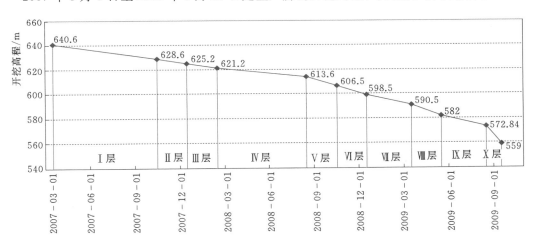

图 6.3－9 主厂房开挖历时曲线图

6.3.3.2 开挖设计优化

在施工详图阶段，根据最终的机电布置资料、最新揭示的地质情况，对主厂房、主变室的开挖体型进行了优化和调整，主要如下：

（1）将顶拱开挖体型从普通圆拱调整为三弧圆拱，圆弧与边墙相切，以改善拱角部位围岩受力，减少应力集中。

（2）对主厂房基坑部位的上游边墙开挖体型进行了优化：将最下部的 13m 高直边墙改为 1：0.458 斜墙，以尽量减少基坑开挖，提高下部岩体对上游边墙的约束能力，并减少了混凝土回填量。

（3）为保证主厂房尾水管扩散段上方 10m 宽预留岩台在施工期的工程安全，对其开挖体型进行了调整，调整后岩台的上部宽度为 4m，并对其作了加强支护。

6.3.3.3 支护动态设计

该电站地下引水发电系统洞室群是典型的大型地下洞室群，空间布置十分复杂。对于这类隐蔽性的复杂工程，在开挖施工前通过各类勘察手段所能掌握的信息较为有限，可在分层开挖过程中根据不断丰富的信息来修正和完善洞室的开挖与支护设计，因此，在施工期采用动态反馈分析方法进行了支护设计优化。

1. 动态反馈分析方法

根据厂房分层开挖的特点，基于洞室开挖过程中围岩变形、锚固以及锚索监测数据等现场最新监测资料，结合洞室开挖后揭示的围岩工程地质条件和表现出的变形破坏模式，在前一阶段围岩稳定分析的研究成果总结基础上，跟随现场实际开挖，结合现场监测数据、工程类比、前期实践经验等，采用动态反馈分析方法进行了支护设计及优化，达到了安全、合理、经济的效果。

2. 动态反馈分析技术的实施

（1）监测资料分析。通过布置在洞室群先期开挖部位（第一层排水平洞、主厂房上部顶拱等）的多种监测仪器所采集到的监测信息，分析现场开挖引起的围岩力学响应（围岩位移、岩体内部围岩应力、破损区大小、锚杆/锚索应力等），预测下一步开挖对围岩的影响，并据此为后续的动态设计提供支持。

1）位移监测分析。主厂房围岩变形主要采用多点位移计监测，布置有 8 个监测断面，共 80 套多点位移计，其中 30 套为超前监测。

以超前监测的典型断面为例：主厂房 A－A 监测断面（主厂纵 0＋039.00）主要位于Ⅱ类围岩部位，共埋设了 12 套多点位移计，其中，位于第一层排水平洞至厂房顶拱间的多点位移计 CF－A－M－01 为超前埋设；主厂房 E－E 监测断面（主厂纵 0＋229.75）主要位于Ⅳ类围岩部位，共埋设了 8 套多点位移计，其中，位于第一层排水平洞至厂房顶拱间的多点位移计 CF－E－M－01 为超前埋设。上述多点位移计的监测成果用以指导开挖过程中的动态支护设计较为适宜。A－A 断面多点位移计埋设位置、实测位移沿孔深的分布见图 6.3－10，E－E 断面见图 6.3－11，CF－A－M－01、CF－E－M－01 的位移与开挖高程-时间过程曲线分别见图 6.3－12 和图 6.3－13。

可以看出，多点位移计 CF－A－M－01 在 2007 年 3 月厂房开挖后即投入工作，孔内各监测点的位移均保持在 0～3mm，位移值较小，说明Ⅱ类围岩部位的厂房顶拱自稳条件较好。随着厂房的不断下挖，位移值增幅平稳且较小，位移值基本控制在 1～5mm 以内，且厂房开挖松动圈范围的围岩变形保持在较低水平，支护强度存在有一定优化减少的可能，其间相应地对支护参数进行了动态调整（具体见下页）。2009 年 8 月厂房开挖至高程 600.00m（厂房中下部中间层附近）后，围岩变形有短暂的快速增加，但总体控制在 2～6mm 以下，位移值较小，自 2009 年 9 月起，变形速率平缓、收敛并早已趋于稳定，动态支护调整达到了安全、合理、经济的目的。

多点位移计 CF－E－M－01 在 2007 年 6 月厂房开挖到此部位后随即投入工作，孔内各监测点的位移均保持在 0～5mm，位移值较小，但大于 A－A 断面，说明Ⅳ类围岩部位的厂房顶拱自稳条件差于Ⅱ类围岩，但总体是稳定的，在施加支护后，Ⅳ类围岩部位的厂

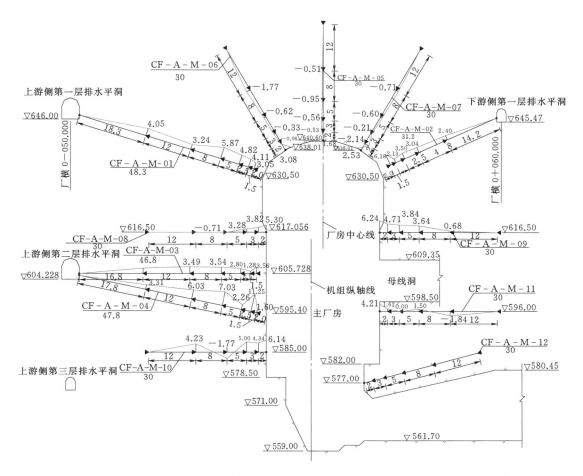

图 6.3-10 主厂房 A-A 监测断面多点位移计埋设位置、实测位移沿孔深分布示意图（单位：m）

房顶拱变形是可控的。随着厂房的不断下挖，位移值增幅总体平稳且较小，位移值基本控制在 1.5～7.5mm 以内，且厂房开挖松动圈范围的围岩变形保持在较低水平，但收敛趋势不如Ⅱ类围岩部位的明显，期间对支护参数进行了有限的动态调整。2008 年 10 月厂房开挖至高程 610.00m（厂房中部发电机层附近）后，顶拱开挖面松动圈围岩变形有一定的增加，即时对支护参数进行了动态调整，位移值总体控制在 12mm 以下，总体上的数值不大。自 2008 年 11 月后至 2021 年，变形速率平缓、收敛并早已趋于稳定，动态支护调整达到了安全、合理、经济的目的。

2）锚杆应力监测分析。地下厂房锚杆应力主要采用 3 测点和 4 测点锚杆应力计监测，主要布置在上述 8 个监测断面和两侧端墙部位，共计 90 组。主厂房典型锚杆应力计 CF-D-RA-10 的应力-时间过程曲线见图 6.3-14。

从监测成果反映，各锚杆应力的增长主要表现在到 2009 年 6 月在厂房发电机层以下进一步开挖后，锚杆应力快速增加，从 10～25MPa 增加至 30～200MPa，并趋于收敛、稳定，开挖支护结束后，各锚杆应力无明显变化，现已基本长期保持稳定状态。

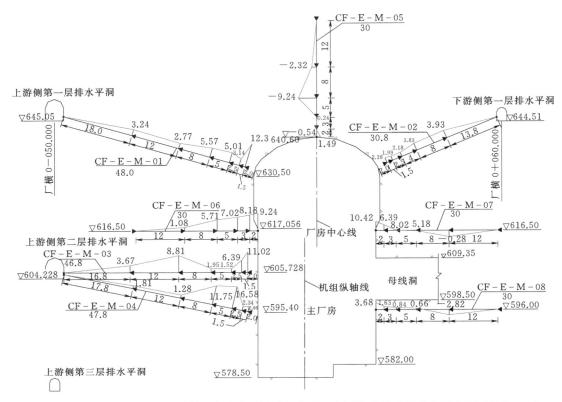

图 6.3-11　主厂房 E-E 监测断面多点位移计埋设位置、实测位移沿孔深分布示意图（单位：m）

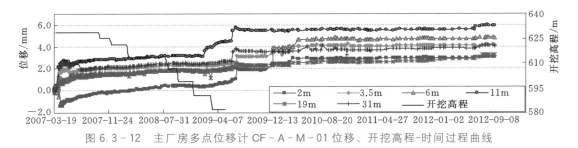

图 6.3-12　主厂房多点位移计 CF-A-M-01 位移、开挖高程-时间过程曲线

图 6.3-13　主厂房多点位移计 CF-E-M-01 位移、开挖高程-时间过程曲线

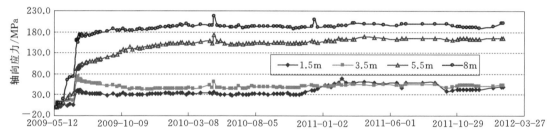

图 6.3-14　主厂房典型锚杆应力计 CF-D-RA-10 的应力-时间过程曲线

3）锚索监测分析。地下厂房锚索荷载监测共布置 66 台锚索测力计，从监测成果反映，锚索测力计荷载变化率（相对于锁定荷载）普遍在－10％以内，锚索测力计经过开挖期的预应力损失和调整波动后，长期处于平稳状态，且其稳定荷载基本与设计吨位一致，表明锚索深度、吨位等设计参数合理，锚索在抑制主厂房变形、确保主厂房稳定上发挥了重要作用。

（2）支护方案的动态优化。通过对监测资料的分析，结合洞室开挖揭示出的最新地质条件，综合考虑现场实施的可行性，实时对施工过程中的下一步开挖支护方案进行了预测分析和动态调整，主要包括不同类别的支护区域调整，以及锚杆间距、锚索拉力、随机支护等围岩支护参数和方案的优化等。

以厂房开挖至第三层、基于上述 CF-A-M-01、CF-E-M-01 等超前布设好的多点位移计的监测资料分析为例，在 2008 年 3 月厂房开挖至吊车梁高程（约 620.00m）时，超前监测资料表明Ⅱ类、Ⅲ类围岩等部位的厂房顶拱、边墙的位移基本在 5mm 以内，锚杆应力普遍在 30～50MPa，锚索在锁定荷载基础上变化不大，说明已实施的支护结构已经在发挥作用，有效约束了洞周位移和塑性区的开展，同时自身的应力、位移尚维持在较低水平。为此，考虑对Ⅱ类、Ⅲ类围岩部位的主厂房上下游墙、左右侧墙的支护结构实施动态调整优化，主要方案如下：

1）上游边墙部位：局部取消大体积混凝土（机墩、蜗壳外包混凝土）高程 585.00～600.00m 间锚索，压力钢管交叉应力集中部位附近的部分锚索予以保留。

2）下游边墙部位：考虑到下游边墙部位有 20 条大跨度洞室（跨度 10m 以上）与其交叉，应力集中明显，优化余地不大，局部取消了下游墙集水井下部锚索及母线洞下方锚索，同时对母线洞与尾水管扩散段间薄弱岩体增设一排 2000kN 级预应力锚索进行了加强支护。

3）右端墙部位：右端墙为集水井高边墙，约束条件较好，无洞室交叉应力集中不明显，根据监测资料，开挖后锚杆应力及锚索锁定荷载变化较小，将原设计的 6 列锚索调整为 5 列。

对于Ⅳ类围岩部位，根据前述分析，CF-E-M-01 等监测资料反映出围岩位移、锚杆应力、锚索锁定荷载变化明显大于Ⅱ类、Ⅲ类围岩部位，且随着厂房下挖，其速率明显增大，收敛趋势较不明显，预判到随着厂房下挖将有更大变形甚至局部突变。为充分保证围岩稳定，对厂房高边墙中部的支护强度应予增加，除了将此部位的原设计 2000kN 级锚索提高至 2500kN 级外，结合块体稳定复核成果，将 2500kN 级锚索的水平、竖向支护范围适当扩大，同时，在断层等部位增设 125kN 级预应力锚杆等措施进行加强支护。

经上述动态调整后，后续的监测资料表明，Ⅱ类、Ⅲ类围岩部位的变形、应力等增幅不明显，趋于收敛并稳定，位移控制在 6mm 以内；Ⅳ类围岩部位的变形、应力等在厂房下挖至高程 610.00m 后有较大增幅，但其后开始收敛并稳定，位移控制在 12mm 以内。达到了第三层开挖动态优化设计的预期目标。

到 2009 年下半年厂房开挖已接近后期，围岩变形、锚杆应力、锚索锁定荷载等各项监测数据均已经趋于平稳收敛、稳定，其间及时优化取消了上游边墙集水井部位的底高程锚索以及机窝间岩柱部位的部分对穿锚索，达到了整个厂房支护动态优化设计的预期目标。动态优化后数值计算成果见图 6.3－15 和图 6.3－16。

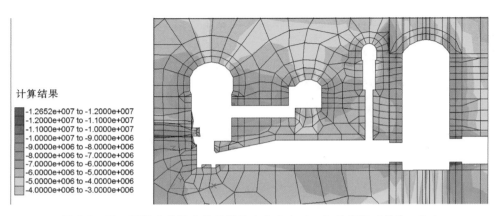

图 6.3－15　开挖支护后 5 号机组最大主应力（σ_1）分布图（单位：Pa）

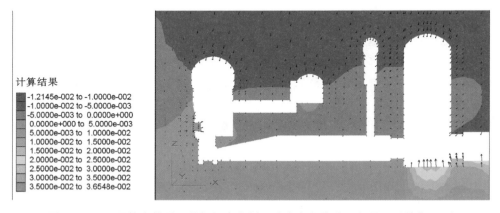

图 6.3－16　开挖支护后 5 号机组中心剖面垂直方向位移及矢量图（单位：m）

经过计算复核表明，洞室开挖完成后，主厂房顶拱部位锚杆应力一般为 40～80MPa，但在断层通过围岩变形较大的部位，锚杆应力一般为 80～100MPa；主厂房边墙部位的锚杆应力普遍比顶拱部位大，锚杆应力一般为 60～120MPa，部分穿断层带的锚杆应力可达

170～200MPa；各洞室的锚索应力大致为 1000～1150MPa。上述结果与监测成果基本接近。

综上，该电站地下洞室群在施工期根据现场分层开挖以及实际揭露的地质情况，通过数值模拟技术手段，紧密结合监测资料，充分发挥了支护结构的承载力及约束围岩变形作用，在保证洞室围岩稳定安全的前提下，采用动态反馈分析技术的理念及手段，优化调整了支护参数，使得支护设计成果更加科学、合理，并通过数值计算三维模型进行了计算复核，计算结果与监测资料基本接近。地下洞室群已安全、正常运行多年，动态支护优化设计达到了预期的效果。

3. 最终支护设计方案

施工期经过动态优化设计，最终的主厂房支护设计典型断面见图 6.3-17，支护参数见表 6.3-3。

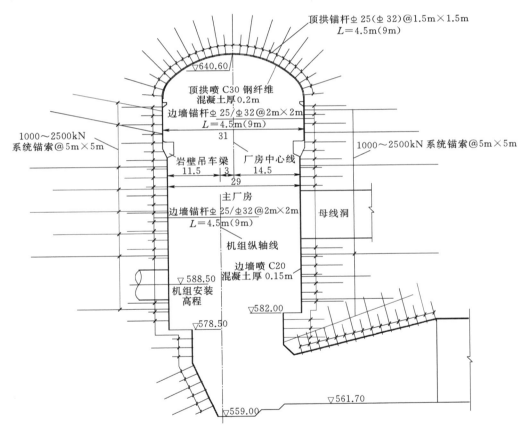

图 6.3-17 主厂房支护典型断面（单位：m）

表 6.3-3 厂房支护参数表

工程部位	支护参数
顶拱	砂浆锚杆 Φ25/Φ32@1.5m×1.5m、长度为 4.5m/9.0m，梅花形长短交错布置，喷 C30 钢纤维混凝土厚 0.2m；破碎带挂 φ25@0.25m×0.25m 钢网片及 125kN 及预应力锚杆进行加强支护

续表

工程部位	支 护 参 数
上、下游边墙	1. 砂浆锚杆Φ25/Φ28/Φ32@2m×2m，长度为 4.5m/6m/9m，梅花形长短交错布置，喷 C20 混凝土厚 0.15m，破碎带挂网 ϕ6.5@0.2m×0.2m。 2. 主机间：在高边墙上部布置一排 1000～2000kN 级无黏结预应力锚索，长 20～30m；在高边墙中部布置六排 2000～2500kN 级无黏结预应力锚索，长 25～40m；在高边墙下部布置三排 1000～2000kN 级无黏结预应力锚索，长 20～30m。以上锚索间距、排距均为 5m，矩形长短交错布置。 3. 安装间：在边墙上部布置一排 1000～2000kN 级全长黏结预应力锚索，长 20～30m；在边墙中部布置两排 2000～2500kN 级全长黏结预应力锚索，长 25～40m；在边墙下部布置一排 1000～2000kN 级全长黏结预应力锚索，长 20～30m。以上锚索间距、排距均为 5m，矩形长短交错布置。 4. 地下副厂房：在边墙上部布置两排 1000～2000kN 级无黏结预应力锚索，长 20～30m；在边墙中部布置两排 2000～2500kN 级无黏结预应力锚索，长 20～40m；在高边墙下部布置两排 1000～2000kN 级无黏结预应力锚索，长 20～30m。以上锚索间距、排距均为 5m，矩形长短交错布置
左、右端墙	1. 砂浆锚杆Φ25/Φ28/Φ32@2m×2m，长度为 4.5m/6m/9m，梅花形长短交错布置，喷 C20 混凝土厚 0.15m，破碎带挂网 ϕ6.5@0.2m×0.2m。 2. 左端墙：在边墙上部布置两排 1000kN 级无黏结预应力锚索，长 20～25m；在边墙中部布置两排 2000kN 级无黏结预应力锚索，长 25～30m；在边墙下部布置两排 1000kN 级无黏结预应力锚索，长 20～25m，其中高程 607.50m 一排锚索与第二层排水洞做成对穿锚索。以上锚索间距、排距为 5m，长短交错布置。 3. 右端墙：在高边墙上部布置两排 1000kN 级无黏结预应力锚索，长 20～25m；在高边墙中部布置七排 2000kN 级无黏结预应力锚索，长 25～30m；在高边墙下部布置四排 1000kN 级无黏结预应力锚索，长 20～25m，其中高程 605.00m、575.00m 两排锚索与第二层、第三层排水洞做成对穿锚索。以上锚索间距、排距均为 5m，矩形长短交错布置
尾水管	1. 砂浆锚杆Φ25/Φ32@1.5m×1.5m（顶拱）、Φ25/Φ32@2m×2m（边墙），长度为 4.5m/9m，梅花形长短交错布置，喷 C20 混凝土厚 0.15m，破碎带挂网 ϕ6.5@0.2m×0.2m。 2. 在尾水管扩散段上游预留岩台处高程 575.00m 附近设置一排 2000kN 级无黏结预应力锚索，长 25～30m，间距 5m，上倾 20°，长短交错布置
岩柱部位	1. 砂浆锚杆Φ25/Φ28@2m×2m，长度为 4.5m/6m，梅花形长短交错布置，喷 C20 混凝土厚 0.15m，破碎带挂网 ϕ6.5@0.2m×0.2m。 2. 每个岩台设 1000kN 级无黏结预应力对穿锚索

6.4 发电厂房主要建筑物结构

6.4.1 地下主厂房结构布置

该电站地下厂房主要由副安装场、主机间、安装场、地下副厂房组成。平面布置和立面布置见图 6.4-1 和图 6.4-2。主厂房横剖面见图 6.4-3。

（1）副安装场。副安装场长 20m，主要由渗漏（检修）集水井、渗漏（检修）集水井至发电机层框架结构、岩壁吊车梁、钢网架屋面、2 号空调机室等组成。

（2）主机间。主机间长 306m，内装 9 台 650MW 水轮发电机组，机组间距 34m。主机间共设有 7 层，分别为：发电机层、中间层、水轮机层、蜗壳层、机组供水设备层、盘型阀排水设备层及尾水管层，主厂房发电机层的每个机组段设有一楼梯（共 9 个机组段）向下通至盘型阀排水设备层。

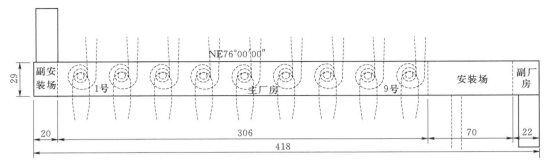

图 6.4-1 地下主副厂房平面布置图（单位：m）

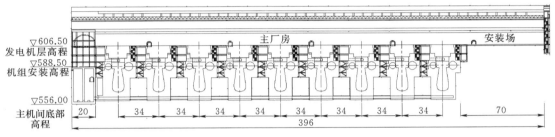

图 6.4-2 地下主厂房立面布置图（单位：m）

（3）安装场。安装场长 70m，开挖跨度同主机间，由高程 599.00～606.50m 间框架结构、安装场工位底板、岩壁吊车梁、钢屋架等组成。

（4）地下副厂房。地下副厂房布置于主厂房左侧端部，开挖跨度同主机间，内部为钢筋混凝土框架结构，框架结构总尺寸为 22m×29m×43.1m（长×宽×高），顺水流方向共布置有 6 榀框架，共分 6 层布置。

6.4.2 吊车梁结构设计

吊车梁包括厂房下游边墙、主变运输洞上方的 20m 长的钢筋混凝土吊车梁，以及上、下游边墙共 772m 长的岩壁吊车梁。岩壁吊车梁总高 3.8m，下部宽 1.5m，上部宽 2.5m，岩台开挖倾角为 24.742°；钢筋混凝土吊车梁截面为 T 形断面，断面尺寸为 1.1m×2.33m（腹板宽×高）。吊车梁设计截面见图 6.4-4。

岩壁吊车梁承担的吊车设备为 800t/160t-27m 双小车桥式吊车和 100t/32t-27m 单小车桥式吊车，吊车跨度为 27m，最大设计竖向轮压为 860kN，规模居国内前列，吊车梁体形和锚固力的设计是岩壁吊车梁设计的重点。该工程采用刚体力系平衡法和有限元法计算并借鉴类似工程岩壁吊车梁设计的成功经验进行设计。

在刚体力系平衡法计算结果的基础上，建立了包括主厂房洞室和岩壁吊车梁在内的三维模型进行三维有限元复核计算。计算结果表明，Ⅱ类和Ⅲ类岩体地段吊车梁加载后围岩的应力和破坏区变化很小，吊车梁的位移和锚杆应力不大，接触面的滑动安全系数在 2.64 以上，吊车梁本身的拉应力值在混凝土抗拉设计值以下；对于断层及影响带以及Ⅳ类岩体地段，围岩塑性的破坏区以及吊车梁的应力、位移、锚杆受力都有较大增加，但仍在安全裕度内，为保证此部位安全采取了加强锚固措施。

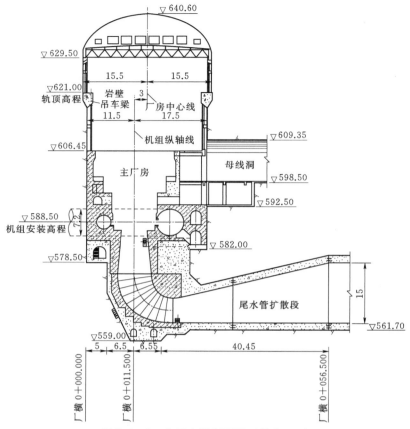

图 6.4-3 主厂房横剖面图（单位：m）

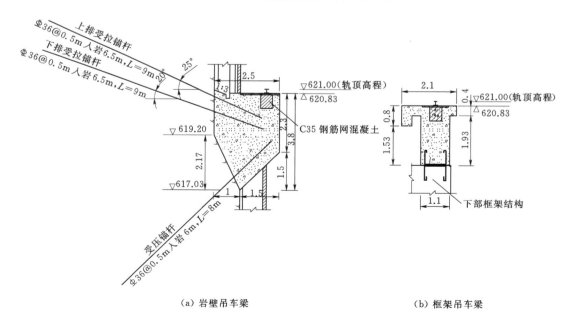

（a）岩壁吊车梁   （b）框架吊车梁

图 6.4-4 岩壁吊车梁及框架吊车梁设计截面（单位：m）

根据刚体力系平衡法及有限元法两种方法的计算结果并参考类似工程经验，确定岩壁吊车梁结构尺寸为 $3.8m \times 2.5m$（高×宽），岩壁吊车梁的基本锚固措施为两排受拉锚杆和一排受压锚杆，受拉锚杆为通长定制高强Ⅲ级精扎螺纹钢，受压锚杆为Ⅱ级螺纹钢。基本锚固参数为：上排受拉锚杆ф36@0.5m、上倾25°、长9m、入岩6.5m；下排受拉锚杆上倾20°，其余同上排受拉锚杆；受压锚杆ф36@0.5m、下倾45°、长8m、入岩6m。为均化锚杆变形及应力，受拉锚杆孔口段1.5m范围内涂抹沥青（见图6.4-4）。

对于断层破碎带岩体地段及主变运输洞口处等部位采用加长锚杆以及加强下部支撑结构等措施进行加强锚固。具体加强锚固措施如下。

（1）断层破碎带岩体地段：受拉锚杆长度加长至11m，入岩8.5m。

（2）主变运输洞口处：受压锚杆受洞口影响长度只有4m（入岩2m），为此，将此段岩壁吊车梁单独分缝，并将洞脸两侧、下方安装场的框架柱向上延伸至岩壁吊车梁下部并整浇，以提高此段至岩壁吊车梁的承载能力。

6.4.3 蜗壳结构设计

电站机组蜗壳进口直径为7.2m，尺寸巨大，承受的内水压力较高，正常运行水压力达2.22MPa，最大水压力（含水击压力）为2.8MPa，蜗壳设计最大 HD 值为1820m^2，属高水头、大容量、高 HD 值机组。蜗壳的结构型式，不仅是该工程重大的技术经济问题，而且关系到电站如期发电和长期安全运行。

鉴于该电站蜗壳结构运行条件、受力条件及体型规模的复杂性，对其结构型式进行了专题研究，采用三维有限元计算分析机墩及蜗壳外包混凝土的内力配筋，并优选机墩蜗壳结构型式；对选定的蜗壳型式进行仿真材料结构模型试验，进一步验证数值计算的成果。研究成果对指导蜗壳结构设计、节省工程投资和提高技术水平，具有十分重要的意义。

6.4.3.1 蜗壳的埋设方式

蜗壳的埋设方式一般有直埋式、弹性垫层式及充水保压式，三种埋设方式在近年的水电站工程中均得到了广泛运用。对该电站蜗壳的埋设方式进行了深入的研究和比较，经综合分析后认为：

（1）该电站机组蜗壳规模、水头均较大，若采用直埋式和弹性垫层式，蜗壳外围混凝土或蜗壳自身承担的内水荷载较大。若采用充水保压式，内水荷载可按照一定比例由蜗壳金属材料和蜗壳外围混凝土进行分担，这样既能充分利用钢蜗壳材料的承载能力，又能有效地控制外围混凝土的应力水平，并使钢蜗壳与外围混凝土都比较充分地发挥作用，取得最优的配合，从而提高金属蜗壳与外围混凝土联合承载的效率，实现技术合理、安全经济。

（2）采用充水保压蜗壳，钢蜗壳及蜗壳外围混凝土内应力比较均匀，受力条件较好。

（3）机组运行时，充水保压蜗壳能贴紧外包混凝土，使座环、蜗壳与大体积混凝土结合成整体，增加了机组基础的刚性，能够避免钢蜗壳在运行时承受动水压力的交变荷载和因此产生的变形，增加了其抗疲劳性能，并可以依靠外围混凝土减少蜗壳及座环的扭转变形。上述优势均减少了机组振动和变形，有利于机组的稳定运行，更适用于该电站大型机组。

（4）蜗壳采用充水保压结构，减少了外围混凝土承担的荷载，省去了垫层及蜗壳内支撑，可以节省一定费用及安装周期。

（5）蜗壳内的水的自重可以抵抗部分外围混凝土浇筑时的上浮力，可以节省拉固措施，并通过蜗壳内水的循环调节其温度，有利于混凝土浇筑时的冷却，提高混凝土浇筑速度、缩短了工期。

（6）从国内外大型、特大型水轮机蜗壳结构型式研究与应用现状来看，单机容量超过500MW机组的水电站采用充水保压蜗壳居多，如国内的天生桥二级（单机容量220MW）、二滩（单机容量550MW）、天荒坪抽水蓄能（单机容量300MW）、三峡后期机组（单机容量700MW）、小湾（单机容量700MW）等工程，以及国外的单机容量超过500MW的水电站，如大古力、古里、伊泰普等。

综上分析，该电站，蜗壳的埋设方式采用充水保压式。

6.4.3.2 充水保压值的确定

蜗壳充水保压值的确定是充水保压式蜗壳需考虑的主要问题之一，在已实施的各类似规模工程中，保压值的确定原则并不是一成不变的，应按照各工程实际情况进行合理分析及选择。保压值的确定原则如下：

（1）保压值不宜过小。如小于该电站最低运行静水头（水库水位降到死水位以下，该电站为176.50m），在电站运行期间蜗壳外围混凝土将提前进入受力状态，在最大水压力（2.8MPa）作用下的蜗壳外围混凝土受力较大，对混凝土结构偏不安全，同时蜗壳钢材的应力却较小，其高强度的特点没有发挥，充水保压方式联合承载的优势没有得到体现。

（2）保压值也不宜过大。保压值过大将使得蜗壳外围混凝土与钢蜗壳间间隙过大，电站在保压水头以下运行时间隙无法贴合，荷载将主要由钢蜗壳结构承担。虽然钢蜗壳本身是按承受全部设计内水压力进行设计及制造，在理论情况下是安全的，但由于间隙的存在，座环、蜗壳与大体积混凝土间没有形成整体，整体刚度较差，在长时间受到承受动水压力的交变荷载、机组振动荷载下将产生过大的变形，同时也不利于钢蜗壳结构的抗疲劳性能，对机组的安全、稳定运行有一定影响，对于该电站大型机组，此问题更应当引起足够重视。

（3）类比已实施的部分类似工程的保压成果见表6.4-1。

表 6.4-1　　　　　　　我国部分类似规模水电站充水保压蜗壳的保压值

序号	电站名称	单机容量 /MW	最大静水压力 /MPa	保压值 /MPa	保压值与最大静水压力比值
1	小湾	700	2.60	1.90	0.73
2	二滩	550	1.94	1.94	1.00
3	瀑布沟	600	1.89	1.40	0.74
4	天荒坪	300	6.80	5.40	0.79
5	三峡	700	1.18	0.70	0.59
6	广蓄一期	300	5.40	2.70	0.50

可以看出，保压值与最大静水压力比值在0.50~1.00之间均有成功实施范例。对于该电站，单机容量650MW，最大静水压力2.22MPa，保压值的范围可考虑选择在1.11~

2.22MPa，但是，由于最低运行静水头为176.50m，按上述第（1）条分析，保压值不应低于1.77MPa。因此，保压值选择范围可进一步缩小为1.77～2.22MPa。

通过上述第（2）条分析可以看出，应充分发挥钢蜗壳和外围混凝土的联合作用，保压值不宜过大。同时考虑到该电站机组的规模及其重要性，该电站保压值的确定原则为：在蜗壳外围混凝土受力、变形等满足各荷载工况要求的前提下，在最小静水头176.50m（死水位至水轮机安装高程）以下的荷载由钢蜗壳单独承担，176.50m以上的荷载由钢蜗壳与蜗壳外围混凝土联合承担，即保压值考虑大于1.77MPa即可。在此基础上，采用三维有限元计算复核以及蜗壳仿真材料结构模型试验，对保压值的合理性进行了验证，最终确定保压值采用1.80MPa，保压值与最大静水压力之比为0.81。图6.4-5为该电站厂房机组蜗壳安装及充水保压时的现场照片。

图6.4-5　蜗壳安装（左）及充水保压（右）

6.4.3.3　蜗壳仿真材料结构模型试验

该电站蜗壳采用充水保压埋设方式，充水保压值为1.80MPa。为验证充水保压值的合理性，考察各工况的水压力作用下钢蜗壳与外围混凝土的贴合情况，掌握钢蜗壳和钢筋应力并分析其分布规律、外围混凝土的开裂和裂缝扩展以及结构的位移情况，开展了蜗壳仿真材料结构模型试验工作，并进行超载试验以了解蜗壳结构的破坏形态、分析其超载能力。在此基础上，对蜗壳结构进行三维非线性有限元分析，将试验结果与有限元计算结果进行对比分析，复核蜗壳结构设计方案。图6.4-6为9号机组蜗壳及外围混凝土平面布置示意图。

1. 模型制作及仿真材料选用

模型试验针对福伊特公司水轮机的7～9号机组进行。模型取一个标准机组段作为模型试验的研究对象，模型与原型的几何比例尺采用1∶10，整个蜗壳模型均采用充水保压蜗壳进行模拟。钢蜗壳模型采用水轮机钢蜗壳设计图进行缩尺，采用16Mn钢板按照几何比例尺进行加工制造并按照原型的管节分块加工，蜗壳与配筋模型见图6.4-7。

模型的蜗壳外围混凝土采用与原型相同强度等级的C25混凝土，在浇筑过程中分层振捣，每层浇筑300mm，模型浇筑完毕后在室温条件下洒水养护28天，养护期间室内温度为14～16℃。养护期间严格控制蜗壳内水压变化，使得内水压力在28天内均维持在1.80MPa，完成养护拆模后的充水保压蜗壳外围混凝土见图6.4-7。

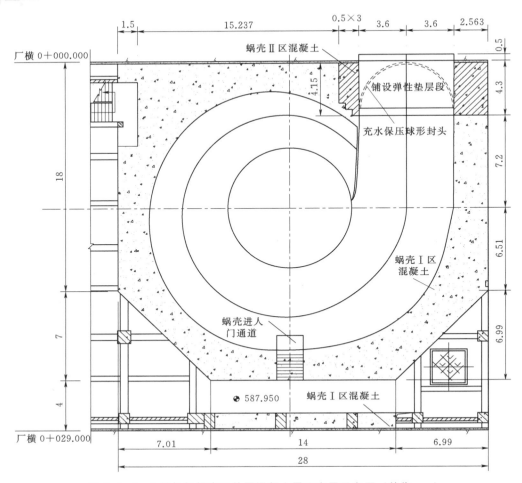

图 6.4-6 9 号机组蜗壳及外围混凝土平面布置示意图（单位：m）

图 6.4-7 蜗壳与配筋模型以及充水保压蜗壳外围混凝土

2. 主要试验过程

该模型试验重点研究了在内水压力作用下，钢蜗壳以及外围钢筋混凝土的应力、位移，混凝土的开裂开展情况和宽度，机墩的上抬位移和不均匀上抬位移等，并进行超载试验，复核结构的安全度，没有考虑其他对结构有利或影响有限的荷载作用。

模型试验分为两个阶段：明钢蜗壳试验和联合承载蜗壳试验。

（1）明钢蜗壳试验。在浇筑混凝土之前，量测明钢蜗壳在内水压力作用下各测试断面的应变和应力，并测量典型断面的位移。目的是检验明钢蜗壳的承载能力和模型的焊接质量，并作为联合承载蜗壳的对比试验，确定钢蜗壳和外围钢筋混凝土的承载比。

（2）联合承载蜗壳试验。在外围钢筋混凝土浇筑养护成型后，主要按下列步骤进行联合承载试验：

1）将内水压力加至 0.50MPa 进行预加载试验。

2）在不超过保压水头 1.80MPa 作用下，测量应力、应变和位移，并研究保压水头下蜗壳与混凝土的贴合情况。

3）分级逐步增大内水压力，进行不超过最大静水压力 2.22MPa 下的钢蜗壳、钢筋和混凝土的应力、应变和位移测量。

4）增加到设计最大内水压力 2.80MPa，研究钢蜗壳、钢筋和混凝土的应力、应变和位移。

5）继续分级加载增大内水压力进行超载试验，研究内水压力下结构的破坏形态和承载能力及安全度、观察裂缝开展情况和宽度。

3. 主要试验结论

通过对模型试验结果的整理和分析，主要结论如下：

（1）当内水压力达到最大内水压力 2.80MPa 时，钢蜗壳的各断面的环向平均应力均未超过 140MPa，最大环向应力值为 217.89MPa；各测试断面附近的钢筋应力均低于钢筋的屈服强度。表面裂缝主要发生在进口直管段蜗壳和机墩交角处的顶面和上游端面，最大裂缝宽度为 0.08mm，小于规范规定的限值，说明在最大设计荷载的工况下，蜗壳以及外围混凝土是安全的，1.80MPa 的设计保压值是合适的。

（2）在内水压力低于 1.80MPa 时，钢蜗壳仅局部位置与混凝土贴合，外围混凝土承担的内水压力很小，外围混凝土结构的位移值也很小。当内水压力达到 1.80MPa 后，钢蜗壳与外围混凝土整体贴合，外围混凝土与钢蜗壳开始联合受力，混凝土结构的位移也随即增大。

（3）正常运行内水压力为 2.22MPa 时，外围混凝土已承担部分内水压力，钢筋整体应力水平较低，钢蜗壳外围混凝土应变值较大，但未发现可见裂缝，说明正常运行下外围混凝土参与承载的同时结构自身是安全的。

（4）超载试验结果表明，在 1.5 倍的设计内水压力下，钢蜗壳的应力仍小于材料的允许应力，说明钢蜗壳是安全的。蜗壳顶面裂缝沿机墩和蜗壳顶面交线有一定发展，裂缝附近多个测点钢筋应力超过 200MPa，但尚未超过屈服强度，说明结构尚有一定安全裕度。

6.4.3.4 三维非线性有限元计算及对比分析

为确保仿真材料结构模型试验成果的准确性，开展了三维非线性有限元计算，将其成果对模型试验成果进行验证、复核并进行对比分析，以有效指导后续设计工作。

1. 计算模型和计算方法

（1）有限元计算模型。有限元计算模型从 7～9 号机组中选择一个标准机组段为研究对象，由外围混凝土、钢蜗壳、固定导叶和座环组成。有限元计算模型共划分单元 62482 个，节点 45376 个。计算模型的各个组成部分见图 6.4－8。

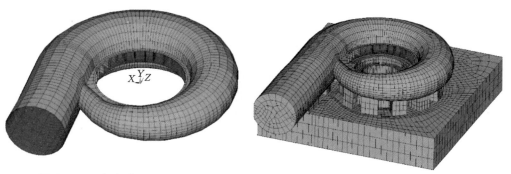

图 6.4－8　钢蜗壳、座环和导叶有限元模型（左）以及保压浇筑有限元模型（右）

（2）计算方法。对于蜗壳钢衬，它先后承受两部分的内水压力作用：首先单独承担保压水头，蜗壳发生径向变形后，钢蜗壳和外包钢筋混凝土接触紧密，变形的钢蜗壳与外包钢筋混凝土再联合承担剩余水头，钢蜗壳最终的变形和应力由这两部分水头单独作用所引起的变形和应力进行叠加得到。蜗壳外围混凝土在剩余水头下的应力和变形即是最终的应力和变形。当混凝土的拉应力达到其抗拉强度时，混凝土出现裂缝，应力由钢筋承担。在混凝土开裂前后，钢筋始终承担轴向拉应力。不考虑钢衬、钢筋与混凝土之间的滑移。

2. 主要计算结论

（1）在 2.80MPa 全水头作用下，钢蜗壳的最大等效应力为 272.45MPa，位置位于尾管附近的鼻管段与上环板相交处，但属于局部应力，钢蜗壳的总体应力范围在 200MPa 内，小于钢材的设计强度。

（2）蜗壳外围混凝土结构中的钢筋应力水平整体不高，均未达到钢筋的屈服强度。

（3）进口直管段顶部和各断面上下碟边附近的混凝土应力较大的区域，经非线性损伤计算判断这些区域已经开裂，但裂缝宽度较小，均未超出规范限值。

3. 计算结果与模型试验对比

（1）在设计保压水头 1.80MPa 下，钢衬各断面环向平均应力的计算值与模型试验值的误差为 3.72%～19.93%。在设计水压力 2.80MPa 下，有限元数值计算结果与模型试验值的误差为 1.51%～28.98%。从整体上看，计算值与实测值吻合较好，钢蜗壳各测点的试验值和计算值均小于钢材的允许应力。

（2）模型试验和有限元计算的结果都表明，蜗壳外围混凝土结构中的钢筋应力整体水平不高，均未达到钢筋的屈服强度。

（3）当内水压力加至 2.80MPa 时，蜗壳和机墩拐角处裂缝实测宽度为 0.08mm，蜗壳外围混凝土各部位的裂缝宽度的计算值介于 0.01～0.09mm，与实测值量级相当，最大裂缝宽度的计算值和实测值均未超过规范规定的限值。

（4）仿真模型试验及其有限元的裂缝分布规律均表明，蜗壳直管段顶面混凝土较薄，特别是进口段与机墩的交角部位，后续设计中对此部位进行了重点加强。

6.4.3.5 小结

机组蜗壳结构的研究是该电站发电厂房建筑物设计的一大重点。根据该电站特点，通过对蜗壳埋设方式的比较和研究，确定采用充水保压式。保压值的选定是充水保压式蜗壳要研究的主要问题，通过对蜗壳及外围混凝土的设立特点分析，结合工程类比，初步确定保压值取电站正常运行时的最小静水头 1.80MPa，在此基础上开展了蜗壳仿真材料结构模型试验，并在此基础上进行了三维非线性有限元计算复核，对比后的结果表明，模型试验和有限元数值计算的成果和规律总体上是一致的，蜗壳及外围混凝土结构是安全的，保压水头取 1.80MPa 是合理的。

6.4.4 机墩结构设计

该电站机墩结构型式为：上游侧为方形，下游侧为圆形。机墩结构尺寸参考类似工程拟定，机墩内直径为 11m，厚度为 5.3m（靠上游墙侧厚 5.85m），机墩混凝土强度等级为 C25。

（1）静力计算。机墩静力计算分别采用了结构力学法和三维有限元法。结构力学法参照《水电站厂房设计规范》（SL 266）附录 C 的方法进行计算；三维有限元法计算工况与蜗壳计算部分相同，内容包括整体强度计算、主拉应力计算，孔口应力验算和设备基础局部压应力计算等。

计算结果表明：两种机组机墩混凝土除下机架基础、定子基础部位的局部区域由于体型突变产生的应力突变外（如筒阀接力器管廊道处、基坑进人廊道处等），其余应力分量均表现为压应力，且应力值均很小，机墩结构是安全的，除局部体型突变部位拉应力超过混凝土承载力需进行局部加强外，其余均为构造配筋。

（2）机墩动力计算的目的是校核机墩强迫振动和自振之间是否会发生共振现象、验算振幅是否在容许范围内、校核动力系数等，相关内容在 6.4.6 节进行介绍。

6.4.5 风罩结构设计

该电站风罩结构型式为：上游侧为方形，下游侧为圆形。风罩内直径为 20m，上游侧厚度为 1.35m，其余部位厚度为 0.8m，顶高程同发电机层结构高程（606.450m），风罩混凝土强度等级为 C25。用结构力学法对风罩进行了静力计算，用三维有限元法对风罩分别进行动力计算和温度应力分析。

1. 静力计算

风罩的整体结构计算根据《水电站厂房设计规范》（SL 266）的相关规定，按照最不利工况组合叠加后计算内力，并按偏心受压构件计算竖向钢筋，按纯弯构件计算环向钢筋，并对进人孔、中性点母线孔等孔口进行局部加强。

计算结果为结构按照构造要求配筋可满足要求，考虑到发电机层荷载较大，在梁与风罩搭接各部位设置暗柱以改善风罩顶部结构的应力集中状况。

2. 风罩结构温度应力分析

（1）计算模型和约束条件。该电站地下厂房风罩为混凝土薄壁圆筒结构，其厚度较薄、内外温差大，结构承受不均匀拉应力较明显。因此，对地下厂房风罩结构进行了温度场和温度应力的计算，以分析温度应力对风罩结构的影响。计算选取福伊特机组段（7号机组）进行整体建模和分析。约束形式：整体模型底部围岩对混凝土的约束作用按刚性约束考虑，模型顶部及机组段分缝处无约束，上、下游边墙法向约束。

（2）分析方法。采用顺序耦合法进行考虑温度场后的结构应力分析。为考虑风罩最不利情况下的运行状态，机组荷载选取荷载值最大的半数磁极短路工况下的荷载。风罩内外温差20℃。考虑温度场后的荷载组合及整体温度场分布见图6.4-9。

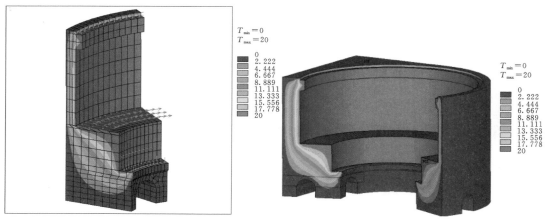

图6.4-9 考虑温度场后的荷载组合及整体温度场分布（单位：℃）

（3）风罩结构温度应力分析。考虑温度场后的风罩结构整体应力主要计算结果见图6.4-10。

经计算后分析，风罩环向应力整体呈由外壁向内壁递减的趋势，外壁承受拉应力，内壁承受压应力，高程600.00m、602.00m、604.00m处风罩外壁平均环向应力最大值分别为4.30MPa、3.63MPa、2.26MPa；由于风罩内外计算温差较大（温差为20℃），因此风罩外壁拉应力值较大，各断面外壁环向应力均超过了混凝土的抗拉强度。

3. 结论及处理措施

温度荷载对风罩混凝土的应力影响较大，在进行风罩外围混凝土结构设计时，应考虑温差的影响。温度荷载的作用使风罩外表面出现较大的环向拉应力，在实施阶段的风罩结构设计中考虑了增加配筋量，施工时通过改善冷却方式进行混凝土浇筑等措施降低了风罩内外温差，从而减小了风罩的拉应力，现风罩结构运行正常。

6.4.6 机墩蜗壳结构共振研究

1. 计算模型

计算模型与前述静力计算模型相同。由于水电站地下厂房结构复杂，刚度分布极其不均匀，造成结构的自振特性非常复杂，且振动大都表现为梁系及楼板等结构的局部振动，前20阶振动模态基本不体现大体积混凝土的振动。因此，为了较为方便地得到机墩蜗壳混凝土结构的动力特性，计算中还考虑了只有蜗壳及外围混凝土时的情况，即只保留蜗壳及其外围混凝土的情况下，将周围结构的弹性作用作为约束施加于模型上。动力计算模型及蜗壳、外围混凝土有限元模型见图6.4-11。

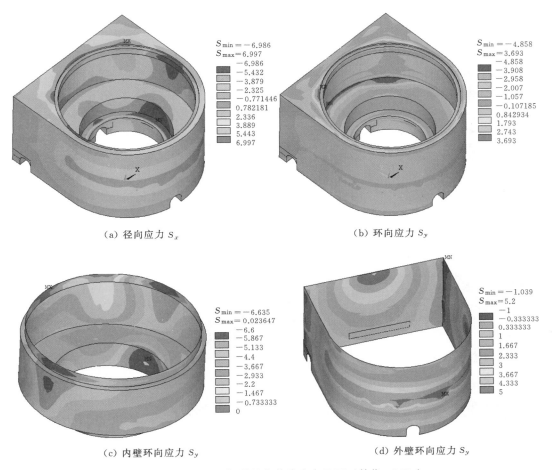

（a）径向应力 S_x （b）环向应力 S_y

（c）内壁环向应力 S_y （d）外壁环向应力 S_y

图 6.4-10 风罩机墩结构整体应力云图（单位：MPa）

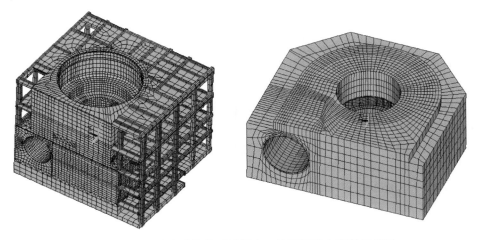

图 6.4-11 动力计算模型及蜗壳、外围混凝土有限元模型

2. 动力特性计算分析

边界条件：底部围岩对混凝土的约束作用按刚性约束考虑，模型顶部及机组段分缝处无约束，上、下游边墙法向约束；只考虑蜗壳外围混凝土的情况，模型其余部分对蜗壳及外围混凝土的弹性作用换算为弹性约束施加。

厂房结构的前4阶固有频率及振型见表6.4-2，振型见图6.4-12和图6.4-13。

表6.4-2　　　　　　　　　　厂房结构的前4阶固有频率及振型

模态阶次	厂房整体结构	
	频率/Hz	振型描述
1	12.096	厂房上部整体横向，水轮机层右侧下游最大
2	13.367	右侧楼板竖向，发电机层楼板最大
3	14.641	右侧楼板竖向，发电机层楼板最大
4	16.534	右侧楼板竖向，发电机层上游边最大

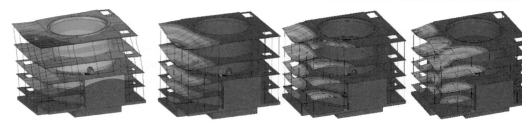

图6.4-12　整体厂房结构前4阶振型图　（f=12.096～16.534Hz）

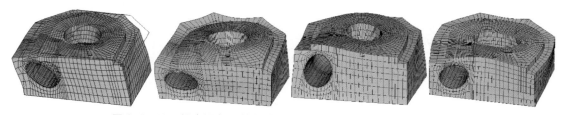

图6.4-13　蜗壳混凝土结构前4阶振型图　（f=29.25～41.76Hz）

计算主要成果分析如下：

（1）对于整体地下厂房模型，绝大多数的振型都是表现为楼板的局部振动，且在各层楼板中，右侧发电机层的楼板刚度最低，其次是母线层。

（2）在楼板的各阶振型中，母线层、发电机层右侧楼板的振动较突出，而左侧楼板的振动相对较小，主要原因为刚度差别。

（3）对于只考虑蜗壳外围混凝土时的模型，计算得到的蜗壳混凝土结构的前4阶振型及相应的频率如图6.4-13所示，其频率范围为29.25～41.76Hz。该电站机组蜗壳中水流不均匀引起的振动频率为35.42Hz，有可能由于水力原因诱发机墩蜗壳混凝土结构的振动，因此有必要对机墩蜗壳混凝土结构进行流激诱发的共振复核。

3. 厂房结构共振校核

共振校核以《水电站厂房设计规范》（SL 266）为依据，根据厂房结构的自振频率以及引起机组和厂房结构振动的各种振源的激振频率计算成果，对厂房结构是否发生共振进行校核。

厂房结构各阶频率之间相差较小、频率密集，基本在每个个位内均有频率出现。因此，除了对结构的基频进行共振校核外，还需要对结构高阶自振频率进行校核，适当考虑振源激振频率与结构高价频率产生共振的可能性，取厂房下部结构前30阶自振频率进行校核。

规范要求的校核标准是：结构自振频率和振源激振频率的错开度应大于20%～30%。对主要的振源频率和各模型的自振频率（结构前30阶自振频率）进行了对比，对频率错开度值进行了统计，综合后主要得出如下结论：

（1）根据制造厂家提供的资料，机组的固有振动频率：额定转速时为2.08Hz，飞逸转速时为3.96Hz。结构基频与机组额定转速时的固有频率相差较远，不会产生共振，说明结构本身是能满足要求的。

（2）尾水管涡带摆动、卡门涡、叶片气蚀、水力冲击转轮叶片至导叶的激振频率、转速频率、2倍转速频率、飞逸转速频率、主轴法兰推力轴承安装不良、轴曲引起的振动频率、发电机定子铁芯机座合缝不严引起的振动频率及定子极频与结构产生共振的危险性基本不存在，频率保持有足够的错开度。

（3）对于厂房结构的高阶频率与振源激振频率间的优势振动，主要是来自厂房某些高阶频率与蜗壳中水流不均匀引起的振动频率（35.42Hz）间的耦合作用，而且错开度随着自振频率的增加而减小。

（4）对于只考虑蜗壳外围混凝土时的情况，其可能诱发振动的频率区域较多。主要集中在激振频率30～100Hz，结构的自振频率从低阶到高阶都有和这个区域的激振频率发生耦合，分布较广。这些可能的诱振源由于振动频率较高，产生的振动能量有限，预计不会对结构造成危害。

（5）由于飞逸转速属于瞬时过渡工况，机组的运行时间短，具有瞬时荷载特性，非正弦波形，且设备设计有自动化续电保护系统，因此对土建结构来说发生共振的可能性很小。

4. 动力系数复核

根据动力计算成果，对结构进行动力系数复核，当不考虑阻尼影响时，动力系数可按下式计算：

$$\eta = \frac{1}{1 - \left(\dfrac{f_j}{f_{0i}}\right)^2} \tag{6.4-1}$$

式中 f_j——强迫振动频率；

f_{0i}——结构某一方向某一阶自振频率。

取 $f_j = f_n = 2.08\text{Hz}$，$f_{0i} = 12.096\text{Hz}$（第1阶自振频率，与转频最接近），则 $\eta = 1.03$。所以，从振动动力系数分析看，频率错开度较大，振动放大系数较小。因此机墩结构动力设计是安全的。

6.4.7 厂区防渗排水系统设计

厂区防渗排水系统布置见图6.4-14和图6.4-15。

1. 厂区防渗设计

厂区地下洞室群均位于地下水水位线以下，除断层破碎带外，洞室部位的岩体透水率均小于1Lu（经验公式1Lu≈$1.0×10^{-7}$m/s），属微透水性，地下水水位埋藏深度为83～220m，高出厂房顶拱0～129m。为防止蓄水后库区水向厂区渗漏，在距主厂房上游边墙50m处设置灌浆帷幕。帷幕线与右侧坝基防渗帷幕及左侧溢洪道堰体防渗帷幕相连，形成大范围的封闭防渗帷幕体系。

厂区上游的灌浆帷幕高程为821.50～570.00m，在高程755.00m、690.00m、643.00m设置3层灌浆平洞，高程755.00m、690.00m两层灌浆平洞均与溢洪道、大坝同高程灌浆平洞连接；高程690.00m竖向帷幕与高程643.00m水平帷幕搭接，高程643.00m灌浆平洞又称为厂区第一层灌浆排水洞，其竖向帷幕一直延伸至高程570.00m并与压力钢管环形阻水帷幕结合。

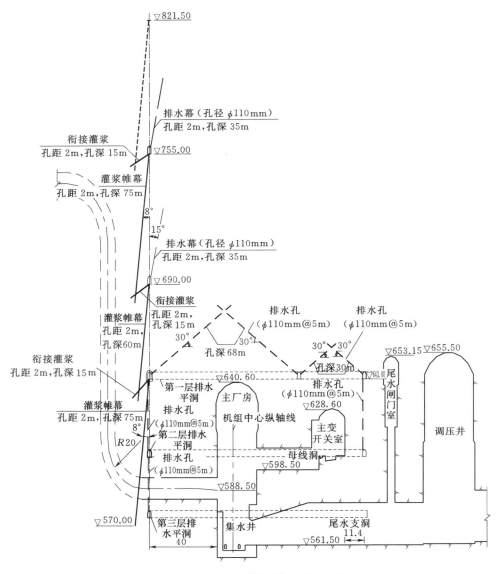

图6.4－14　厂区防渗排水系统布置

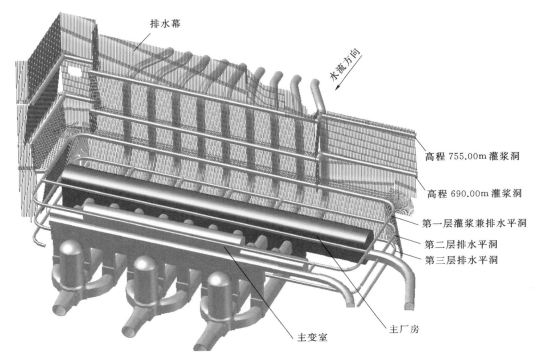

排水幕

水流方向

高程 755.00m 灌浆洞

高程 690.00m 灌浆洞

第一层灌浆兼排水平洞

第二层排水平洞

第三层排水平洞

主变室

主厂房

图 6.4 - 15 厂区防渗排水系统三维布置

2. 厂区排水设计

厂区地下洞室群地下水水位线较高,为降低围岩的外水压力,以利地下洞室的围岩稳定,厂区设置相应的排水系统排除渗水。在主厂房、主变室顶部分别设"人"字形排水幕排水至高程 643.00m 灌浆排水平洞。在厂区四周设 3 层排水平洞,高程分别为 643.00m、606.00m、576.00m,又称为厂区第一层灌浆排水平洞、厂区第二层、第三层排水平洞。

上下层排水平洞间设垂直排水孔。第一层排水平洞为环形封闭式,右侧与坝基灌浆廊道相通,由尾闸运输洞和 3 号施工支洞进洞;第二层排水平洞为环形封闭式,由主厂房运输洞及主变交通洞进洞,上游侧排水平洞设 5 条疏散通道通向地下厂房发电机层;第三层排水平洞为半封闭式,与主厂房渗漏集水井相通,由 2 号施工支洞进洞。最后,厂区渗水由第三层排水平洞汇入主厂房渗漏集水井,经抽排系统排出厂区。

上述的排水平洞及排水管构成了整个厂区排水系统。

6.4.8 钢网架设计

主厂房钢网架支撑于厂房顶拱下方预留的吊顶岩锚梁之上,吊钢网架设支托及檩条以支撑屋面及侧屋面压型钢板,压型钢板采用镀铝锌彩板,屋面上方主要布置各种风管及事故排烟管。屋面采用下弦多点支承式螺栓球双层平板空间钢网架结构,钢网架总长 393.6m,跨度为 29.8m,高度为 2.0m,平面总面积共 11729.28m²。

钢网架上弦杆为纵横向布置,下弦杆为纵横向布置,上弦点、下弦点之间采用斜向腹杆连接。图 6.4 - 16 为主厂房钢网架平面示意图。

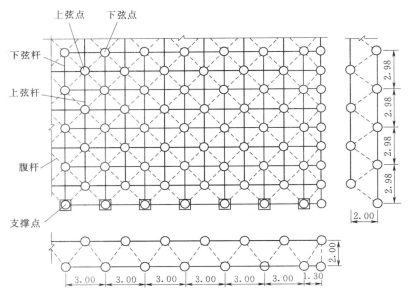

图 6.4 - 16　主厂房钢网架平面示意图（单位：m）

采用空间网格结构计算机辅助设计系统（3D3S7.0）进行结构计算，网架设计采用空间桁架位移法，所有杆件考虑为承受轴向力的铰接杆，并利用计算机进行内力和位移计算。经计算，钢网架上弦杆、下弦杆及腹杆等杆件均采用高频电焊钢管，选用 Q235B 钢，直径 60～159mm；上弦点、下弦点均采用螺栓球，选用 45 钢，直径 120～220mm；其余部位钢材选用 Q235B 钢。

6.5　主要设计特点及创新技术

1. 厂区枢纽建筑物布置

该电站引水发电系统主要由引水、厂区及尾水建筑物组成，厂区枢纽建筑物主要包括地下厂房、主变室、母线洞、出线竖井、地面建筑物及各类交通、通（排）风等辅助洞室，厂区枢纽建筑物的布置主要围绕地下厂房进行。

结合引水、尾水建筑物平顺布置的要求，充分利用枢纽区坝址左岸地形、地质条件，在左岸半岛形山体中布置地下厂房洞室群。地下厂房等主要洞室布置于枢纽区工程地质条件最好的 A 区，山体岩石新鲜完整、强度高，可满足大型地下洞室群成洞要求，且大幅度降低了洞室支护成本和投资。通过调整、优化厂房轴线布置，厂房轴线与地应力最大主应力方向夹角较小，各断层及其次生结构面、节理面基本与厂房纵轴线大角度相交，且很好地避开了断层，使得上述不利条件对洞室群围岩稳定的影响达到最小，保证了工程的安全性和经济性。

2. 采用动态设计理念及方法优化支护设计参数

采用动态设计理念，在前期研究成果的基础上，在地下洞室群先期开挖部位（第一层排水平洞、主厂房上部顶拱等）布设了多种监测仪器进行超前监测，分析现场开挖引起的围岩力学响应（围岩位移、岩体内部围岩应力、破损区大小、锚杆/锚索应力等），对综合地质参数进行了反演分析，利用三维数值计算进行围岩稳定分析，预测下一步开挖对围岩的影响，并及时调整、优化了先期开挖支护参数；在后续的开挖支护设计中，根据开挖后揭示的围岩工程地质条件和表现出的变形破坏模式，通过对监测资料的及时分析，并综合考虑现场实施的可行性，实时对施工过程中的下一步开挖支护方案进行预测分析和动态调整，主要包括不同类别的支护区域调整，以及锚杆间距、锚索拉力、随机支护等围岩支护参数和方案的优化等。

经动态调整和优化后，后续的监测资料表明，在厂房开挖的后期，围岩变形、锚杆应力、锚索锁定荷载等各项监测数据均已经趋于平稳、收敛并稳定，并与动态优化后数值计算成果基本吻合，地下厂房已正常运行多年，开挖支护动态设计取得了预期的效果。

3. 地下厂房的防渗设计

发电厂房地下洞室群上游距离库区较近，厂区地下洞室群均位于地下水水位线以下，地下水水位高出厂房顶拱 0～129m，为防止蓄水后库区水向厂区渗漏进而影响洞室的围岩稳定及正常使用，设计上主要遵循"以排为主、排防结合"的原则，在地下厂房、主变室周边设置了 3 层排水平洞，在第一层排水平洞上设置"人"字形排水幕笼罩于洞室顶拱上方，厂区渗水由各层排水洞汇至厂房渗漏集水井后最终排至尾水。此外，第一层排水平洞兼作为厂区帷幕灌浆洞，帷幕线与右侧坝基防渗帷幕及左侧溢洪道堰体防渗帷幕相连，形成大范围的封闭防渗帷幕体系。厂区防渗系统已投入运行使用多年，各方面监测数据表明，渗水量处于正常水平，防渗设计取得了良好的效果。

4. 大型电站机墩蜗壳型式研究及受力分析

该电站地下厂房机组均属高水头、大容量机组，无论使用何种机墩蜗壳型式，都没有更多的先例可循。正确、合理地选择机墩及蜗壳埋设型式，不仅是重大的技术经济问题，而且关系到电站的稳定和安全运行。

针对该电站蜗壳的具体特点，通过大量的科学分析计算，并研究金属蜗壳在高雷诺数强脉动水流作用下的振动特性，确定了采用蜗壳保压浇筑混凝土的结构型式；通过大型蜗壳仿真材料结构模型试验和三维非线性有限元分析，对 1.80MPa 的保压值合理性进行了充分论证，对金属蜗壳应力、蜗壳外围混凝土、机墩结构及配筋、风罩温度工况下的结构分析、机墩蜗壳共振复核及厂房内源动力作用下振动反应等进行分析研究，并将研究成果充分运用于设计中，取得了较好的技术经济效果。

5. 厂房 BIM 三维设计

（1）在该电站推行三维设计的最初几年，水电行业三维设计基本处于起步阶段，因此并不具备现成经验可供参考借鉴。通过在该电站多年"坚定不移、面向工程、全员参与"的 BIM 三维设计工作实践的基础上，形成了一套昆明院拥有自主知识产权的、成熟的三维设计体系。

（2）在该电站实施的三维设计工作，实现了大型水电站厂房全流程、全专业在 REVIT 统一平台下的三维协同设计，减少了传统二维设计中普遍存在的错、漏、碰问题，既提高了效率，又保证了质量，还为后续开展精益生产管理、设计文件精确管理等创造了基础性条件。

（3）实现了三维模型标准化、计算的标准化，利用三维设计软件强大的实时双向关联机制，避免了重复劳动，提高了工作效率，提升了科技含量。

（4）充分挖掘三维设计软件二次开发功能，研发了大体积复杂结构三维钢筋绘制辅助系统及厂房蜗壳、肘管建模配筋系统，将简单而烦琐的工作交给计算机自动完成，减少了设计、校审工作量，避免了以往因人为因素导致的常见错误，提高了生产效率。

第 7 章

导截流建筑物

7.1　施工导流规划设计

7.1.1　导流方式

坝址处河段两岸地形陡峻，河道较顺直，为不对称的 V 形河谷。坝基为花岗岩，河床覆盖层厚 6～31m，枯水期河面宽 80～100m。根据坝址的地形、地质、水文条件和水工枢纽布置特点，初期导流采用河床一次断流，上、下游土石围堰挡水，隧洞导流，主体工程全年施工的导流方式，中、后期导流均采用坝体临时断面挡水，泄水建筑物为初期所设的 5 条导流隧洞；导流隧洞下闸封堵后，利用右岸泄洪隧洞和溢洪道临时断面泄流。

7.1.2　导流标准

糯扎渡水电站为一等大（1）型工程，主要永久水工建筑物级别为 1 级。根据《水电工程施工组织设计规范》（DL/T 5397）有关规定，导流建筑物级别为 3 级。对各导流时段及标准进行了充分论证，各时段的导流标准及设计流量见表 7.1 - 1。

表 7.1 - 1　　　　　　　　　　　　导 流 标 准 及 流 量 表

序号	项　　目			设计洪水标准/%	设计流量/(m³/s)
1	初期	围堰挡水	2008 年	2	17400
			2009 年	2	17400
2	中期	坝体临时挡水	2010 年	0.5	22000
			2011 年	0.5	22000
3	后期	坝体临时挡水	2012 年	0.2	25100
				0.1（校核）	27500
4	截流		2007 年 11 月中旬	10（旬平均）	1442
5	1 号、2 号、3 号导流隧洞下闸		2011 年 11 月中旬	10（旬平均）	1710
6	4 号导流隧洞下闸		2011 年 12 月上旬	10（旬平均）	989
7	5 号导流隧洞下闸		2012 年 4 月上旬	10（旬平均）	1651
8	1～4 号导流隧洞堵头施工		2011 年 12 月至2012 年 5 月	0.5（时段）	5790
9	5 号导流隧洞堵头施工		2012 年 5—12 月	5（设计）	14300
				0.2（校核）	25100

7.1.3　导流程序

导流程序见表 7.1 - 2。

表 7.1－2 导流程序表

导流时段	设计洪水标准/%	设计流量/(m³/s)	堰（坝）顶高程/m	水库水位/m	泄水建筑物	备注
2007 年 11 月上旬	10（旬平均流量）	1442	615.00（戗堤）	612.38	1 号＋2 号导流隧洞	工程截流
2007 年 11 月至 2008 年 5 月	10（11 月至次年 5 月）	4280	624.00（围堰施工平台）	623.20	1 号＋2 号导流隧洞	一枯施工围堰及基坑开挖
2008 年 6 月至 2010 年 5 月	2	17400	656.00（围堰）	653.66	1 号＋2 号＋3 号＋4 号导流隧洞	上下游围堰挡水，坝体填筑施工，2010 年 1—5 月下游围堰拆除
2010 年 6 月至 2011 年 10 月	0.5	22000	＞690.00（坝）	672.69	1 号＋2 号＋3 号＋4 号＋5 号导流隧洞	坝体临时断面挡水，坝体填筑施工
2011 年 11 月	10（小湾至糯扎渡区间流量）＋小湾最小发电流量	1710	＞750.00（坝）	617.85	4 号导流隧洞	1 号、2 号、3 号导流隧洞下闸
2012 年 2 月中旬	10（小湾至糯扎渡区间流量）＋小湾最小发电流量	989	＞750.00（坝）	672.50	5 号导流隧洞	4 号导流隧洞下闸
2011 年 2 月中旬至 2012 年 4 月上旬	0.5（12 月至次年 5 月）（小湾至糯扎渡区间流量）＋小湾最小发电流量	5790	＞750.00（坝）	713.27	5 号导流隧洞＋右泄	蓄水期坝体防洪要求
2012 年 4 月上旬	10（小湾至糯扎渡区间流量）＋小湾最小发电流量	1651	＞750.00（坝）	705.76	右泄	5 号导流隧洞下闸
2012 年 4 月上旬至 5 月	0.5（12 月至次年 5 月）（小湾至糯扎渡区间流量）＋小湾最小发电流量	5790	＞791.00	757.72	右泄	蓄水期坝体防洪要求
2012 年 6—10 月	0.2	25100	＞802.00	797.44	右泄＋未完建溢洪道（溢流堰高程 775.00m）	汛期坝体临时断面度汛，右泄与溢洪道临时断面泄流，5 号导流隧洞封堵体施工
2012 年 6—10 月	0.1（校核）	27500	＞802.00	799.10	右泄＋未完建溢洪道（溢流堰高程 775.00m）	汛期坝体临时断面度汛，右泄与溢洪道临时断面泄流，5 号导流隧洞封堵体施工
2012 年 11 月至 2013 年 5 月	5（11 月至次年 5 月）	6170	＞802.00	769.76	右泄＋机组发电	溢洪道堰体施工防洪要求
2012 年 11 月至 2013 年 5 月	0.5（11 月至次年 5 月）	10400	＞802.00	778.20	右泄＋未完建溢洪道（溢流堰高程 775.00m）	枯期坝体防洪要求
2013 年 5 月以后	大坝及溢洪道完建		821.5			永久泄洪建筑物正常运行

7.2 导截流建筑物布置

7.2.1 导流布置方案研究

1. 布置原则及布置条件

施工导流建筑物应与水工永久建筑物枢纽布置相协调；导流隧洞洞线布置考虑地质条件的影响，尽量避开顺河向与洞线平行的断层，减少导流隧洞长度，兼顾进出口开挖难度，缩短工期，尽早截流，以利于保证发电工期；导流建筑物应尽量考虑与水工永久建筑物结合布置，以减少工程投资。

围堰型式和规模应满足在一个枯水期完建并挡水的要求，根据国内已建工程的经验，一个枯水期的填筑高度一般在 60m 左右。电站工程为当地材料坝，施工设备及道路条件相对较好，围堰规模可适当加大，参照国内大型工程如二滩水电站、三峡水电站围堰工程的施工，围堰高度控制在 70~80m。

糯扎渡水电站坝址处澜沧江的流量大，挡水建筑物承受的水头高，要求上游围堰既能适应现有深度覆盖层基础，又可以在一个枯水期完建。电站枢纽坝轴线上、下游有多条冲沟，尤其是左岸上游的勘界河和右岸下游的火烧寨沟使得枢纽布置的地形条件受到限制，导流隧洞进口距黏土心墙堆石坝坝轴线不到 600m，故考虑上游围堰部分与坝体结合的方案。由于上游围堰与坝体结合部分的基础要求高，需进行部分开挖，为保证围堰填筑的施工工期，围堰宜尽量向上游移，少与坝体结合。上游围堰平面位置的调整考虑上游堰脚距离隧洞进口的位置要求，防止围堰上游坡被掏刷。

下游围堰在考虑距导流隧洞出口位置的同时，尽量避开冲沟布置。下游围堰主要受火烧寨沟及右岸泄洪洞及导流隧洞出口的影响，向上、下游移动的余地不大。

2. 导流隧洞布置方案研究

针对右岸地质条件相对差、隧洞洞径大、中期导流隧洞泄洪水头和流速高等问题，同时兼顾导流隧洞后期下闸封堵及向下游供水，进一步优化调整了导流隧洞的布置。共拟定了 5 个导流隧洞布置方案。经综合比较研究及进一步优化，选定了 1 号、2 号、3 号、4 号、5 号导流隧洞方案，其中 1 号、2 号、5 号导流隧洞布置于左岸，3 号、4 号导流隧洞布置于右岸，1 号导流隧洞进口高程为 600.00m，2 号导流隧洞进口高程为 605.00m，3 号导流隧洞进口高程为 600.00m，4 号导流隧洞进口高程为 630.00m，5 号导流隧洞进口高程为 660.00m，且结合地形条件，为节约投资，1 号导流隧洞后段与 1 号尾水隧洞结合，5 号导流隧洞后段与左岸泄洪隧洞结合。将导流隧洞分高程布置，降低了下闸封堵的难度；高部位导流隧洞的设置易于保证向下游供水并满足水库蓄水要求。

3. 围堰布置方案研究

由于受枢纽布置及地形条件限制，考虑上游围堰部分与坝体结合，下游围堰与坝体结合（后期改造为量水堰）。上游围堰布置于勘界河下游约 70m，两岸地形完整，两岸坡基本对称，左岸地形坡度约为 33°，右岸为 39°。下游围堰布置于糯扎沟口上游约 300m，两岸地形较完整，右岸在围堰轴线下游约 43m 处有 13 号冲沟，左岸地形坡度约为 37°，右岸为 43°。

对上游围堰堰顶高程、导流隧洞断面尺寸进行了多方案比较，即拟定了上游围堰高度分别为 74m、68m、63m 及对应的导流隧洞断面尺寸，经分析可知：上游围堰高度对洞径的影响非常敏感，而围堰工程量随围堰高度的变化不大，从而对围堰的施工强度影响也不大。根据工程区的地质条件、围堰布置条件及施工技术水平，宜适当提高围堰高度，以减小隧洞的洞径，降低地下洞室的成洞难度，同时工程造价较为经济合理。经比较分析后选定初期导流布置方案为：上游围堰堰顶高程为 656.00m，围堰最大高度为 82m，1 号、2 号、3 号导流隧洞断面尺寸为 16m×21m（宽×高）。

上、下游共拟定了黏土斜墙围堰、复合土工膜斜墙围堰、黏土心墙围堰、复合土工膜心墙围堰 4 个堰型方案，经比较确定，上游围堰采用复合土工膜斜墙围堰方案，下游围堰采用复合土工膜心墙围堰方案。

上、下游围堰基础防渗结构进行了高喷防渗墙与混凝土防渗墙两个方案比较。高喷防渗墙钻孔施工相对较快，但施工质量受河床物质组成、水、气、浆液的影响较大，施工质量难以保证；混凝土防渗墙造孔、固壁有一定难度，但由于造孔机械及施工方法的不断发展，施工速度上也有较大提高。同时混凝土防渗墙的质量相对易保证，防渗效果较好。根据坝址河床冲积层厚度和河床堆渣的实际情况，并参考类似围堰工程实施的成功经验，简化防渗体的施工及结构型式，综合考虑防渗效果、围堰施工工期因素，堰基防渗采用混凝土防渗墙。

7.2.2　导流隧洞布置

为满足工程施工导截流和供水需要，共布置 1 号、2 号、3 号、4 号、5 号导流隧洞，其中 1 号、2 号、5 号导流隧洞位于左岸，3 号、4 号导流隧洞位于右岸，主要布置如下：

1 号导流隧洞断面型式为方圆形，衬砌后断面尺寸为 16m×21m（宽×高），进口底板高程为 600.00m，洞长 1067.868m，隧洞底坡为 0.578%。其中 0+870.377～0+914.786 为转弯段，平面转弯半径为 100m，转角为 25°26′41″，出口底板高程为 594.00m。进水塔长 21m，宽 30m，高 46m。

2 号导流隧洞断面型式为方圆形，衬砌后断面尺寸为 16m×21m（宽×高），进口底板高程为 605.00m，洞长 1142.045m（含与 1 号尾水隧洞结合段长 304.020m）；结合段前隧洞底坡为 3.81%，结合段后隧洞底坡为 0；其中，0+896.710～0+941.041 为转弯段，平面转弯半径为 100m，转角为 25°23′59″，出口高程为 576.00m。进水塔长 21m，宽 30m，高 41m。

3 号导流隧洞断面型式为方圆形，衬砌后断面尺寸为 16m×21m（宽×高），进口高程为 600.00m，洞长 1529.765m，隧洞底坡为 0.5%，其中 0+104.987～0+328.800 和 1+053.988～1+210.890 为转弯段，平面转弯半径分别为 200m 和 150m，转角分别为 64°7′4″和 59°55′58″，出口高程为 592.35m。进水塔长 21m，宽 30m，高 46m。

4 号导流隧洞断面型式为方圆形，衬砌后断面尺寸为 7m×8m（宽×高），进口高程为

630.00m，洞长 1925.00m，隧洞底坡为 1.34%，其中 0+201.769～0+425.583 和1+320.280～1+477.184 为转弯段，平面转弯半径分别为 200m 和 150m，转角分别为 64°7′4″和 59°55′58″，出口高程为 604.20m。进水塔设在 0+037.000 处，长 9m，宽 12m。出口段设弧形闸门，闸门室段位于 1+925.000～1+957.000，长 32m，宽 14m，孔口尺寸为 6m×7m。

5 号导流隧洞断面型式为城门洞形，进口高程为 660.00m。前部有压段断面尺寸为 7m×9m（宽×高），洞长 158.10m，底坡为平坡。在 0+167.426～0+191.643 处设置弧形工作闸门室，承担 1 号、2 号、3 号、4 号导流隧洞封堵施工期向下游控制供水。闸后为无压洞段，断面尺寸为 10m×12m（宽×高），洞长 686.748m。5 号导流隧洞后段与左岸泄洪隧洞结合，结合点桩号为 0+669.507，结合段长 212.241m，结合段以前底坡为 1.0498%，结合段底坡为 6.0%，与左岸泄洪隧洞底坡一致。

7.2.3 围堰布置

上游围堰为与坝体结合的土工膜斜墙土石围堰，堰顶高程为 656.00m，最大堰高 82m。高程 624.00m 以上采用土工膜斜墙防渗，下部及堰基防渗采用混凝土防渗墙。下游围堰为与坝体结合的土工膜心墙土石围堰，堰顶高程为 625.00m，最大堰高 42m。围堰上部采用土工膜心墙防渗，下部及堰基采用混凝土防渗墙防渗，为便于后期改造为量水堰，混凝土防渗墙顶高程为 614.00m。

导截流平面布置见图 7.2-1。

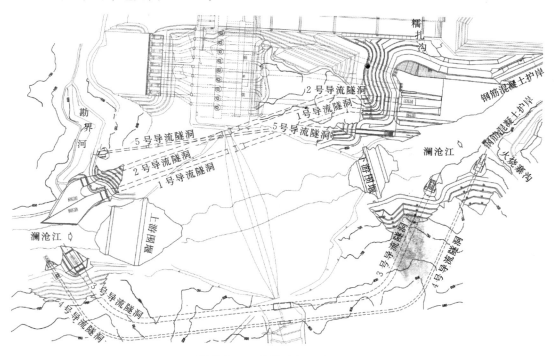

图 7.2-1 导截流平面布置图

7.3　导流隧洞开挖、支护及结构设计研究

7.3.1　导流隧洞断面型式比较

招标阶段，对1号、2号、3号导流隧洞拟定了方圆形（过水断面尺寸为16m×21m）与圆形（内径20m）两种断面型式，并从水力学、围岩稳定、结构受力及施工条件等方面进行了分析比较，结果表明：

（1）圆形断面和方圆形断面在水力条件及过流能力上无太大区别。

（2）在施工中圆形断面围岩稳定条件有利于方圆形断面，若采取合理的施工顺序及一次支护措施均能保证施工期的围岩稳定。

（3）隧洞运行和封堵时方圆形断面承受外水荷载及山岩压力的条件比圆形断面差，需要加强衬砌结构和采取打排水孔减压等措施来改善结构条件。

（4）从1号、2号导流隧洞施工工期分析，方圆形断面施工工期比圆形断面少5个月，有较好的工期优势。

经综合分析，该工程1号、2号、3号导流隧洞断面采用方圆形断面，断面尺寸为16m×21m（宽×高）。

7.3.2　导流隧洞开挖支护研究

根据地质情况、导流隧洞规模，采用工程类比方法、块体失稳分析方法确定基本支护参数，运用有限元法模拟隧洞分层、分块开挖，结合基本支护参数进行围岩稳定分析，确定初始支护参数。在施工过程中结合监测资料分析及反演计算对支护参数进行动态调整，确定最终支护方案。

以1号、2号导流隧洞过F_3断层洞段为例，对开挖支护设计进行简述。

1. 围岩稳定分析

1号、2号导流隧洞主要通过F_3、F_5、F_6、F_9、F_{18}等断层，其中过F_3断层隧洞段开挖断面尺寸为19.6m×24.3m（宽×高）。F_3断层最宽处约40m，断层充填物为糜棱岩、断层泥带，中间以碎裂岩、碎块岩等为主，断层带潮湿，多有滴水、渗水，局部有集中渗水。

针对F_3断层的地质情况，首先类比类似工程经验进行分层、分块开挖支护初拟，开挖支护分3层进行，见图7.3-1。

开挖前，采用小管棚、管棚导管灌浆超前支护，然后Ⅰ层分四区开挖支护，先$Ⅰ_1$、$Ⅰ_2$交替开挖支护，再对$Ⅰ_3$开挖支护，之后挖除$Ⅰ_4$。Ⅰ层支护完成并贯通后，Ⅱ层开挖支护分3个分层，每分层高5m，中槽开挖超前，两侧保护层开挖及时跟进，钢支撑及锚喷支护及时下延，

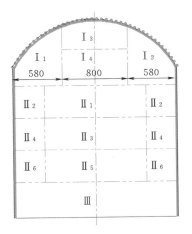

图7.3-1　开挖分层、分块示意图
（单位：cm）

并保持两侧开挖掌子面错开一定距离。II层支护完成并贯通后，III层一次开挖成型，支护紧跟掌子面。下层开挖完成后，完成全部一次支护。

根据现场地质采集资料进行区域初始地应力场回归分析，同时结合水文地质资料和勘探揭露地下水情况，建立导流隧洞工程区渗流场。对隧洞分层、分块开挖程序和支护措施采用有限元法模拟开挖过程中围岩塑性区的发展情况及应力、变形情况。模拟结果显示导流隧洞 F_3 处洞段围岩抗力较差，开挖后洞壁变形量较大，塑性区发展范围大，根据以上成果并广泛收集类似工程的设计经验，拟定1号、2号导流隧洞过 F_3 断层洞段设计初始支护参数：①超前 $\phi42$ 注浆管棚支护，长度4.5m，@0.3m×3m；②钢支撑间距为50cm；③系统普通砂浆锚杆 $\Phi28$@1.5m×0.5m，长度9m；④喷钢纤维混凝土总厚度30cm。有限元模拟开挖过程各个阶段塑性区发展情况见图7.3-2。

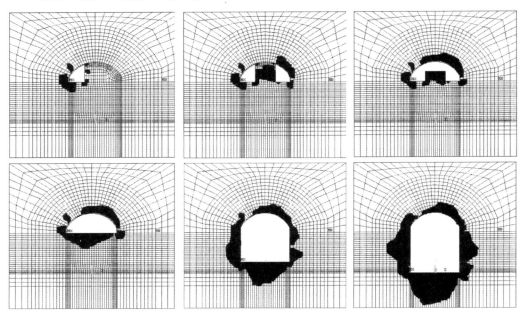

图7.3-2　模拟开挖过程中塑性区开展示意图

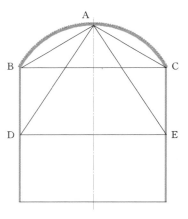

图7.3-3　收敛监测示意图

2. 支护参数的动态调整

根据地质情况，在开挖过程中间隔50～100m埋设收敛监测仪器，在1号、2号导流隧洞过 F_3 洞段进行了加密，共设置了5个监测断面，收敛监测示意见图7.3-3，典型监测断面累计位移曲线见图7.3-4。

根据隧洞上层开挖后的变形监测成果，采用反演分析法得到岩体综合参数，重新复核调整中、下层开挖分层、分块和一次支护设计方案，保证了导流隧洞开挖顺利通过 F_3 断层。开挖、一次支护完成后再利用反演分析方法所得的围岩力学综合参数进行混凝土衬砌设计。F_3 断层反演分析网格模型见图7.3-5。

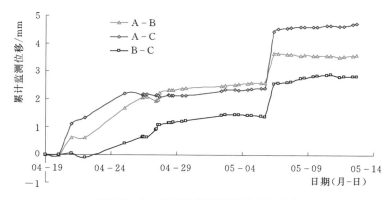

图 7.3 - 4　典型监测断面累计位移曲线

通过反演分析所得岩体综合参数，对导流隧洞围岩稳定和支护措施重新进行复核，对导流隧洞过 F_3 洞段开挖分层、分块和一次支护设计参数进行了调整，一次支护设计参数调整如下：

（1）$\phi42$（壁厚 4mm）注浆小导管，@0.3m×3m，长度 4.5m。注浆压力调整为 0.8～1MPa，注浆后在小导管内插 Φ25 钢筋，长度 4.5m。

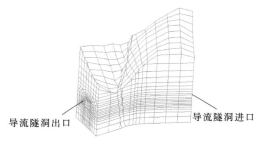

图 7.3 - 5　F_3 断层反演分析网格模型

（2）钢支撑采用 I 206 工字钢，间距为 50cm，采用 Φ25@1m 钢筋连接。

（3）顶拱部位自进式中空注浆锚杆，规格为 Φ28@1.5m×0.75m，长度 6m；边墙锚杆调整为梅花形布置 Φ28@3m×0.75m、长度 9m 普通砂浆锚杆；并使用 Φ28@3m×0.75m、长度 6m 普通砂浆锚杆进行二次加密。

依据现场实际监测成果进行反演分析，以调整开挖程序、一次支护措施和衬砌设计。计算结果表明由于考虑了围岩一次支护的作用，隧洞一次支护、衬砌结构得到优化，节约了工程投资。此种动态的充分考虑"一次支护加固后围岩作用"的隧洞一次支护及混凝土衬砌设计方法，为不良地质条件下大型水工隧洞的开挖、支护和衬砌设计提供了新的设计理念和实践验证成果。

根据 1 号、2 号导流隧洞施工过程中的跟踪反馈，最终确定支护设计参数，见表 7.3 - 1。

表 7.3 - 1　　　　　　　　　1 号、2 号导流隧洞一次支护设计参数表

围岩类别	喷混凝土	钢筋网	系统锚杆	钢支撑	小导管
Ⅱ	顶拱喷 C20 钢纤维混凝土厚 20cm	—	Φ25，长度 4.5m，间排距 3.0m×3.0m	—	—
Ⅱ	喷 C20 混凝土厚 10cm	—	Φ25，长度 4.5m，间排距 3.0m×3.0m	—	—

续表

围岩类别	喷混凝土	钢筋网	系统锚杆	钢支撑	小导管
Ⅲ	喷 C20 混凝土厚 15cm	$\phi 6.5$，间排距 20cm×20cm	Φ25，长度 6.0m，间排距 3.0m×3.0m	—	—
Ⅳ	喷 C20 混凝土厚 20cm	$\phi 6.5$，间排距 20cm×20cm	Φ28，长度 9.0m，间排距 3.0m×1.0m	Ⅰ20b 工字钢，间距 1.0m	—
Ⅴ	喷 C20 钢纤维混凝土厚 30cm	$\phi 6.5$，间排距 20cm×20cm	Φ28，长度 6.0m/9.0m，间排距 1.5m×0.5m	Ⅰ20b 工字钢，间距 0.5m	$\phi 42$ 注浆小导管，长度 4.5m，间排距 0.3m×3.0m

3. 1 号、2 号、3 号导流隧洞浅埋洞段的加固措施

由于 1 号、2 号、3 号导流隧洞进口渐变段开挖尺寸大（最大为 27.6m×26.3m），埋深浅，1 号导流隧洞埋深仅为 32.2m，2 号导流隧洞埋深仅为 27.2m，围岩条件差，1 号、2 号导流隧洞受 F_5、F_6 断层影响，3 号导流隧洞受 F_{12} 断层影响，主要为Ⅳ类、Ⅴ类围岩，稳定性差，围岩稳定问题突出，为有效解决开挖围岩难以自稳和拱顶拉应力影响，需对周边岩体进行预加固。经过计算分析，确定加固方案如下。

1 号、2 号导流隧洞浅埋渐变段地表预加固方案：①利用进口渐变段洞顶上方的 656.00m 公路平台及洞脸边坡布设悬吊锚筋桩预加固洞顶及两侧围岩，锚筋柱参数为 3Φ28，间排距为 2.5m×1.0m，长度为 11～33m，施工时利用锚筋桩孔先进行固结灌浆，固结灌浆完成后安装锚筋桩；②在洞脸边坡布置 2000kN 预应力锚索，锚索参数为间排距 4.0m×5.0m，长度 35～60m，锚索位置与悬吊锚筋桩位置错开；③在原设计系统边坡支护的基础上，在洞脸轮廓线外 0.5～1.0m 处布置两排 125kN 级预应力锁口锚杆进行加固，预应力锁口锚杆参数为 Φ32，长度为 9.0m，间排距 1m×1m。

3 号导流隧洞浅埋渐变段地表预加固方案：①利用进口渐变段洞顶上方的 656.00m 公路平台及洞脸边坡在 3 号导流隧洞 0+000～0+026 段、洞轴线两侧各 22.5m 宽度的范围布置悬吊锚筋桩，参数为 3Φ28，间排距 2.5m×1.0m，中间部位锚筋桩孔底深入洞身开挖面以内到高程 623.00m，两侧锚筋桩深入洞身底板开挖面以下到高程 596.50m；利用锚筋桩孔先进行固结灌浆，固结灌浆完成后安装 3Φ28 锚筋桩，灌浆深度为锚筋桩孔深度，灌浆压力为 1.0～2.0MPa，开灌水灰比为 1∶0.8；②在原设计系统边坡支护的基础上，在洞脸轮廓线外 0.5～1.0m 处布置两排 125kN 级预应力锁口锚杆进行加固，预应力锁口锚杆参数为 Φ32，间排距 1m×1m，长度为 9.0m；③边坡布设四排 2000kN、长度为 35m 预应力锚索。

根据 1 号、2 号导流隧洞通过不良地质洞段开挖、支护设计研究，并结合右岸下游 645.00m 公路对 3 号导流隧洞出口通过 F_3 断层洞段进行地表预固结灌浆加固处理，固结灌浆间排距均为 2m，中间部位孔底深入洞身开挖面以内到高程 611.50m，两侧各 12m 宽度到高程 590.50m，并利用固结灌浆安装 Φ32 悬吊锚杆，长度 33～54m。确保隧洞施工顺利通过了 F_3 断层。

7.3.3 导流隧洞结构分析

1. 结构分析方法及工况

采用结构力学法、有限元法对导流隧洞在施工期、运行期及下闸封堵期各工况下的衬砌结构进行分析计算。

2. 下闸封堵期的渗流场分析

建立导流隧洞三维渗流场模型，运用三维有限元法建立堵头前段隧洞的渗流场和应力场的耦合模型，确定渗漏量及渗透荷载，并进行隧洞衬砌结构计算。

经计算后的主要成果如下：

（1）当水位达封堵期最高运行水位时，导流隧洞单条洞内渗流量为 $0.12 \sim 0.3 \mathrm{m^3/s}$，均可实现施工抽排。

（2）导流隧洞 Ⅱ～Ⅳ 类岩体断面衬砌混凝土结构整体应力水平远小于混凝土强度；对于最不利的渐变段及 Ⅴ 类岩体断面，隧洞围岩承担了绝大部分水荷载，混凝土衬砌应力小于混凝土强度。

3. 导流隧洞结构分析结论

施工期、运行期的隧洞结构计算成果以及下闸封堵期渗流场分析成果表明，导流隧洞衬砌结构满足要求，现已运行和下闸多年，结构是安全可靠的。

4. 1 号、2 号导流隧洞衬砌优化设计

根据 1 号、2 号导流隧洞上层中导洞揭露的地质情况，对隧洞围岩类别划分和围岩力学指标进行了调整和修正。据此开展 1 号、2 号导流隧洞堵头前段 Ⅱ 类围岩混凝土衬砌结构优化研究，并最终取消了 Ⅱ 类围岩段顶拱混凝土衬砌，采用顶拱喷 20cm 钢纤维混凝土加顶拱、边墙布置排水孔的支护方案。此优化方案缩短了导流隧洞施工工期，节省了工程投资，为工程截流创造了条件。

5. 5 号导流隧洞优化闸室设计

（1）闸室布置。5 号导流隧洞闸室原布置于 5 号导 0＋158.10～0＋195.00 处，分别布置事故检修封堵闸门和弧形工作闸门，顶部平台高程为 821.50m，下部电气室平台高程为 697.00m，井身高 124.50m，上部井身开挖尺寸为 10.3m×8.7m，混凝土井壁厚1.20m，内部净空尺寸为 7.6m×6.0m；闸室底板高程为 657.25m，闸室总高度 164m，下部闸室开挖尺寸为 13.3m×29.3m，混凝土闸墩厚 3.5m，底板厚 2.5m。闸室交通方式采用闸门井从 821.50m 平台至闸室，弧形工作闸门承担 1～4 号导流隧洞封堵施工期向下游控制供水的任务。

（2）闸室结构型式优化。利用尾水调压室及厂房 15 号施工支洞向前延伸至 5 号导流隧洞闸门室 687.0m 平台，作为 5 号导流隧洞闸门室的施工及运行交通洞，将闸门井调整为闸门室，取消了 5 号导流隧洞事故检修封堵闸门，利用弧形工作闸门兼做封堵闸门。

5 号导流隧洞于 2012 年 4 月上旬在 705.76m 水位下闸后，在弧形闸门室工作闸门尾部采用 C25 混凝土对闸门门叶至支臂间空腔进行充填，充填高度至 671.00m，临时堵头下游面至桩号 5 号导 0＋191.643，即设置临时堵头与弧形闸门联合作用，共同提高 5 号导流隧洞封堵期间挡水水头，并经结构稳定和应力、应变计算分析，考虑弧形闸门和临时堵头联合作用，满足挡 2012 年汛期上游 799.10m 水位要求。下闸封堵措施见图 7.3－6。

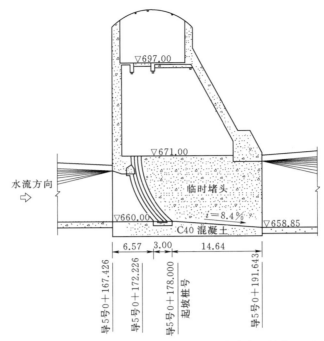

图 7.3-6　5 号导流隧洞闸门室下闸封堵措施（单位：m）

7.4　围堰设计研究

初期导流采用河床一次断流，全年土石围堰挡水、导流隧洞泄流的导流方式；围堰等级为Ⅲ级建筑物；上游围堰和下游围堰 2008—2009 年汛期挡水度汛，标准为 $P = 2\%$，$Q = 17400 \text{m}^3/\text{s}$（全年）。

7.4.1　围堰堰型选择

1. 堰体型式

通过对上、下游围堰的深入研究和技术经济比较，并参考借鉴国内已建围堰工程（小湾、金安桥、景洪、三峡）的成功经验，考虑复合土工膜斜墙具有施工速度快，受气候影响小，且造价相对低的显著特点，确定上游围堰为复合土工膜斜墙土石围堰，下游围堰为复合土工膜心墙土石围堰。

2. 堰基防渗型式

根据坝址河床冲积层厚度和河床堆渣的实际情况，参考小湾和金安桥围堰实施的成功经验，简化防渗体的施工及结构型式，并综合考虑防渗效果、围堰施工工期等因素，围堰堰基防渗采用 C20 混凝土防渗墙，厚度 0.8m。

7.4.2　围堰结构设计研究

1. 围堰断面设计

上、下游围堰最大横剖面见图 7.4-1 和图 7.4-2。

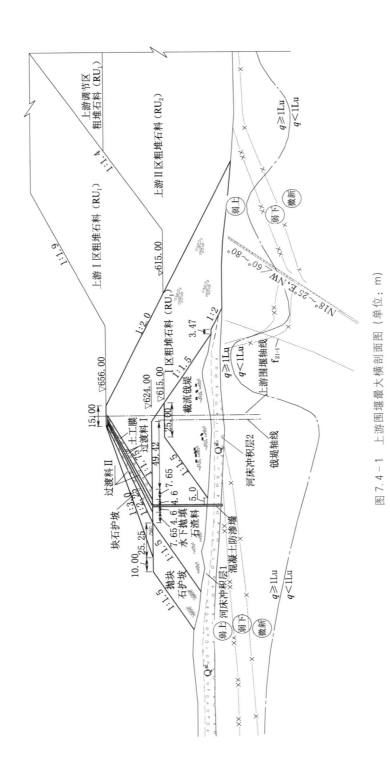

图 7.4-1 上游围堰最大横剖面图（单位：m）

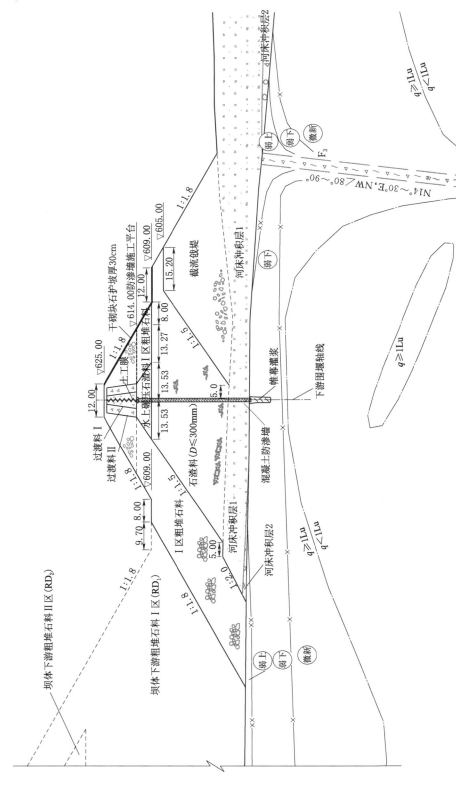

图 7.4-2 下游围堰最大横剖面图（单位：m）

　　根据水力计算及调洪演算分析，在 $P=2\%$ 频率洪水流量为 $17400\text{m}^3/\text{s}$（调洪后下泄流量为 $16610\text{m}^3/\text{s}$）时，上游围堰堰前水位为 653.85m，围堰顶高程确定为 656.00m。下游围堰堰前水位为 623.85m，下游围堰堰顶高程确定为 625.00m。

　　主要考虑施工交通的要求及若遇超标准洪水有临时加高的施工条件等，经综合分析确定上游围堰堰顶宽度为 15m，下游围堰堰顶宽度为 12m。

　　围堰边坡设计分为水上碾压和水中抛填两部分。水上碾压部分边坡：上游围堰上游边坡为 $1:3$，下游边坡为 $1:2$；下游围堰上、下游边坡均为 $1:1.8$；水下抛填部分：上游围堰为 $1:1.5$，下游围堰为 $1:1.8$。

　　2. 堰体填料设计

　　上、下游围堰堰体水上部分由Ⅰ区粗堆石料、过渡料Ⅰ、过渡料Ⅱ、土工膜斜（心）墙和块石护坡等组成。堰体水下部分填料由截流戗堤、水下抛填石渣料、护坡块石料和钢筋石笼等组成。围堰与坝体结合，因此围堰填筑Ⅰ区粗堆石料的料源、要求与坝体相同。

　　3. 围堰边坡稳定分析

　　（1）渗流计算结果。上游围堰堰体平均计算长度为 170m，计算得到的渗流量较小，为 $7491\text{m}^3/\text{d}$；下游围堰堰体平均计算长度为 120m，计算得到的渗流量较小，为 $2374\text{m}^3/\text{d}$；上、下游围堰计算得到的浸润线均较低，堰体和堰基内渗透坡降较小。

　　（2）稳定计算结果。围堰结构稳定计算分别采用土质边坡稳定分析程序 STAB2005 和 GEO-SLOPE 系列软件（SLOP/W 模块）同时进行，计算成果见表 7.4-1 和表 7.4-2。

表 7.4-1　　　　　　　　　　上游围堰结构稳定计算成果表

序号	计算工况		GEO-SLOPE最小安全系数	STAB2005最小安全系数
1	上游水位 653.85m		1.641	1.564
2	上游坝坡稳定	上游最不利水位试算　650.00m	1.773	1.686
		645.00m	1.794	1.736
		…		
		610.00m	1.401	1.351
		605.00m	1.425	1.372
3		水库水位骤降（653.85～623.201m，每天降2m，15天）	1.769	1.387
4	下游坝坡稳定	上游水位 653.85m	2.507	3.286

表 7.4-2　　　　　　　　　　下游围堰结构稳定计算成果表

序号	计算工况		GEO-SLOPE最小安全系数	STAB2005最小安全系数
1	下游水位 623.85m		1.434	1.333
2	下游坝坡稳定	下游最不利水位试算　618.00m	1.429	1.325
		609.00m	1.387	1.305
		593.00m	1.420	1.342

续表

序号	计 算 工 况		GEO - SLOPE 最小安全系数	STAB2005 最小安全系数
3	下游坝坡稳定	水位骤降（623.85～608.85m，每天降1m，15天）	1.405	1.317
4	上游坝坡稳定	下游水位为623.85m时	2.144	2.185

由上、下游围堰的稳定计算结果分析可知，各种工况下围堰的上、下游坝坡稳定最小安全系数均大于规范规定1.3的要求，表明上、下游围堰结构整体和局部稳定均满足规范要求。

4. 上游围堰位移、应力计算

由于上游围堰较高，达到82m，因此对上游斜墙围堰进行了位移和应力计算，采用比奥固结理论进行有效应力的应力变形分析，其中土骨架采用邓肯-张 E－B 模型，孔隙流体流动服从达西定律，采用简化模式计算其压缩性，模拟分层填筑的施工过程。

通过二维、三维应力变形有限元计算分析得到：围堰计算得到的堰体位移较小，最大水平位移为 0.16m（向下游），最大竖向位移为 0.33m，应力水平较低，围堰堰体是安全和稳定的。混凝土防渗墙的墙体应力较小，最大主应力为 1.6MPa，最大应力水平为 0.6，混凝土防渗墙应力状况较好，防渗墙体是安全的。

7.4.3 围堰防渗设计研究

1. 堰体防渗设计

堰体防渗采用复合土工膜防渗型式。根据类似工程经验，上游围堰土工膜斜墙坡比为 1：2，沿高程方向每 8m 设置一伸缩节；下游围堰土工膜心墙采用"之"字形布置型式，相应边坡坡比为 1：1.6。土工膜与基础防渗结构及岸坡的连接采用预留 50cm×40cm 的槽，土工膜固定在槽里后，回填二期混凝土。复合土工膜材料规格为 350g/0.8mm PE/350g（两布一膜复合结构，单位面积质量大于等于 1400g/m²）。

2. 堰基防渗设计

根据坝址河床冲积层厚度和河床堆渣的实际情况，同时参考借鉴国内已建围堰工程的成功经验，简化防渗体的施工及结构型式，并主要考虑防渗效果，且下游围堰后期需要改造为量水堰，上、下游围堰堰基（河床冲积层）防渗均采用 C20 混凝土防渗墙，厚度 0.8m。

上、下游围堰两岸分布的崩塌堆积层和右岸表部的坡积层透水性均较强，均予以挖除；全、强风化岩体及断层影响带透水性较强，弱风化上部岩体一般小于 10Lu；弱风化下部及微风化～新鲜岩体一般小于 3Lu。因此，综合考虑围堰运行及大坝施工时的基坑排水，对堰基全、强风化，部分弱风化基岩及断层带进行帷幕灌浆防渗处理。为进行上、下游围堰堰肩帷幕灌浆施工，在堰肩基础部位浇筑厚 1m、宽 4m 的混凝土盖板。

3. 围堰帷幕灌浆设计

（1）范围。帷幕灌浆范围上游围堰为堰基两岸全、强风化，部分弱风化基岩及断层带，最低高程为 590.00m；下游围堰整个堰基都进行帷幕灌浆，最低高程为 569.00m，河床冲积层以下基岩按照不大于3Lu标准控制，两岸堰基按照1/2堰高深度控制。

（2）灌浆参数。上游围堰采取双排帷幕，排距1.5m，孔距1.5～2m，帷幕深度37m，帷幕厚度5m，最大灌浆压力为1.5MPa。下游围堰采取单排帷幕，孔距1.5～2m，帷幕深度30m，帷幕厚度3m，最大灌浆压力为1.5MPa。上、下游围堰堰基的防渗标准及要求见表7.4-3。

表7.4-3　　　　　　　　　　上、下游围堰堰基的防渗标准及要求

项　目	上游围堰帷幕	下游围堰帷幕	混凝土防渗墙
幕厚/m	≥5	≥3	≥0.8
透水率/Lu	≤5～7	≤3	
允许渗透比降	≥6	≥6	≥80
渗透系数/(cm/s)	≤(5～7)×10⁻⁵	≤3×10⁻⁵	10⁻⁶～10⁻⁷
抗压强度/MPa			≥8
抗渗等级			≥W8
弹性模量/(万 N/mm²)			≥1.8

4. 混凝土防渗墙设计

（1）范围。上、下游围堰河床冲积层（水中抛填部分）采用混凝土墙防渗，穿过冲积层，深入河床基岩0.5m。上游围堰混凝土防渗墙距围堰轴线上游66m，长度159.3m，顶高程为624.00m，最大深度50m；下游围堰混凝土防渗墙位于围堰轴线上，长度122.43m，顶高程为614.00m，最大深度40m。

（2）防渗墙混凝土性能指标。防渗墙混凝土性能指标应满足下列要求：

1）入孔坍落度18～22cm。

2）扩散度34～40cm。

3）坍落度保持15cm以上的时间应不小于1h。

4）初凝时间不小于6h，终凝时间不宜大于24h。

5）密度不小于2100kg/m³。

7.5　截流规划设计

7.5.1　截流时段及流量分析

围堰填筑工程规模较大，围堰填筑施工工期较紧张，为了保证上、下游围堰2008年防洪度汛要求，工程截流应尽早进行。

根据水文资料及上、下游围堰度汛工期的要求，截流时段在10月下旬至11月中旬内择期进行。考虑上游已建成的大朝山水电站发电影响，截流流量按大朝山2台机满发（695m³/s）＋大朝山至糯扎渡区间10%旬平均流量；截流时段选择10月下旬至11月中旬，根据截流各时段旬洪水成果拟定3个截流时段及流量进行了截流水力学分析计算，截流各时段设计标准及流量见表7.5-1。

表 7.5-1 截流各时段设计标准及流量表

编号	时　段	洪　水　频　率	截流流量/(m³/s)
1	11月中旬	大朝山2台机满发（695m³/s）＋大朝山至糯扎渡区间10%旬平均流量	1442
2	11月上旬		1545
3	10月下旬		1815

7.5.2　截流水力学计算

工程截流流量按 1442m³/s 及 1815m³/s 进行计算。根据龙口截流水力计算，两组流量的主要水力学指标见表7.5-2。

表 7.5-2 水力学计算指标统计

截流流量/(m³/s)	截流水力学指标（截流困难区）				
	龙口顶部宽度/m	流速范围/(m/s)	落差范围/m	单宽流量/[m³/(s·m)]	单宽功率/[(t·m)/(s·m)]
1442	55～25	5.0～6.519	2.0～5.9	36.5～49.6	72～203.52
1815	65～25	5.1～7.104	1.1～6.7	27.4～73.4	66.7～250.1

根据计算，在截流的困难区段，当采用 1442m³/s 流量截流时，计算龙口最大平均流速为 6.519m/s，最大落差为 5.9m，最大单宽功率达 203.52(t·m)/(s·m)；流量为 1815m³/s 截流时，计算龙口最大平均流速为 7.104m/s，最大落差为 6.7m，最大单宽功率达 250.1(t·m)/(s·m)；且计算最大龙口流速为断面平均流速，考虑不均匀系数后，龙口表面最大流速将接近 10m/s，龙口进占难度较大。

7.5.3　截流模型试验

对两种截流流量分别选取截流戗堤宽度 20m、40m 和 70m 进行了截流模型试验，根据试验数据，可得到以下结论：

（1）截流流量 $Q = 1442 \sim 1815 m³/s$ 合龙时，截流闭气后终落差达 10.77～11.75m，未闭气截流落差也达 8.69～10.32m，戗堤部位最大垂线平均流速达 8.6～10.75m/s，截流难度在已建工程中实属少见。

（2）由于水力学指标高，戗堤龙口合龙困难，截流流量为 1815m³/s，戗堤宽度为 20～40m，在进占龙口宽度为 60～30m 时，多次发生进占戗堤冲刷溃毁现象，尤以左戗堤为甚。戗堤下挑角掏刷严重，稳定下挑角对戗堤的稳定非常重要。

（3）截流进占过程中抛投材料流失严重，各种试验方案的材料流失量占抛投总量的 30%～40%，抛投过程中需使用大量的大石、特大石，占到抛投总量的 65%～75%。

（4）70m 宽戗堤截流的戗堤稳定性略好于戗堤宽度 20～40m 的，但抛投方量大幅增加。

7.5.4　截流水力学指标分析

根据以上截流流量 1442m³/s、1815m³/s 的水力学计算指标及试验指标分析，由于河床天然落差较大，接近 5‰，在截流实施过程中出现高流速和高落差，属典型的山区河流，在龙口进占过程中龙口顶宽为 37m 时，龙口底高程将高出下游水位，导致龙口表面流速较大，最大流速计算值与试验值分别达 10.5m/s 和 11.6m/s。最大流速属国内已截流工程中较大的。

综合以上条件分析，工程在 1442m³/s 流量时截流，流速指标虽偏高，但只要施工准备充分，是可以实现的；按 1815m³/s 流量截流，水力学计算龙口流速、落差等指标均较高，特别是模型试验中出现多次堤头坍塌现象，同时抛投料物流失严重，截流难度较大，截流存在一定风险。

参照该工程上游已建小湾、漫湾、大朝山及金安桥工程截流的经验，典型山区河道采用隧洞分流后，均出现截流高流速、高落差现象。从已经成功截流的多个工程经验分析，截流过程中梯形龙口与三角形龙口过渡段及龙口底高程出水面段均属截流困难段，要求抛投料物块度及抛投强度较大。在漫湾截流实施过程中曾采用左岸堤头预堆木石笼，爆破倾入龙口帮助截流的成功经验。因此，结合现场施工条件，从导流工程施工进度安排角度看，因该工程围堰较高且填筑工程量较大，截流时间越早，下一年度汛风险越小，应争取实现 10 月下旬截流。但截流时间越早，截流流量越大，截流难度就越大，故建议截流规划及截流方案按大朝山 2 台机满发＋大朝山至糯扎渡区间 10 月下旬 10％旬平均流量 1815m³/s 设计；同时为减小工程截流难，降低截流风险，在截流实施过程中应充分考虑上游大朝山水电站的调节作用，尽量控制截流时上游来流量，截流实施过程中截流流量控制在 1442m³/s 左右，可以考虑采用大朝山 1 台机满发＋大朝山至糯扎渡区间 10 月下旬 10％旬平均流量 1467.5m³/s（347.5m³/s＋1120m³/s）来控制截流流量，上游相应水位为 612.599m。

7.5.5　截流方案设计研究

电站上游戗堤处河床较窄，呈 V 字形分布，戗堤底部宽约 40m，顶部宽 125m，在对应截流设计流量 1815m³/s 下，河床天然流速为 2.9m/s。经综合比较后，选择立堵截流方案。

为防止截流时抛投的大块料物流落在上游围堰堰基防渗墙轴线部位，影响到堰基防渗效果，将截流戗堤布置于上游围堰防渗墙下游。由于上游围堰与坝体相结合，考虑截流戗堤尽量不占压大坝基础，将截流戗堤轴线选择在上游围堰堰基防渗轴线的下游侧 60m 处。

根据截流抛投强度要求，为满足戗堤顶并行 3～4 辆 20～32t 自卸汽车同时抛投作业的要求，戗堤顶宽初拟为 20m；两岸预进占段顶高程为 624.00m，龙口段顶高程为 615.00m，最大高度约 20m，上、下游边坡为水中抛填自然边坡，设计边坡坡比为 1：1.5，龙口进占边坡坡比为 1：1.5。

根据截流水力学计算成果及戗堤裹头抛投料物允许的抗冲流速，确定龙口宽度为 80m。

综合考虑流速、落差对抛投材料及戗堤进占难度的影响，根据截流水力学计算成果及龙口实际情况，截流戗堤分为非龙口段及龙口段。非龙口段为左、右岸预进占段，左岸 10.0m、右岸 23.5m 范围内划为非龙口区，在非龙口区进占沿两岸分别抛投大块石和钢筋石笼裹头。一方面可以为防渗墙区进占提供条件，尽早形成防渗墙段施工场地，同时也对河床起到护底和护坡的作用；另一方面可以提高河床的糙率，提高龙口区的抛投料稳定性，减小龙口区的进占难度。龙口分区示意见图 7.5-1。

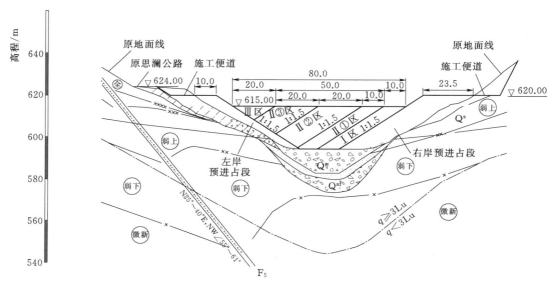

图 7.5-1 龙口分区示意图（单位：m）

龙口段宽度 80m，从右至左分为 3 个区，即 Ⅰ 区（10.0m）为非困难区，Ⅱ 区（50.0m）为困难区，Ⅲ 区（20.0m）为合龙区。各区的流速、落差、单宽功率等重要水力学参数基本一致，以保证抛投材料、抛投强度等指标合理可行；龙口各区流速、落差见表 7.5-3。

表 7.5-3　　　　　　　　　　　　　龙口各区流速、落差表

项　目	龙口各区特征参数							
龙口顶宽/m	原河床	110	100	80	65	57	30	20	5
平均流速/(m³/s)	1.827	2.02	2.207	3.4	5.4	7.104	5.6	4.3	1.3
平均落差/m	0	0.15	0.26	0.4	1.1	2.1	6.3	7.1	7.6

注　当龙口顶部宽度小于 38m 时，龙口底高程高于下游水位，落差不控制，主要影响因素为龙口堰上水深。

预进占段：平均流速为 1.883～3.4m/s，最大平均流速为 3.4m/s。

Ⅰ 区：龙口宽 80～70m，龙口平均流速为 3.4～4.5m/s，最大平均流速为 4.5m/s。

Ⅱ 区：龙口宽 70～20m，龙口平均流速为 5.4～7.104m/s，最大平均流速为 7.104m/s。

Ⅲ 区：龙口宽 20～0m，龙口平均流速为 4.3～0m/s，最大平均流速为 4.3m/s。

7.6 导流隧洞封堵及堵头设计研究

7.6.1 导流隧洞封堵设计规划

1. 导流隧洞下闸封堵时段确定

下闸封堵时段确定应满足导流隧洞下闸后导流建筑物封堵施工和大坝度汛安全，并考

虑下游生态流量、城市供水以及上、下游电站运行等综合因素。经系统分析研究，确定2011年11月初开始对底层的1号、2号、3号导流隧洞进行下闸封堵，同时利用4号、5号导流隧洞进行第一阶段蓄水控制和向下游供水；利用右岸泄洪隧洞和未完建溢洪道进行4号、5号导流隧洞下闸水位控制和第二阶段蓄水、供水控制，以及汛期防洪。导流隧洞下闸、水库蓄水主要分析如下：

（1）水库下闸蓄水规划。水库死水位以下蓄水分两阶段进行，第一阶段蓄水主要以1～3号导流隧洞下闸封堵为控制目标，需控制1～3号导流隧洞封堵水头，确保导流隧洞封堵体施工安全。1号、2号导流隧洞下闸时间为2011年11月1日，3号导流隧洞下闸时间为2011年11月18日，安排封堵体混凝土浇筑施工工期约为4个月（115天）。为确保封堵体施工安全、下游供水和建筑物运行要求，2012年2月16日前由4号、5号导流隧洞控制水库水位不超过672.50m，并向下游供水。2012年2月16日4号导流隧洞下闸封堵后，在2012年3月30日前由5号导流隧洞和右泄控制水库水位不超过705.76m。第二阶段主要为2012年4月初5号导流隧洞下闸封堵，水库水位由705.76m蓄至死水位765.00m。需满足5号导流隧洞闸门局部开启运行时间、弧形闸门下闸后临时加固措施施工工期，以及2012年7月底蓄至第一台机组发电水位765.00m等节点要求。

（2）下游供水流量确定。综合考虑下泄生态流量、下游河道通航要求、下游景洪水厂取水要求及景洪电站发电要求等因素，确定电站蓄水控制下泄流量不小于650m³/s（若部分时段泄流能力不足650m³/s则按泄流能力下泄，不足部分由景洪水库补充）。

（3）导流隧洞下闸及水库水位控制要求。为确保闸门下闸施工安全，4号导流隧洞进口封堵闸门下闸前水库水位最高不宜超过680.00m（进水塔平台高程），4号导流隧洞出口弧形闸门下闸时水库水位不超过672.50m；5号导流隧洞下闸时水库水位不超过705.76m。电站蓄水期间参与的主要泄水建筑物的设计参数见表7.6-1。

表7.6-1　　　　　　电站蓄水期间参与的主要泄水建筑物的设计参数　　　　　单位：m

建筑名称	进口底板高程	过流控制断面尺寸	建筑物设计				封堵体设计			
			过流期		封堵施工期		设计		校核	
			水位	水头	水位	水头	水位	水头	水位	水头
1号导流隧洞	600.00			72.69		105.76		214.00		219.99
2号导流隧洞	605.00	16×21	672.69	67.69	705.76	100.76		225.00		230.99
3号导流隧洞	600.00			72.69		105.76	812.00	216.00	817.99	221.99
4号导流隧洞	630.00	7×8	672.69	42.69	705.76	75.76		194.00		199.99
5号导流隧洞	660.00	6×8	705.76	45.76	799.10	139.10		156.00		161.99
右岸泄洪洞	695.00	2-6×8.5	817.99	—	—	—				
开敞式溢洪道	775.00	15×20	817.99	—	—	—				

2. 导流隧洞下闸程序

根据蓄水过程，2011年11月上旬1号、2号导流隧洞下闸，11月中旬3号导流隧洞下闸，至4号导流隧洞下闸期间，由4号、5号导流隧洞向下游泄流，保证2012年2月中旬上游水位控制在672.50m。

2012 年 2 月中旬 4 号导流隧洞下闸，由 5 号导流隧洞和右岸泄洪洞在水位 672.50～703.22m 区间向下游控制供水。

2011 年 11 月至 2012 年 3 月下旬 1 号、2 号、3 号、4 号导流隧洞堵头施工期间，5 号导流隧洞与右泄联合控制水库水位不超过 705.80m。

2012 年 4 月上旬，1 号、2 号、3 号导流隧洞封堵体混凝土浇筑施工基本完毕后，5 号导流隧洞下闸，由右岸泄洪洞在 705.80m 以上控制向下游供水，2012 年 4—6 月 5 号导流隧洞封堵体施工。

各导流隧洞下闸及封堵工况见表 7.6-2。

表 7.6-2 各导流隧洞下闸及封堵工况

导流建筑物	工况	时段	设计洪水标准	流量/(m³/s)	下闸前泄水建筑物	上游水位/m
1 号、2 号、3 号导流隧洞	下闸	2011 年 11 月 1 日（1 号洞）	10%	2140	1 号+2 号+3 号导流隧洞	610.07
	下闸	2011 年 11 月 1 日（2 号洞）	10%	2140	2 号+3 号导流隧洞	613.60
	下闸	2011 年 11 月 18 日（3 号洞）	10%	2140	3 号+4 号导流隧洞	617.85
	封堵	2011 年 12 月至 2012 年 3 月	0.5%（12 月至次年 5 月）	5790	4 号+5 号导流隧洞	713.27（调洪）
4 号导流隧洞	下闸	2012 年 2 月 16 日	供水要求	650	5 号导流隧洞	672.50
	封堵	2012 年 2 月 16 日至 3 月 31 日	0.5%（12 月至次年 5 月）	5790	5 号导流隧洞+右泄	713.27（调洪）
5 号导流隧洞	下闸	2012 年 4 月 1 日	供水要求	650	5 号导流隧洞+右泄	705.76
	封堵	2012 年 4—10 月	0.2%（设计）	25100	右泄+未完建溢洪道	797.44
			0.1%（校核）	27500		799.10

7.6.2 导流隧洞封堵体设计

导流隧洞封堵体为永久建筑物，与枢纽挡水建筑物设计级别一致，建筑物级别为 I 级。根据大坝设计运行工况和建筑物等级综合分析，1～5 号导流隧洞封堵体设计水位为水库正常蓄水位 812.00m，相应设计水头为 214.00～156.00m；校核水位为水库校核水位 817.99m；相应校核水头为 230.99～161.99m。

1. 导流隧洞封堵体长度计算

主要对封堵体在校核洪水位、正常蓄水位工况和正常蓄水位遭遇地震工况进行计算，计算工况及主要荷载组合见表 7.6-3，经分析得到的封堵体长度见表 7.6-4。

表 7.6-3 计算工况及主要荷载组合

工况	计算工况	荷载组合
1	正常蓄水位 812.00m	水推力+封堵体自重+扬压力
2	校核洪水位 817.99m	水推力+封堵体自重+扬压力
3	正常蓄水位 812.00m+地震	水推力+封堵体自重+扬压力+地震作用

表 7.6－4　　　　　　　各导流隧洞封堵体抗剪断计算长度及设计长度　　　　　单位：m

封堵体	剪断接触面	计　算　长　度			建议设计长度
		工况 1	工况 2	工况 3	
1 号导流隧洞封堵体	封堵体与衬砌	44.81	39.20	40.94	50
	衬砌与围岩	43.58	38.13	39.82	
2 号导流隧洞封堵体	封堵体与衬砌	47.12	41.17	43.01	50
	衬砌与围岩	48.71	42.56	41.84	
3 号导流隧洞封堵体	封堵体与衬砌	45.09	39.44	41.29	55
	衬砌与围岩	54.10	49.28	51.25	
4 号导流隧洞封堵体	封堵体与衬砌	20.58	18.04	18.59	28
	衬砌与围岩	20.77	18.21	18.76	
5 号导流隧洞封堵体	封堵体与衬砌	21.69	19.18	19.83	25
	衬砌与围岩	20.05	17.74	18.33	

2. 1 号、2 号、3 号导流隧洞封堵体结构设计

导流隧洞封堵体为永久建筑物，1 号、2 号、3 号导流隧洞洞径大，且承受水头高，综合分析导流隧洞封堵体所处洞段围岩条件及相应的灌浆要求，及对抗剪断公式、有限元计算成果分析和类比类似工程经验，该工程导流隧洞封堵体结构设计如下：

（1）该工程 1 号、2 号导流隧洞封堵体长度为 50m，3 号导流隧洞封堵体长度为 55m。

（2）1 号、2 号导流隧洞封堵体位于坝体帷幕线上，为楔形体，最大断面尺寸为 19m×24m（宽×高），最小断面尺寸为 16m×21m（宽×高）。封堵体混凝土 C25W8F100。封堵体均按两段施工进行设计，第一段为 30m，第二段为 20m。

（3）3 号导流隧洞封堵体长度为 55m，最大断面尺寸为 19m×24m（宽×高），最小断面尺寸为 16m×21m（宽×高）。封堵体混凝土 C25W8F100。封堵体按两段施工进行设计，第一段为 30m，第二段为 25m。

（4）堵头混凝土浇筑完成后，须对堵头顶拱部位进行回填灌浆和固结灌浆。封堵体内部设灌浆廊道，灌浆廊道为城门洞形，廊道断面尺寸为 4m×5m（宽×高），1 号、2 号导流隧洞封堵体灌浆廊道长 35m，3 号导流隧洞封堵体灌浆廊道长 40m。

（5）为提高封堵体灌浆效果，在其上下游端各设止浆铜片一道。封堵体段与段间采用接触灌浆，在接触面设一道止浆铜片。

（6）为了保证封堵体段围岩的整体稳定性，对封堵体洞段进行全断面固结灌浆。

（7）根据下闸封堵规划，1～3 号封堵体浇筑时间为 2011 年 11 月至 2012 年 3 月，4 号封堵体浇筑时间为 2012 年 3—4 月，5 号封堵体浇筑时间为 2012 年 5—6 月，封堵体混凝土与周边衬砌混凝土以及段与段之间均需进行接触灌浆（接缝灌浆）。

考虑 1 号、2 号、3 号导流隧洞封堵体分段施工，采用抗剪断强度公式对首段（第一段）封堵体施工完成后的挡水水位进行计算，成果见表 7.6－5。

表 7.6 - 5　　　　　　　　　　1~3 号导流隧洞首段封堵体挡水水位分析成果　　　　　　　　　　单位：m

封堵体编号	封堵体迎水面底板高程	首段封堵体长度	挡水水位
1 号	597.570		740.52
2 号	586.980	30	724.75
3 号	596.297		716.13

3. 导流隧洞永久运行期封堵体结构稳定分析

1 号、2 号、3 号导流隧洞封堵体永久运行时挡水水头较高，为此对导流隧洞封堵体永久运行期进行三维有限元稳定分析。

（1）封堵体结构体型及特性。

计算模型的范围：封堵体四周均取 3 倍洞径，即 60m。

边界条件：基础部分底部为三向约束，侧面施加相应法向约束；上游边界施加上游水头，下游按无水考虑。

（2）计算工况。计算工况有 3 种，见表 7.6 - 3。

（3）三维有限元稳定分析结果。采用三维有限元法对导流隧洞永久运行期封堵体段稳定进行计算分析，主要结论如下：

1）1 号、2 号导流隧洞封堵体段沿洞轴线顺水流方向应力水平呈明显递减趋势，各方向位移较小，除靠近迎水面附近外绝大部分封堵体结构处于线弹性阶段；最大位移为 1.13mm，顺水流向，出现在正常蓄水位遇地震工况下的封堵体迎水面中心；最大正应力为 2.82MPa，垂直水流向，出现在校核洪水位工况衬砌外侧与围岩交接处；最大剪应力为 2.30MPa，出现在校核洪水位工况 2 号导流隧洞远离河床一侧衬砌边墙外侧；最大拉应力区域出现在封堵体迎水面周边，值为 1.5~4.84MPa，在校核洪水位工况下最大，在封堵体渐变处局部出现了应力集中现象，拉应力值超出了材料抗拉强度设计值，但是主要出现在局部较浅表层，整体结构应力水平较低；最大压应力为 -2.14MPa，满足混凝土抗压强度要求。

2）3 号导流隧洞封堵体段沿洞轴线顺水流方向应力水平呈明显递减趋势，各方向位移较小，除靠近迎水面附近外绝大部分封堵体结构处于线弹性阶段；最大位移为 1.35mm，顺水流向，出现在正常蓄水位遇地震工况下的堵头迎水面中心；最大正应力为 4.01MPa，垂直水流向，出现在校核洪水位工况衬砌外侧与围岩交接处，在 1m 范围内减小至 0MPa 以下，属应力集中现象；最大剪应力为 -2.61MPa，出现在校核洪水位工况导流隧洞靠近河床一侧衬砌边墙外侧；最大拉应力区域出现在封堵体迎水面周边，值为 1.87~5.78MPa，最大值出现在校核洪水位工况导流隧洞衬砌边墙外侧与围岩交接处，局部表层超出了 C30 混凝土抗拉强度设计值，整体结构应力水平较低；最大压应力为 -2.06MPa，满足混凝土抗压强度要求。

3）1 号、2 号、3 号导流隧洞永久运行期封堵体段的整体抗滑稳定安全系数均满足规范要求，沿封堵体与衬砌接触面的抗滑稳定安全系数大于沿衬砌与围岩接触面的抗滑稳定安全系数。

4）1 号导流隧洞封堵体结构超载安全系数为 2.2，强储安全系数为 3.5；2 号导流隧洞封堵体结构超载安全系数为 2.2，强储安全系数为 3.1；3 号导流隧洞封堵体超载安全系数为 1.8，强储安全系数为 2.5。可见永久运行期封堵体结构稳定性均满足要求。

7.7　主要设计特点及创新技术

1. 导流隧洞开挖支护优化设计研究

（1）大断面浅埋渐变段开挖、支护研究。1 号、2 号导流隧洞进口渐变段受 F_5、F_6 断层影响为 V 类岩体，最大开挖断面尺寸为 27.6m×26.3m（宽×高），其中 2 号导流隧洞进口渐变段上覆岩体仅 27.2m 厚。采用先悬吊锚筋桩、后预应力锚索及超前锚杆锚固、再进行隧洞进口开挖支护的设计方案，实现平顶一次开挖、支护成型施工，国内外均属首次。

（2）大断面导流隧洞通过地质不良洞段施工技术研究。1 号、2 号导流隧洞开挖断面尺寸为 19.6m×24.6m（宽×高），隧洞穿过 F_3 断层及影响带长约 40m，充填物为断层泥带。施工期利用监测实际资料，采用反演分析法进行支护调整，使巨型隧洞成功穿过 40 余米的特殊地质段，是隧洞支护设计的创新，也是施工技术的成功实践。

（3）导流隧洞洞身结构优化设计。1 号、2 号导流隧洞断面型式为方圆形，衬砌后断面尺寸为 16m×21m（宽×高）。隧洞所在区域主要为花岗岩地区，根据现场 1 号、2 号导流隧洞上层开挖揭露的地质情况分析，1 号导流隧洞桩号 0+60.00～0+367.00 及 2 号导流隧洞桩号 0+100.00～0+383.00 为 Ⅱ 类围岩，岩体完整性较好。经过对隧洞围岩结构稳定、糙率及过流能力等的分析计算，确定对该段隧洞衬砌结构进行优化，取消 1 号、2 号导流隧洞 Ⅱ 类围岩段顶拱钢筋混凝土衬砌，采用喷 20cm 钢纤维混凝土护面。共取消顶拱混凝土衬砌 590m，减少混凝土约 7246m³，节约工程投资约 452 万元，缩短施工工期约 2.5 个月。

2. 80m 级高土石围堰设计研究

电站围堰工程设计历经了可行性研究、招标设计和施工详图设计等阶段。由于上游围堰最大堰高约 82m，防渗墙最深 50m，且堰基需要开挖冲积层约 10.5 万 m³，造成围堰填筑工程量大，工期紧张。为确保围堰在一个枯水期建成运行，在广泛收集类似工程实践经验的基础上，对围堰结构体型设计进行了全面深入的研究。通过多种围堰结构型式的技术和经济对比分析研究，上游围堰选定为土工膜斜墙围堰，下游围堰选定为土工膜心墙围堰，堰基防渗采用混凝土防渗墙。经实施证明，选定的围堰结构体型具有结构简单、施工速度快、造价低等特点。

3. 大流量、高流速、高落差山区河流截流工程实践

2007 年 11 月 4 日，电站成功实现大江截流，经现场原型观测，在截流进占过程中，龙口最大流速为 7.52m/s，最大落差为 6.7m，龙口各分区水力学指标与设计结果甚为吻合，截流规划设计取得了圆满成功。实践证明，截流设计流量选取合理，龙口分区及龙口保护措施得当，截流规划设计成功地指导了截流施工，为电站 2008 年防洪度汛及主体工程建设创造了必要的条件。

4. 5 号导流隧洞闸室结构优化研究

利用尾水调压室及厂房 15 号施工支洞向前延伸至 5 号导流隧洞闸门室 687.00m 平台，作为 5 号导流隧洞闸门室的施工及运行交通洞，将闸门井调整为闸门室，取消了 5 号导流隧洞封堵闸门，利用工作门兼作封堵闸门。

设置临时堵头与弧形闸门联合作用以提高 5 号导流隧洞封堵期间的挡水水头，并经结构稳定和应力、应变计算分析，满足挡 2012 年汛期上游 799.10m 水位的要求。

第 8 章

BIM 应用

8.1 BIM 应用总体思路

水电站 BIM 技术及应用始于 2001 年可行性研究阶段，历经规划设计、工程建设和运行管理三大阶段，涵盖枢纽、机电、水库和生态四大工程，应用深度从枢纽布置格局与坝型选择的三维可视化，三维地形地质建模，建筑物三维参数化设计，岩土工程边坡三维设计，基于同一数据模型的多专业三维协同设计，基于三维 CAD/CAE 集成技术的建筑物优化与精细化设计，大体积混凝土三维配筋设计，施工组织设计（施工总布置与施工总进度）仿真与优化技术，直至设计施工一体化及设计成果数字化移交等，见图 8.1-1 和图 8.1-2。成果主要包括：三维地形地质建模、三维协同设计、三维 CAD/CAE 集成分析、施工可视化仿真与优化、水库移民、生态景观 3S 及三维 CAD 集成设计、三维施工图和数字化移交、工程建设质量实时监控、工程运行安全评价及预警、数字大坝全生命周期管理等。

规划设计三维工程图

完建工程实景照片

枢纽工程三维设计图

已建航拍照片

图 8.1-1 规划设计三维图与工程完工照片对比图（工程完工度高）

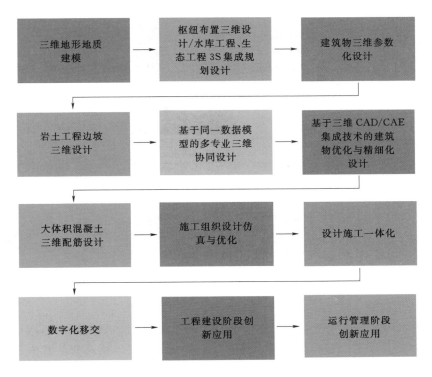

图 8.1-2　BIM 应用深度框架

8.2　规划设计阶段 BIM 应用

8.2.1　数字化协同设计流程

水电站三维设计以 ProjectWise 为协同平台，测绘专业通过 3S 技术构建三维地形模型，勘察专业基于 3S 及物探集成技术构建初步三维地质模型，地质专业通过与多专业协同分析，应用 GIS 技术完成三维统一地质模型的构建，其他专业在此基础上应用 AUTO-CAD 系列三维软件 REVIT、INVENTOR、CIVIL 3D 等开展三维设计，设计验证和优化借助 CAE 软件模拟实现；应用 NAVISWORKS 完成碰撞检查及三维校审；施工专业应用 AIW 和 NAVISWORKS 进行施工总布置三维设计和 4D 虚拟建造；最后基于云实现三维数字化成果交付。报告编制采用基于 SharePoint 研发的文档协同编辑系统来实现。三维协同设计流程见图 8.2-1。

8.2.2　基于 GIS 的三维统一地质模型

充分利用已有地质勘探和试验分析资料，应用 GIS 技术初步建立了枢纽区三维地质模型。在招标及施工图阶段，研发了地质信息三维可视化建模与分析系统 NZD-Visual-

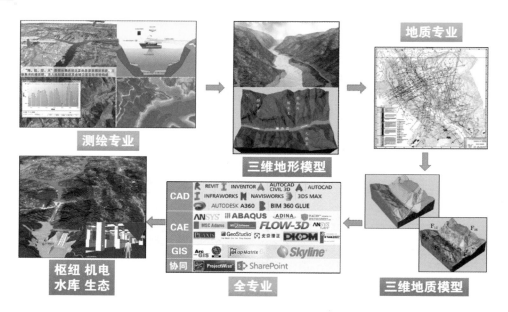

图 8.2－1　三维协同设计流程

Geo，根据最新揭露的地质情况，快速修正了地质信息三维统一模型，为设计和施工提供了交互平台，提高了工作效率和质量。基于 GIS 的三维统一地质模型见图 8.2－2。

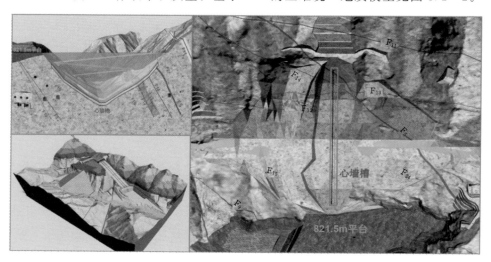

图 8.2－2　基于 GIS 的三维统一地质模型

8.2.3　多专业三维协同设计

基于逆向工程技术，实现了 GIS 三维地质模型的实体化。在此基础上，各专业应用 CIVIL 3D、REVIT、INVENTOR 等直接进行三维设计，再通过 NAVISWORKS 进行直观的模型整合审查、碰撞检查、3D 漫游、4D 建造等，为枢纽、机电工程设计提供完整的三维设计审查方案。多专业三维协同设计见图 8.2－3。

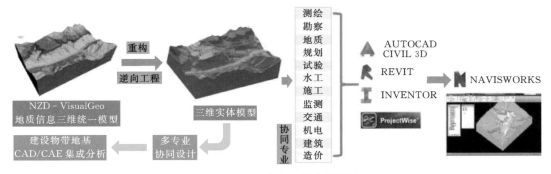

图 8.2 - 3　多专业三维协同设计

8.2.4　CAD/CAE 集成分析

1. CAD/CAE 集成"桥"技术

CAD/CAE 集成"桥"技术是指高效地导入 CAD 平台完成的几何模型，将连续、复杂、非规则的几何模型转换为离散、规则的数值模型，最后按照用户指定 CAE 求解器的文件格式进行输出的一种技术。

在 CAD/CAE 集成系统中增加一个"桥"平台，专职数据的传递和转换，在解放 CAD、CAE 的同时，让集成系统中的各模块分工明确，不必因集成的顾虑而对 CAD 平台、CAE 平台或开发工具有所取舍，因此具有良好的通用性。改以往的"多 CAD - 多 CAE"混乱局面为简单的"多 CAD - '桥' - 多 CAE"。

经比选研究，选择 Altair 公司的 HyperMesh 作为"桥"平台，采用 Macros 及 Tcl/Tk 开发语言，实现了与最广泛的 CAD、CAE 平台间的数据通信及任意复杂地质、结构模型的几何重构及网格生成（见图 8.2 - 4）。

支持导入的 CAD 软件包括 CIVIL 3D、REVIT、INVENTOR 等。

支持导出的 CAE 软件包括 ANSYS、ABAQUS、Flac3D、Fluent 等。

2. 数值仿真模拟

基于"桥"技术转换的网格模型，对工程结构进行应力应变、稳定、渗流、水力学特性、通风、环境流体动力学等模拟分析（见图 8.2 - 5），快速完成方案验证和优化设计，大大提高了设计效率和质量。

根据施工揭示的地质情况，结合三维 CAD/CAE 集成分析和监测信息反馈，实现地下洞室群及高边坡支护参数的快速动态调整优化，确保工程安全和经济。图 8.2 - 6 为地下洞室群数值模拟成果。

8.2.5　施工总布置与总进度

1. 施工总布置优化

以 CIVIL 3D、REVIT、INVENTOR 等形成的各专业 BIM 模型为基础，以 AIW 为施工总布置可视化和信息化整合平台（见图 8.2 - 7），实现模型文件设计信息的自动连接与更新，方案调整后可快速全面对比整体布置及细部面貌，分析方案优劣，大大提升施工总布置优化设计效率和质量。

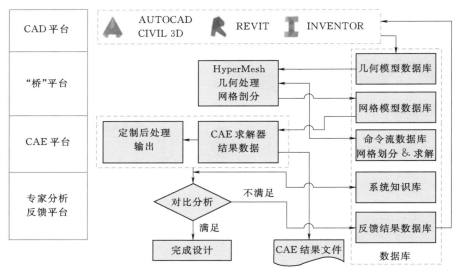

图 8.2-4 CAD/CAE 集成分析流程

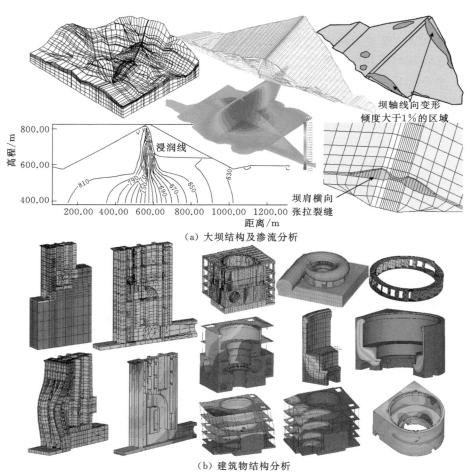

（a）大坝结构及渗流分析

（b）建筑物结构分析

图 8.2-5（一） 数值仿真模拟成果

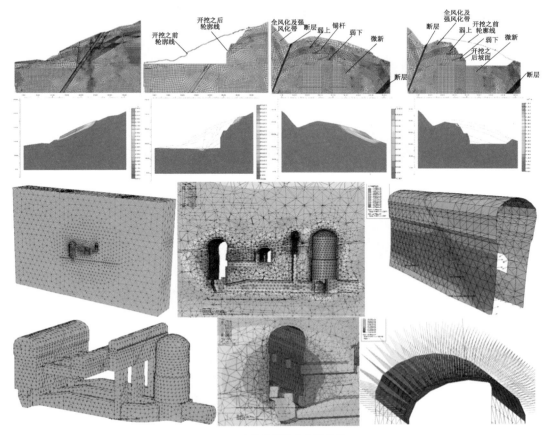

（c）边坡及围岩稳定性分析

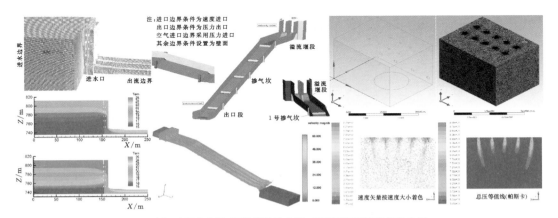

（d）工程水力学、环境流体动力学、地下洞室通风等模拟分析

图 8.2-5（二）　数值仿真模拟成果

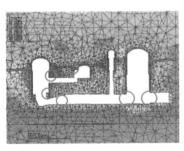

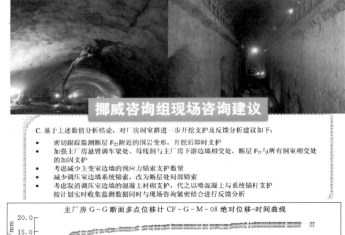

挪威咨询组现场咨询建议

C. 基于上述数值分析结论，对厂房洞室群进一步开挖支护及反馈分析建议如下：

- 密切跟踪监测断层 F_{22} 附近的围岩变形，开挖后即时支护
- 加强主厂房悬臂调车梁处、母线洞与主厂房下游墙相交处，断层 F_{22} 与所有洞室相交处的加固支护
- 考虑减少主变室边墙的预应力锚索支护数量
- 减少调压室边墙系统锚索，改为断层处局部锚索
- 考虑取消调压室边墙的混凝土衬砌支护，代之以喷混凝土与系统锚杆支护
  按计划实时收集监测数据同时与现场咨询紧密结合进行反馈分析

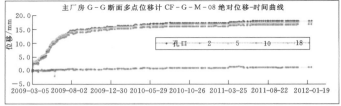

图 8.2-6 地下洞室群数值模拟成果

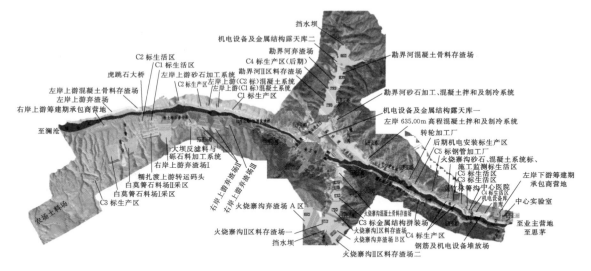

图 8.2-7 枢纽工程施工总布置

2. 施工进度和施工方案优化

应用 NAVISWORKS 的 TimeLiner 模块将 3D 模型和进度软件（P3、Project 等）链接在一起（见图 8.2-8），在 4D 环境中直观地对施工进度和过程进行仿真，发现问题，可及时调整优化进度和施工方案，进而实现更为精确的进度控制和合理的施工方案，从而达到降低变更风险和减少施工浪费的目的。

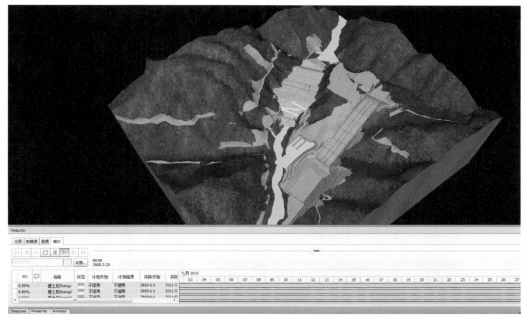

图 8.2－8　施工总进度 4D 仿真

8.2.6　三维出图质量和效率

通过三维标准化体系文件的建立、多专业并行协同方式的确立、设计平台下完整的参数化族库、三维出图插件二次开发、三维软件平立剖数据关联和严格对应可快速完成三维工程图输出，以满足不同设计阶段的需求，有效地提高了出图效率和质量。参数化族库见图8.2－9～图 8.2－11，二次开发三维出图插件见图 8.2－12。

图 8.2－9　安全监测 BIM 模型库

257

参与电站设计的全部工程专业均通过 BIM 综合平台直接生成三维模型，施工图纸均从三维模型直接剖切生成，其平立剖及尺寸标注自动关联变更，有效解决错漏碰问题，减少图纸校审工作量，与二维 CAD 相比，三维出图效率提升 50% 以上。

结合传统制图规定及 BIM 技术规程体系，针对三维设计软件本地化方面做了大量二次开发工作，建立了三维设计软件本地化标准样板文件及三维出图元素库，并制定了《三维制图规定》，对三维图纸表达方式及图元的表现形式（如线宽、各材质的填充样式、度量单位、字高、标注样式等）做了具体规定，有效保障了三维出图质量。

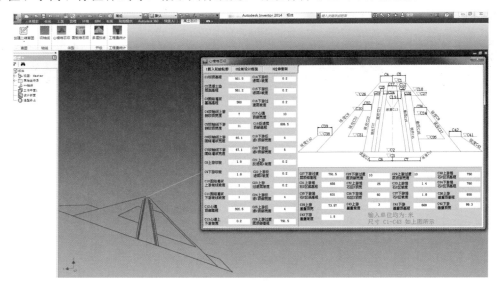

图 8.2 - 10　水工参数化设计模块

图 8.2 - 11　机电设备族库

8.2.7　数字化移交

基于 BIM 综合平台，协同厂房、机电等专业完成电站厂房三维施工图设计，应用基于云计算的建筑信息模型软件 AUTODESK BIM 360 GLUE 把施工图设计方案移到云端移交给业主，聚合各种格式的设计文件，高效管理，在施工前排查错误、改进方案，实现真正的设计施工一体化协同设计。三维协同设计及数字化移交大大提高了"图纸"的可读性，减少了设计差错及现场图纸解释的工作量，保证了现场施工进度。同时，图纸中反映的材料量统计准确，有力保证了施工备料工作的顺利进行，三维施工图得到了电站业主的好评。数字化移交系统见图 8.2 - 13。

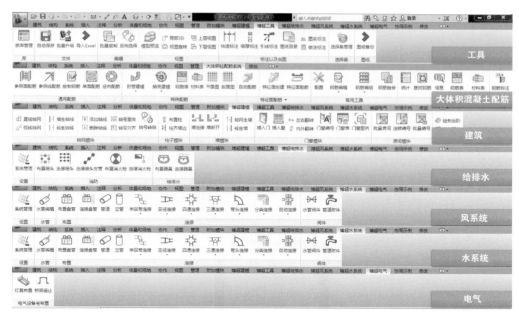

图 8.2 - 12　二次开发三维出图插件

图 8.2 - 13（一）　数字化移交系统

259

图 8.2 - 13（二）　数字化移交系统

8.3　工程建设阶段 BIM 应用

重新定义工程建设管理，在规划设计 BIM 模型的基础上，集成质量与进度实时监控数字化技术，完成了数字大坝—工程质量与安全信息管理系统，于 2008 年年底交付工程建设管理局及施工单位投入使用。

电站高心墙堆石坝分为 12 个区、8 种坝料，共 3432 万 m³，工程量大，施工分期分区复杂，坝料料源多，坝体填筑碾压质量要求高，见图 8.3 - 1。常规施工控制手段由于受人为因素干扰大，管理粗放，故难于实现对碾压遍数、铺层厚度、行车速度、激振力、

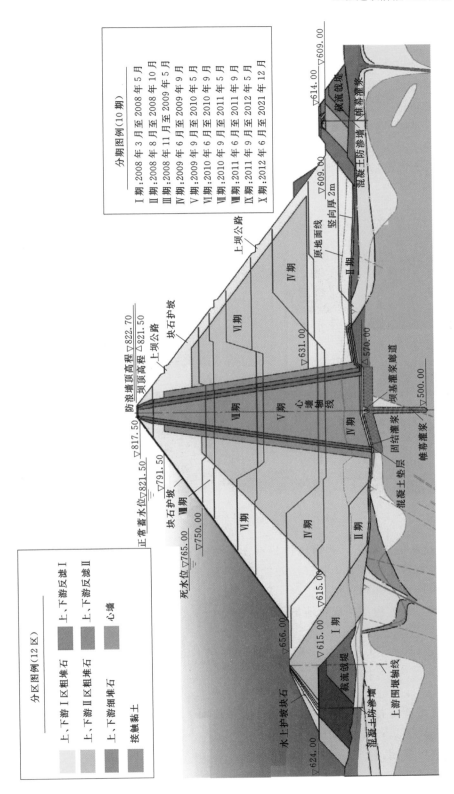

图 8.3-1 高心墙堆石坝施工特点及难点

装卸料正确性及运输过程等参数的有效控制，难以确保碾压质量。

针对高心墙堆石坝填筑碾压质量控制的要求与特点，在规划设计 BIM 模型数据库基础上，建立填筑碾压质量实时监控指标及准则，采用 GPS、GPRS、GSM、GIS、PDA 及计算机网络等技术，提出了高心墙堆石坝填筑碾压质量实时监控技术、坝料上坝运输过程实时监控技术和施工质量动态信息 PDA 实时采集技术，研发了高心墙堆石坝施工质量实时监控系统（见图 8.3-2），实现了大坝填筑碾压全过程的全天候、精细化、在线实时监控。电站大坝实践表明，该技术可使工程建设质量始终处于真实受控状态，有效保证和提高施工质量，为高心墙堆石坝建设质量控制提供了一条新的途径，是大坝建设质量控制手段的重大创新。

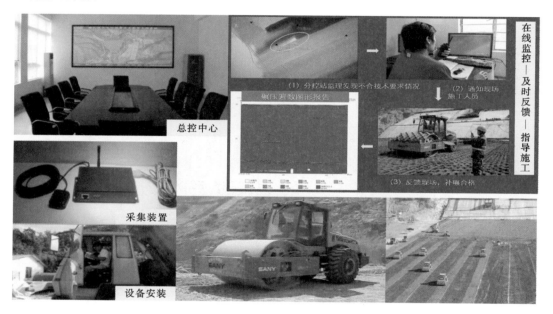

图 8.3-2　大坝施工质量实时监控现场照片

在 BIM 技术的支撑下，当时国内最高土石坝糯扎渡 261.5m 高心墙堆石坝提前一年完工，电站提前两年发电，工程经济效益显著。该项技术不仅适用于心墙堆石坝，还适用于混凝土面板堆石坝和碾压混凝土坝，已在雅砻江官地、金沙江龙开口、金沙江鲁地拉、大渡河长河坝、缅甸伊洛瓦底江流域梯级水电站等大型水利水电工程建设中推广，应用前景十分广阔。

8.4　运行管理阶段 BIM 应用

重新定义工程运行管理，在规划设计 BIM 基础上，集成工程安全综合评价及预警数字化技术，构建了运行管理 BIM，并研发了工程安全评价与预警管理信息系统，于 2010 年年底交付电厂使用。

工程安全评价与预警信息管理系统主要由系统管理模块、安全指标模块、监测数据与工程信息模块、数值计算模块、反演分析模块、安全预警与应急预案模块和数据库及管理模块共 7 个模块构成，集监测数据采集与分析管理、大坝数值计算与反演分析、安全综合评价指标体系及预警系统、巡视记录与文档管理等于一体，在工程监测信息管理、性态分析、安全评价及预警中发挥了重要作用。工程安全评价与预警管理信息系统界面见图 8.4-1。

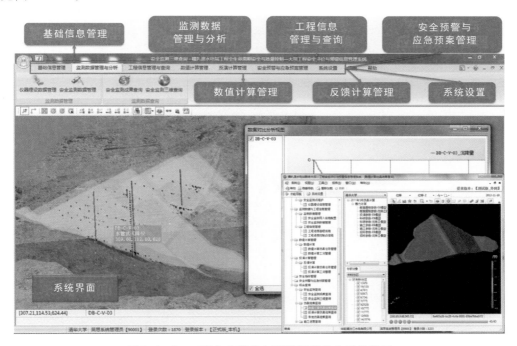

图 8.4-1　工程安全评价与预警管理信息系统界面

第 9 章

结语

9.1 工程设计特点

枢纽建筑物由心墙堆石坝、左岸开敞式溢洪道、左右岸泄洪隧洞、左岸地下引水发电系统及地面副厂房、出线场、下游护岸工程等组成。

1. 心墙堆石坝

针对 200m 以上超高心墙堆石坝筑坝技术需求，在原国家电力公司科技计划、国家自然科学基金及企业重大工程科研等近 70 项科技项目的支持下，以企业为主体，"产、学、研、用"相结合，围绕超高心墙堆石坝工程的关键技术问题开展了 10 余年的研究及应用，系统地提出了超高心墙堆石坝的成套设计准则、新的计算分析理论、防渗料和软岩料筑坝成套技术、施工质量实时监控以及安全综合评价体系，多项具有中国自主知识产权的创新性成果和工程应用，使我国堆石坝筑坝技术水平迈上了一个新的台阶。

2. 泄洪建筑物

（1）溢洪道最大泄量为 $31318m^3/s$，最大流速为 $52m/s$，泄洪功率为 $55860MW$，居世界岸边溢洪道之首。左岸泄洪隧洞最大泄量为 $3395m^3/s$，最大流速为 $38m/s$。右岸泄洪隧洞最大泄量为 $3257m^3/s$，最大流速为 $40m/s$。

（2）泄洪消能建筑物布置充分利用了坝址区的地形、地质条件，主要泄洪水流远离坝脚，保证了大坝的安全，并且通过整体水工模型试验验证了高水头、大泄量堆石坝枢纽布置的合理性。

（3）在溢洪道出口预挖消力塘形成水垫塘，溢洪道挑射水流直接进入消力塘，通过消力塘消能后进入河道，减小了水流对河岸的冲刷，解决了与下游河道水流衔接问题。采用护岸不护底的消力塘设计，减少底板混凝土工程量 15.7 万 m^3，取消了底板复杂的抽水排水系统，既降低了造价、缩短了工期，又方便运行管理。通过常压和减压试验研究，合理设置了溢洪道的掺气坎，避免了高速水流的空化空蚀破坏。运行实践证明溢洪道的泄洪消能和掺气减蚀设计合理。

（4）大泄量泄洪隧洞工作闸门采用双孔合一的型式，降低闸门的设计难度，明流洞段采用突扩突跌的方式进行掺气，保证隧洞有压流和无压流的水力过渡，同时避免了隧洞的空化空蚀破坏。右岸泄洪隧洞的实践证明工程运行是安全的。

3. 引水发电建筑物

（1）充分利用枢纽区坝址左岸有利地形、地质条件，在左岸半岛形山体中布置引水、尾水及地下厂房洞室群。地下厂房等主要洞室布置于枢纽区工程地质条件最好的 A 区，山体岩石新鲜完整、强度高，可满足大型地下洞室群成洞要求。

（2）为了尽量减小电站进水口与左侧溢洪道和右侧泄洪隧洞进水口的相互影响，进水口采用对称收缩、独立的岸塔式单管单机型式布置。

（3）为了减小下泄低温水给下游农业和其他生态环境带来不利影响，电站进水口采用多层叠梁闸门分层取水布置方式，尽量取表层水。通过对进水口布置型式设计研究、水文数值模拟预测分析及水温模型试验、水力数值计算及模型试验、进水塔静动力计算分析以及进水塔三维 CAD/CAE（包括水力、结构）集成设计等研究，解决了多层叠梁闸门分层取水的技术难题，设计安全、经济、合理，发电下泄的水流能够减免对下游水生生物的影响。与招标阶段双层取水方案相比节约投资 1.403 亿元，达到了预期的技术和经济指标。对我国西部高坝大库电站进水口设置分层取水措施，减免下泄低温水对下游生态的影响，具有很好的借鉴意义，推广应用前景十分广阔。

（4）尾水调压室规模巨大，内径达 29.8m，高度超过 90m。通过引水发电系统水力过渡过程数值计算及整体模型试验，优化了体型，1 号尾水调压室利用部分 2 号导流隧洞，内径从 29.8m 减小到 27.8m。开展尾水调压室围岩稳定及复杂结构有限元分析研究，优化了支护型式及衬砌结构，尾水调压室仅采用 0.6m 厚薄壁衬砌，缩短了工期，节省了投资。

（5）地下厂房洞室群数量多、规模大、布置复杂，主要包括地下主副厂房、主变室（含 GIS 楼）及母线洞、出线竖井、地下厂房运输洞、厂区防渗排水系统以及各类交通、通风辅助洞室等，还有与之相关的引水管道、尾水支洞、尾水隧洞、尾水闸门室，尾水调压室等洞室。

（6）地下厂房洞室群采用三维有限元围岩稳定分析与工程类比相结合，以动态设计理念进行优化支护措施，开挖支护设计安全、合理、经济。

（7）发电厂房地下洞室群上游距离库区较近，地下水位线以下，地下水位较高，遵循"以排为主、排防结合"的原则布置厂区防渗系统较为合理。已投入运行使用多年，各方面监测数据表明，渗水量处于正常水平，防渗设计取得了良好的效果。

（8）电站机组属高水头、大容量机组。经过大量的研究工作，确定了采用蜗壳保压浇筑混凝土的结构型式；通过三维有限元线性、非线性计算和大型蜗壳仿真模型试验，对金属蜗壳应力、蜗壳外围混凝土、机墩结构及配筋、风罩温度工况下的结构分析、机墩蜗壳共振复核及厂房内源动力作用下振动反应等开展分析研究，取得了较好的技术经济效果。

（9）厂房三维设计采用基于 REVIT 平台的三维协同设计系统，与厂房土建相关的主要专业（机电各专业、建筑、给排水等）均在同一平台上开展设计工作，各专业设计信息、参数化关联等均统一共享，有效地克服了专业间协调难、错漏碰等常见问题。

4．导流建筑物

（1）在导流隧洞封堵设计中，应用三维非线性元，采用渗流-应力耦合技术进行渗流量分析和渗透压力作用下的围岩和衬砌稳定性分析，为隧洞下闸封堵安全性提供了依据，其复核方法和结果均对类似工程有较大借鉴和参考价值。

（2）上游围堰与坝体结合，下游围堰与量水堰结合。通过多种围堰结构型式的技术和经济对比分析研究，确定上游围堰为土工膜斜墙围堰，下游围堰为土工膜心墙围堰，堰基防渗均采用混凝土防渗墙。实践证明围堰结构体型具有结构简单、施工速度快、造价低等的特点。

（3）2007 年 11 月 4 日，电站成功实现大江截流，经现场原型观测，在截流进占过程中，龙口最大流速为 7.52m/s，最大落差为 6.7m，龙口各分区水力学指标与设计结果甚为吻合，截流规划设计取得了圆满成功。实践证明，截流设计流量选取合理，龙口分区及龙口保护措施得当，截流规划设计成功地指导了截流施工。

9.2 工程主要技术创新

9.2.1 勘察主要技术创新

1. 坝址区工程地质分区规划

坝址区工程地质条件复杂，岩体风化程度、构造发育程度等均呈现很大的不均一性。在详细分析坝址区地层岩性、地质构造、风化卸荷、地下水等基本地质条件的基础上，参考岩体质量综合分类的方法，将坝址区工程地质条件按不同等级从好至差分为A、B、C、D、E、F 6个区。工程地质分区为枢纽建筑布置提供了可靠依据。

2. 花岗岩构造软弱岩带渗透变形试验及固结灌浆试验

坝基右岸中部岩体受构造、风化、蚀变等因素的综合影响，形成了大致顺河方向延伸并包括断层在内的构造软弱岩带，带内岩体破碎，风化较强烈、完整性差，各级结构面发育，而且多夹泥或附有泥质薄膜，岩体强度及变形模量低、抗变形性能差，渗透性较大，易产生不均匀变形，难以满足大坝对地基强度、抗变形性能及防渗方面的要求。为了给坝基处理措施提供依据，特对该构造软弱岩带开展了渗透变形试验及固结灌浆试验。

3. 三维地质建模与分析关键技术及工程应用

在可行性研究设计阶段，充分利用已有地质勘探和试验分析资料，应用GIS技术初步建立了枢纽区三维地质模型。

在招标及施工图阶段，研发了地质信息三维可视化建模与分析系统NZD-VisualGeo，根据最新揭露的地质情况，快速修正了地质信息三维统一模型，为设计和施工提供了交互平台，提高了工作效率和质量。

4. 经济效益

根据各阶段综合地质勘察工作，基本查明了枢纽区地质条件，为各阶段枢纽布置及建筑物设计提供了强有力的技术支撑。根据实际开挖揭露地质情况与可行性研究阶段基本一致，其经济效益体现在建筑物各项优化设计中。

9.2.2 心墙坝主要技术创新

1. 超高心墙堆石坝筑坝成套技术

首次系统地提出了超高心墙堆石坝采用人工碎石掺砾土料和软岩堆石料筑坝成套技术，居国际领先水平。针对电站天然土料黏粒含量偏多、砾石含量偏少、天然含水率偏高，不能满足超高心墙堆石坝强度和变形要求的难点，采用掺人工级配碎石对天然土料进行改性，系统开展了大量的室内和大型现场试验，提出了超高心墙堆石坝人工碎石掺砾防渗土料成套技术。

（1）科学确定人工碎石掺砾含量。当地天然防渗土料偏细，在$2690kJ/m^3$击实功能条件下的压缩模量$E_{s(0.1\sim0.2)}$平均值约为$26MPa$，需进行人工碎石掺砾，在满足防渗条件下尽可能提高压缩模量和抗剪强度。对不同掺砾量防渗土料的渗透系数、抗渗比降、压缩模量及抗剪强度等进行了系列比较试验研究。从防渗土料渗透性及抗渗性能看，掺砾量不宜超过 50%；从变形协调及压实性能看，掺砾量宜为 30%～40%，由此综合确定掺砾量为 35%，掺砾料压缩模量 $E_{s(0.1～0.2)}$ 平均值增加近 1 倍达 51MPa。电站大坝填筑掺砾料共计 464 万 m^3。

（2）人工掺砾施工工艺及质量检测方法。

1）系统开展大规模现场试验，提出了人工掺砾施工工艺，保证了坝料的均匀性及碾压施工质量。

2）研发了 600mm 直径超大型击实仪，并与等量替代法进行相关对比分析，确定了用 152mm 三点快速击实法检测心墙掺砾土料的填筑质量控制标准，提高了检测效率。

（3）通过材料试验和理论研究，论证了在大坝上游适当范围采用部分软岩堆石料是可行的，并在电站心墙堆石坝首次实践，实际填筑 478 万 m^3，扩大了工程开挖料的利用率，节约投资约 3.3 亿元，经济效益显著。

2. 超高心墙堆石坝计算分析方法

提出了适合于超高心墙堆石坝的坝料静力、动力本构模型和水力劈裂及裂缝计算分析方法，居国际领先水平。

（1）土石料静力本构模型修正。对目前国内外在土石坝应力变形计算分析中常用的堆石料本构模型进行了系统的比较验证，讨论了其主要特点及对高应力状态和复杂应力路径的适应性。建立了基于 Rowe 剪胀模型的堆石体剪胀公式，改进了沈珠江双屈服面模型体积变形的表示方法，使其形式更加简洁，并可反映土石坝料的变形机理，应用于高土石坝应力变形分析时可以得到更加符合实际情况的结果。通过对模型参数的分析研究，从理论上揭示了邓肯-张 E-B 模型参数"不唯一性"问题，建立起了参数间的相关性关系，提出了坝料本构模型参数的整理分析方法。

（2）土石料动力本构模型修正。提出了土的动力量化记忆本构模型，提出了量化记忆（SM）模型参数随应变和围压变化的规律，提出了采用 Levenberg-Marquardt 非线性最小二乘法拟合动力三轴试验结果确定模型参数的方法，并将一维量化记忆模型中的记忆点扩展为偏平面上的记忆面，从而构筑了多维量化记忆模型。编写了有限元计算程序，模拟大三轴试样动力试验过程，验证了多维量化记忆模型的有效性。

（3）心墙水力劈裂机理及数值仿真方法。提出了渗透弱面及在快速蓄水过程中所产生的渗透弱面"水压楔劈效应"是心墙水力劈裂发生的主要条件，并通过模型试验予以验证。将弥散裂缝理论引入水力劈裂问题的研究中，与比奥固结理论相结合，推导建立了心墙水力劈裂计算模型及扩展过程有限元算法。

（4）土石坝裂缝机理及数值仿真方法。系统研究了土石坝裂缝发生的力学机理及判别方法，提出了心墙黏土基于无单元法的弥散裂缝模型，提出了基于无单元-有限元耦合方法的土石坝张拉裂缝三维仿真计算程序，实现了对坝体可能裂缝有效的计算模拟。

3. 超高心墙堆石坝成套设计准则

针对现行设计规范不适用于超高心墙堆石坝设计需求的问题，通过研究、总结与集成，系统地提出了超高心墙堆石坝的成套设计准则。主要创新内容如下：

（1）开挖料勘察工作准则。为在设计阶段掌握开挖料的特性及可用数量，尽可能充分利用开挖料，确定了枢纽工程开挖料勘察深度和精度要求。

（2）筑坝材料试验项目及组数。明确了超高心墙堆石坝筑坝材料必须开展的试验研究项目，并通过试验组数与试验成果误差关系的研究，确定了各项试验一般应完成的试验组数。

（3）心墙型式准则。为充分适应地形地质条件，对斜心墙、直心墙型式进行了技术、经济、安全等方面的综合比较，确定了超高心墙堆石坝一般采用直心墙型式更加安全、经济，施工更加方便。

（4）坝料分区设计准则。经综合技术、经济、安全等方面比较，优化确定了心墙及堆石体坝壳分区设计准则。

（5）坝基混凝土垫层分缝设计准则。通过对坝基混凝土垫层受力机理的研究，建立了坝基混凝土垫层分缝设计准则：分缝应有针对性地在垂直于拉应力方向设置，即在反滤层与心墙交界部位及在坝轴线方向设置结构缝，顺水流方向不设置结构缝。

（6）渗流稳定分析与控制标准。确定了渗流稳定分析与控制标准，增强了坝基渗透稳定性。下游壳坝基采用反滤Ⅰ、反滤Ⅱ对下游坝基进行覆盖保护，一般坝基的覆盖保护范围为 $1/3H$（H 为水头），断层及右岸软弱岩带的地基保护范围为 $(0.5\sim1.0)H$。

（7）变形协调控制标准。综合研究了顺水流向心墙与堆石体、心墙与岸坡的变形协调机制，综合判定变形倾度宜小于 1％是适宜的，同时论证了心墙与岸坡之间设置接触黏土的必要性。

（8）坝坡稳定分析及控制标准。研究论证了坝坡稳定分析采用非线性方法的必要性和合理性，确定了坝坡稳定分析及控制标准："坝料非线性抗剪强度指标必须按规定组数的小值平均值采用，坝坡稳定允许安全系数仍按现行规范规定"，被现行《碾压式土石坝设计规范》（DL/T 5394）和《混凝土面板堆石坝设计规范》（DL/T 5016）采纳。

（9）新型工程抗震措施。研究提出了适用于高地震烈度区超高心墙堆石坝的抗震措施。电站大坝设防烈度 9 度，100 年超越概率 2％的基岩水平峰值加速度为 379.9gal，采用坝体内部不锈钢筋与坝体表面不锈扁钢网格组合的抗震措施。

（10）量水堰与下游围堰"永临结合"措施。根据超高心墙堆石坝的特点，研究提出了坝体宜与下游围堰结合、下游围堰后期宜改造成量水堰的设计准则，以节省工程投资。

4. 超高心墙堆石坝施工质量实时监控技术

高心墙堆石坝工程量大、施工分期分区复杂、坝体填筑碾压质量要求高，常规质量控制手段难以实现对施工质量精准控制。深入研究了高心墙堆石坝施工质量实时监控关键技术，提出了坝料上坝运输过程实时监控技术、大坝填筑碾压质量实时监控技术、施工质量动态信息 PDA 实时采集技术、网络环境下数字大坝可视化集成技术，开发了电站"数字大坝"系统，实现了大坝施工全过程的全天候、精细化、在线实时监控。

（1）坝料上坝运输过程实时监控技术。建立了坝料运输实时监控数学模型，提出了坝料上坝运输过程实时监控技术，利用自主研发的坝料运输车辆动态信息自动采集装置，实现对运输车辆从料源点到坝面的全过程定位与装卸料监控。开发了坝料上坝运输过程实时监控系统，实现了料源与卸料分区的匹配性以及上坝强度和道路行车密度的动态监控，保证了坝料的准确性，合理地组织了施工和运输车辆的优化调度。

（2）大坝填筑碾压过程实时监控技术。建立了心墙堆石坝坝面碾压质量实时监控数学模型，确定了实时监控指标及控制准则。提出了大坝填筑碾压过程实时监控的总体方案，通过 1P、2G、3N，实现了坝面填筑碾压质量监控的 4M（全天候、实时、精细化及远程性）。自主研发了坝面碾压过程信息实时自动采集装置，实时分析和判断行车速度、激振力输出、碾压遍数、压实厚度等是否超标，并通过监控终端 PC 和手持 PDA 实时报警，以指导相关人员做出现场反馈。提出了碾压过程实时监控的高精度快速图形算法，包括碾压轨迹、条带的实时绘制算法及碾压遍数、速度和压实厚度的实时计算与显示算法等，解决了动态巨量数据的实时快速绘制难题，提高了碾压遍数、压实厚度的计算精度。开发了坝面填筑碾压质量实时监控系统，实现了碾压参数的全过程、精细化、在线实时监控，克服了常规质量控制手段受人为因素干扰大、管理粗放等弊端，有效地保证和提高了施工质量，确保碾压质量始终真实受控。

（3）大坝施工信息 PDA 实时采集技术。提出基于 PDA 的超高心墙堆石坝施工信息实时采集技术，实现了大坝填筑碾压质量的信息和上坝运输车辆信息的 PDA 实时采集，为动态调度坝料运输车辆，以及管理人员及时全面掌握现场施工质量信息和反馈控制提供了一条有效的解决途径。

（4）网络环境下数字大坝可视化集成技术。建立了电站"数字大坝"系统集成模型，构建了基于施工实时监控的"数字大坝"技术体系。提出了网络环境下工程综合信息可视化集成技术，解决了具有数据量大、类型多样、实时性高等特点的工程综合信息动态集成的难题。为大坝建设、竣工验收、安全鉴定及运行管理提供了支撑平台。

"数字大坝"系统有效提高了电站大坝施工质量监控的水平和效率，确保大坝施工质量始终处于受控状态，是世界大坝建设质量控制方法的重大创新。电站大坝 2009—2011 年年均填筑 940 万 m^3，并于 2012 年提前一年建成，施工质量控制良好，"数字大坝"系统发挥了极其重要的作用。

5. 超高心墙堆石坝安全综合评价体系

针对缺乏超高心墙堆石坝渗流稳定、变形稳定、坝坡稳定等安全控制标准的问题，系统研究建立了超高心墙堆石坝安全综合评价体系，居国际领先水平，属工程新技术、新设备应用。

（1）新型安全监测设备研发。①研发了新型分层式沉降仪和新型压力式水管沉降仪等安全监测设备。②系统集成了测量机器人、GNSS 变形监测系统、内外观自动化系统等，实现了复杂条件下高精度监测与实时在线监测数据补偿。安全综合评价指标体系及应急预案。针对库水位、渗透稳定、变形稳定、坝坡稳定及坝体裂缝等问题，提出了建设期、蓄水期及运行期安全综合评价准则及应急预案。③根据监测数据反演分析坝料模型参数，预测大坝后期运行性态及安全裕度。④根据监测和预测成果修正和完善大坝的安全评价指标及预警值，提出相应的应急预案和措施。

（2）大坝安全评价与预警管理信息系统研发。研发了基于 Internet 远程监控的超高心墙堆石坝安全评价与预警管理信息系统，集监测数据采集与分析管理、大坝数值计算与反演分析、安全综合评价指标体系及预警系统、巡视记录与文档管理等于一体。该系统已于 2010 年 12 月正式交付电站水电厂使用，在大坝监测信息管理、性态分析、安全评价及预警中发挥了重要作用。

6. 经济效益

通过大量研究论证和财务计算，成果应用于电站大坝工程，直接经济效益共计 30.3 亿元。

（1）节约工程投资约 4.8 亿元。其中，心墙型式优化节约约 0.79 亿元；上下游坝坡优化节约约 0.7 亿元；软岩堆石料的合理上坝利用节约约 3.3 亿元。

（2）施工期及首次蓄水期在人工观测、数据处理、成果分析评价、安全预警等方面节省的费用达 0.5 亿元。

（3）业主财务费用减少，产生直接经济效益约 25 亿元。

9.2.3　泄洪消能主要技术创新

1. 高水头、大泄量堆石坝枢纽布置

合理的高水头、大泄量堆石坝枢纽布置居国际先进水平。充分利用了坝址区的地形、地质条件布置泄洪消能建筑物，泄洪建筑物主要泄洪水流远离坝脚，可保证大坝的安全，并且通过整体水工模型试验进行验证。

2. 下游消能防冲设计

先进的下游消能防冲设计居国际先进水平。在溢洪道出口预挖消力塘形成水垫塘，溢洪道挑射水流直接进入消力塘，通过消力塘消能后进入河道，减小了水流对河岸的冲刷，解决了与下游河道水流衔接问题。

3. 消力塘设计创新

护岸不护底的消力塘设计创新居国际先进水平。采用护岸不护底的消力塘设计，减少了底板混凝土工程量 15.7 万 m^3，取消了底板复杂的抽水排水系统，既降低了造价、缩短了工期，又方便运行管理。

4. 超高速水流的溢洪道掺气设计

超高速水流的溢洪道掺气设计居国际先进水平。通过常压和减压试验研究，合理设置了溢洪道的掺气坎，避免了高速水流的空化空蚀破坏。

5. 大泄量、高水头泄洪隧洞掺气设计

大泄量、高水头泄洪隧洞掺气设计居国际先进水平。大泄量泄洪隧洞布置合理，通过常压和减压试验研究科学设置了掺气设施，避免了隧洞的空化空蚀破坏。

6. 大面积薄层高强度抗冲磨混凝土材料及温控设计

大面积薄层高强度抗冲磨混凝土材料及温控设计居国际先进水平。针对溢洪道泄槽底板高强度（$C_{180}55W8F100$）、超长薄层浇筑、强约束条件下的抗冲磨混凝土薄板的防裂问题开展了系统和深入的研究，合理确定了混凝土温控标准及防裂措施。采用 180 天龄期强度作为抗冲磨混凝土的设计等级强度；采用 MgO 含量相对较高的中热水泥，高掺 I 级粉煤灰和高性能减水剂，充分利用混凝土的后期强度，减少了水泥用量，降低绝热温升，提高了混凝土抗裂能力；提出了在大面积薄板混凝土内埋设冷却水管进行通水冷却的措施，通水冷却不仅能有效控制最高温度，而且能减小内外温差和混凝土内的温度梯度，明显减小拉应力。

7. 经济效益

优化设计节约投资约 6 亿元。

9.2.4　引水发电主要技术创新

1. 电站进水口

（1）大型水电站叠梁闸门分层取水进水口型式。大型水电站叠梁闸门分层取水进水口型式成果总体达到国际先进水平。采用叠梁闸门多层取水进水口可以引取水库表层水，能够减免下泄低温水对下游生态的影响，可以实现水电开发和环境保护同时兼顾的目标。

（2）水温预测考虑流域梯级水温累积影响。应用一维及三维水动力学水温模型对水温结构进行研究。采用了相似工程的实测资料对水温模型参数进行率定，并考虑了澜沧江中下游梯级电站开发对水温累积影响。

（3）应用三维数值模拟和水工模型试验进行水力特性研究。采用三维数值分析、模型试验、流激振动模型试验，分析了叠梁闸门过流特点及安全性，研究成果直接应用于工程。

（4）水温分布模拟和物理模型试验。利用数值模拟和物理模型试验两种研究手段，系统地研究了进水口叠梁闸门方案的下泄水温，得出了下泄水温的一般规律；在水温模型试验中，提出了直接模拟水温的新方法，形成稳定的多层水温分布，直接测量取水口的下泄水温。

（5）进水口三维设计。以叠梁闸门取水口为研究对象，实现了三维 CAD/CAE（包括水力、结构）集成设计。

（6）考虑地震行波效应的进水口结构响应研究。系统研究了大型水电站取水口结构在复杂地震非一致激励作用下，各塔段间的接触压力、接触摩擦力、缝间张开距和碰撞等相互作用和地震响应。

（7）进水口结构在水动力荷载作用下的结构响应研究。针对叠梁闸门取水方案，研究在不同工况下的泄流形式及水动力荷载对结构的影响。将流固耦合方法应用于取水口波浪荷载研究中，优化了物理模型，并能真实反映波浪对取水口结构的影响。

2. 地下厂房洞室群开挖支护设计优化

在施工详图阶段，根据实际开挖揭示的地质情况，结合三维有限元分析和监测资料反馈分析，对一次支护和二次衬砌进行大量设计优化，达到安全、经济的目的，效益显著。

3. 正确选择机墩和蜗壳型式

蜗壳最大 HD 值为 1820m，属高水头、大容量、高 HD 值机组，蜗壳采用保压外包钢筋混凝土形式。

4. 尾水调压室优化

尾水调压室采用圆筒式，利于围岩稳定和施工安全；同时 1 号尾水调压室与 2 号导流隧洞部分结合作为扩展调压室，减小井筒尺寸，缩短工期，节省投资。

5. 经济效益

（1）研究成果直接应用于电站进水口叠梁闸门多层取水，设计安全、经济、合理，发电下泄的水流能够减免对下游水生生物的影响；与招标阶段双层取水方案相比节约投资

1.403 亿元，达到了预期的技术和经济指标。

（2）引水发电建筑物工程其他优化设计。优化设计节约投资约 3 亿元。

9.2.5 导截流主要技术创新

1. 大断面导流隧洞通过不良地质洞段施工技术研究

导流隧洞设计过程中，根据现场实际监测成果进行"数值反演"分析，以实时调整导流隧洞不良地质洞段的开挖程序和支护措施；同时结合"复合衬砌"设计理念，充分考虑围岩一次支护"加固"后的作用，优化钢筋混凝土结构，导流隧洞采用薄壁混凝衬砌结构，既保证了工程的施工和运行安全，又有效节约了工程投资，在同类工程中达到先进技术水平。

2. 大断面浅埋渐变段开挖、支护设计

导流隧洞大跨度进口渐变段施工开挖顺序及临时支护措施设计。充分结合工程地质条件，利用工程力学理论研究与现场施工过程紧密结合，进行定量化分析，且对每个单项措施进行了敏感性分析。采用"起拱、平拱和眼镜法"施工方法，悬吊锚筋桩、锁口锚索和预应力锚杆等支护措施，效果十分显著。针对工程地质条件和施工特点，个性化的开挖设计方案，如 2 号导流隧洞大跨度进口渐变段（宽 27.6m，高 26.3m）上覆岩体厚仅27.2m，进口为矩形断面，平顶一次开挖支护成型，技术进步明显，国内外均属首次。

3. 80m 级土工膜防渗体围堰技术研究

电站上游围堰最大堰高约 74m，下部采用混凝土防渗墙，上部采用复合土工膜斜墙，为国内目前最高的复合土工膜斜墙围堰。下游围堰结合大坝永久建筑物进行优化设计，有效利用下游围堰改造大坝量水堰。该技术既安全可靠，又有利于防洪度汛工程的快速施工，取得了长足的技术进步和良好的经济效益。

4. 大流量、高流速、高落差山区河流截流工程实践

经截流模型试验和水力学计算，电站采用 1 号、2 号导流隧洞截流，龙口段最大流速为7.1m/s，最大落差为 9.16m，最大单宽功率为 290.1(t·m)/(s·m)，材料流失量大，与国内类似工程比较，截流难度较大。工程中利用大朝山电站调节后，成功实现了大江截流，值得借鉴。

5. 经济效益

（1）成果应用于导截流工程，节约工程投资约 3 亿元。

（2）业主财务费用减少，产生直接经济效益约 25 亿元。

9.2.6 数字化技术集成创新应用

电站数字化始于 2001 年，历经规划设计、工程建设和运行管理三大阶段，涵盖枢纽、机电、水库和生态四大工程，成果主要包括：三维地质建模、三维协同设计、三维 CAD/CAE 集成分析、施工可视化仿真与优化、水库移民、生态景观 3S 及三维 CAD 集成设计、三维施工图和数字化移交、工程建设质量实时监控、工程运行安全评价及预警、数字大坝全生命周期管理等。

数字化技术的应用，对于改进和优化设计、施工方案，提高设计、施工效率，保障工程质量和安全，为设计和施工决策提供及时、可靠、直观形象的信息支持，发挥了重大作用，促成电建提前两年建成发电，经济效益显著，获得了业主、审查、建设、运行单位的高度评价，使设计企业为工程服务和业主创造价值的能力大大增强。相关成果作为重要创新获得了 6 项国家科技进步奖和 8 项省部级科技进步奖。

主 要 参 考 文 献

[1] 国家电力公司昆明勘测设计研究院. 云南省澜沧江糯扎渡水电站可行性研究报告第三篇工程地质 [R]. 昆明：国家电力公司昆明勘测设计研究院，2003.

[2] 北京中震创业工程科技研究院. 云南省澜沧江糯扎渡水电站工程场地地震安全性评价复核报告 [R]. 北京：北京中震创业工程科技研究院，2008.

[3] 河海大学，中国水电顾问集团昆明勘测设计研究院. 糯扎渡水电站水库库岸稳定性蓄水响应与失稳预测专题研究报告 [R]. 南京：河海大学，2013.

[4] 中国水利水电科学研究院工程抗震研究中心. 澜沧江糯扎渡工程水库诱发地震危险性预测研究报告 [R]. 北京：中国水利水电科学研究院工程抗震研究中心，2002.

[5] 国家电力公司昆明勘测设计研究院. 云南省澜沧江糯扎渡水电站可行性研究阶段——右岸构造软弱岩带工程地质特性及处理措施专题报告 [R]. 昆明：国家电力公司昆明勘测设计研究院，2003.

[6] 国家电力公司昆明勘测设计研究院. 云南省澜沧江糯扎渡水电站可行性研究阶段——枢纽区渗透变形试验专题报告 [R]. 昆明：国家电力公司昆明勘测设计研究院，2003.

[7] 国家电力公司昆明勘测设计研究院. 云南省澜沧江糯扎渡水电站可行性研究阶段——枢纽区高压压水试验专题报告 [R]. 昆明：国家电力公司昆明勘测设计研究院，2003.

[8] 北京中震创业工程科技研究院. 云南省澜沧江糯扎渡水电站现场水压致裂法三维地应力测量与岩体水力劈裂试验试验研究报告 [R]. 北京：北京中震创业工程科技研究院，2002.

[9] 马洪琪. 中国工程院咨询研究课题——超高土石坝安全建设关键技术问题研究 [R]. 昆明：华能澜沧江水电有限公司，2013.

[10] 袁友仁，王柏乐，葛明. 糯扎渡心墙堆石坝心墙方案比较研究 [J]. 水力发电，2005（5）：40 - 42.

[11] 袁友仁，张宗亮，冯业林，等. 糯扎渡心墙堆石坝设计 [J]. 水力发电，2012，38（9）：27 - 30.

[12] 中国电建集团昆明勘测设计研究院有限公司. 糯扎渡高心墙堆石坝坝料特性及结构优化研究课题研究报告 [R]. 昆明：中国电建集团昆明勘测设计研究院有限公司，2006.

[13] 中国电建集团昆明勘测设计研究院有限公司. 200m级以上高心墙堆石坝设计准则及安全评价系统课题研究报告 [R]. 昆明：中国电建集团昆明勘测设计研究院有限公司，2012.

[14] 天津大学，华能澜沧江水电有限公司，中国电建集团昆明勘测设计研究院有限公司. 糯扎渡水电站心墙堆石坝工程数值大坝系统研究开发报告 [R]. 天津：天津大学，2011.

[15] 华能澜沧江水电有限公司，中国电建集团昆明勘测设计研究院有限公司，清华大学水利水电工程系，等. 糯扎渡水电站心墙堆石坝工程安全评价与预警信息管理系统研究开发报告 [R]. 昆明：华能澜沧江水电有限公司，2014.

[16] 何晓燕，王兆印，黄金池，等. 中国水库大坝失事统计与初步分析 [C]// 中国水利学会. 中国水利学会2005学术年会论文集：水旱灾害风险管理，2005.

[17] 中国水利水电科学研究院. 糯扎渡水电站溢洪道局部减压模型试验研究 [R]. 北京：中国水利水电科学研究院，2009.

[18] 天津大学建筑工程学院. 糯扎渡水电站整体及溢洪道水垫塘护岸不护底水工模型试验研究报告 [R]. 天津：天津大学建筑工程学院，2006.

[19] 中国水电顾问集团昆明勘测设计研究院. 糯扎渡水电站泄洪消能模型试验研究综合报告 [R]. 昆明：中国水电顾问集团昆明勘测设计研究院，2007.

[20] 四川大学水力学与山区河流开发保护国家重点实验室. 糯扎渡水电站右岸泄洪隧洞减压模型试验研究 [R]. 成都：四川大学水力学与山区河流开发保护国家重点实验室，2006.

[21] 四川大学水力学与山区河流开发保护国家重点实验室. 糯扎渡水电站泄洪隧洞通风减噪研究报告 [R]. 成都：四川大学水力学与山区河流开发保护国家重点实验室，2013.

[22] 中国电建集团昆明勘测设计研究院有限公司. 糯扎渡水电站泄水建筑物水力学原型观测试验报告 [R]. 昆明：中国电建集团昆明勘测设计研究院有限公司，2015.

[23] 夏菲菲，张宗亮，张天刚. 糯扎渡新型预应力闸墩工作性态研究 [J]. 云南水力发电，2007（4）：33-38.

[24] 杨再宏，孙怀昆，顾亚敏，等. 糯扎渡水电站泄洪消能设计与选择 [J]. 水力发电，2005（5）：46-47.

[25] 刘兴宁，郑大伟，冯业林. 糯扎渡水电站泄洪隧洞水力设计与实践 [C] // 中国水力发电工程学会. 中国水力发电工程学会水工及水电站建筑物专业委员会2018年论文集：高水头大泄量泄洪洞设计及工程实践，2018.

[26] 中国水电顾问集团昆明勘测设计研究院. 大型水电站进水口分层取水研究项目研究报告 [R]. 昆明：中国水电顾问集团昆明勘测设计研究院，2008.

[27] 武汉大学. 糯扎渡水电站过渡过程数值计算报告 [R]. 武汉：武汉大学，2007.

[28] 武汉大学. 糯扎渡水电站尾水调压室设计优化水力学模型试验研究报告 [R]. 武汉：武汉大学，2007.

[29] 河海大学. 澜沧江糯扎渡水电站尾水调压室复杂结构有限元分析研究 [R]. 南京：河海大学，2009.

[30] 国家电力公司昆明勘测设计研究院. 糯扎渡水电站引水发电系统布置及地下洞室群围岩稳定分析与支护设计专题报告 [R]. 昆明：国家电力公司昆明勘测设计研究院，2003.

[31] 中国水电顾问集团昆明勘测设计研究院，昆明理工大学. 糯扎渡水电站地下厂房机墩蜗壳型式及其受力分析与计算研究报告 [R]. 昆明：中国水电顾问集团昆明勘测设计研究院，2009.

[32] 中国水电顾问集团昆明勘测设计研究院，大连理工大学. 糯扎渡水电站地下厂房机墩蜗壳结构模型试验及研究报告 [R]. 昆明：中国水电顾问集团昆明勘测设计研究院，2009.

[33] 天津大学，中国水电顾问集团昆明勘测设计研究院. 糯扎渡左、右岸导流隧洞进口渐变段施工期围岩稳定分析研究报告 [R]. 天津：天津大学，2006.

[34] 天津大学，中国水电顾问集团昆明勘测设计研究院. 糯扎渡左、右岸导流隧洞Ⅳ、Ⅴ类围岩段施工期围岩稳定分析研究报告 [R]. 天津：天津大学，2006.

[35] 河海大学，中国水电顾问集团昆明勘测设计研究院. 糯扎渡水电站导流隧洞三维非线性反演分析 [R]. 南京：河海大学，2006.

[36] 河海大学，中国水电顾问集团昆明勘测设计研究院. 1号、2号导流洞 F_3 断层一次支护反演分析简要报告 [R]. 南京：河海大学，2006.

[37] 中国水电顾问集团昆明勘测设计研究院. 超高堆石坝枢纽工程施工导截流关键技术研究及应用 [R]. 昆明：中国水电顾问集团昆明勘测设计研究院，2011.

［38］ 中国水电顾问集团昆明勘测设计研究院. 云南澜沧江糯扎渡水电站招标设计阶段施工总体规划报告［R］. 昆明：中国水电顾问集团昆明勘测设计研究院，2005.

［39］ 国家电力公司昆明勘测设计研究院. 云南省澜沧江糯扎渡水电站可行性研究报告第八篇——施工组织设计［R］. 昆明：国家电力公司昆明勘测设计研究院，2003.

［40］ 中国水电顾问集团昆明勘测设计研究院. 云南省澜沧江糯扎渡水电站施工详图设计阶段 5 号导流洞闸门井结构优化设计报告［R］. 昆明：中国水电顾问集团昆明勘测设计研究院，2007.

索　引

澜沧江 ……………………… 2

糯扎渡水电站 …………………… 2

枢纽布置 ………………………… 3

水文气象 ………………………… 8

主要工程地质问题 …………… 10

开挖料和填坝料详细勘察 …… 16

渗透变形现场试验 …………… 18

三维地应力测试 ……………… 25

坝料数值试验 ………………… 30

心墙堆石坝 …………………… 30

坝料分区 ……………………… 37

数字大坝 ……………………… 74

泄洪消能 ……………………… 84

掺气减蚀 ……………………… 94

消力塘护岸不护底 …………… 99

引水隧洞 ……………………… 144

分层取水 ……………………… 144

尾水调压室 …………………… 146

尾水隧洞 ……………………… 146

洞室群围岩稳定分析 ………… 189

地下厂房布置 ………………… 193

结构设计 ……………………… 205

防渗排水设计 ………………… 217

BIM …………………………… 249

数字化协同设计 ……………… 251

三维统一地质模型 …………… 251

CAD/CAE 集成分析 ………… 253

数字化移交 …………………… 258

《大国重器 中国超级水电工程·糯扎渡卷》编辑出版人员名单

总责任编辑：营幼峰

副总责任编辑：黄会明　王志媛　王照瑜

项目负责人：王照瑜　刘向杰　李忠良　范冬阳

项目执行人：冯红春　宋　晓

项目组成员：王海琴　刘　巍　任书杰　张　晓　邹　静
　　　　　　李丽辉　夏　爽　郝　英　李　哲

《枢纽工程创新技术》

责任编辑：李丽辉

文字编辑：李丽辉

审稿编辑：黄会明　柯尊斌　方　平

索引制作：严　磊

封面设计：芦　博

版式设计：吴建军　孙　静　郭会东

责任校对：梁晓静　黄　梅

责任印制：崔志强　焦　岩　冯　强

排　　版：吴建军　孙　静　郭会东　丁英玲　聂彦环

Chapter 5 **Waterway and tailrace structures** ··· 141

5.1 Layout of waterway structures ··· 144

5.2 Layout of tailrace structures ·· 146

5.3 Research on design of multi-layer water intake ······················· 151

5.4 Research on design of tailrace surge chamber ························· 167

5.5 Main design features and innovative technologies ··················· 181

Chapter 6 **Powerhouse structures** ··· 185

6.1 General layout of powerhouse structures ································ 186

6.2 Layout of permanent underground caverns of powerhouse ········· 187

6.3 Research on stability analysis and excavation support design for
surrounding rock masses of permanent underground powerhouse caverns ··· 189

6.4 Main structures of powerhouse ··· 204

6.5 Main design features and innovative technologies ··················· 220

Chapter 7 **River diversion and closure structures** ························· 223

7.1 Planning and design of river diversion ································· 224

7.2 Layout of river diversion and closure structures ····················· 226

7.3 Research on excavation, support and structural design for diversion
tunnel ······· 229

7.4 Research and design of cofferdam ··· 234

7.5 Planning and design of river closure ······································ 239

7.6 Research on design of plugging for diversion tunnel ··············· 242

7.7 Main design features and innovation technologies of river diversion and
closure works ··· 247

Chapter 8 **BIM application** ··· 249

8.1 General philosophy of BIM application ·································· 250

8.2 BIM application at planning and design stage ························· 251

8.3 BIM application at construction stage ···································· 260

8.4 BIM application at operation & management stage ··················· 262

Chapter 9 **Concluding remarks** ··· 265

9.1 Project design features ·· 266

9.2 Main innovations ··· 268

References ··· 276

Index ··· 279

Contents

Preface I

Preface II

Foreword

Chapter 1 Introduction ·· 1
1.1 Overview of the project ··· 2
1.2 Selection of dam site ·· 3
1.3 Comparison and selection of dam type ································ 4
1.4 Current status of dam operation safety ······························ 4
1.5 Project layout ·· 4

Chapter 2 Project construction conditions ·································· 7
2.1 Hydro-meteorological conditions ·· 8
2.2 Main engineering geological conditions ······························ 9

Chapter 3 Core rockfill dam ··· 29
3.1 Test method and design for dam materials ························· 30
3.2 Research on dam structure and design for dam material zoning ··· 37
3.3 Static calculation analysis and deformation and stability control ··· 44
3.4 Seismic analysis and engineering seismic measures for dam ··· 61
3.5 Anti-seepage design and seepage control for dam ············· 65
3.6 Complete construction process of artificial gravels mixed with gravelly soils ··· 72
3.7 Digital dam system of project ·· 74
3.8 Dam safety evaluation and warning system ······················ 79
3.9 Main design features and innovative technologies ············· 82

Chapter 4 Flood discharge structures ······································· 83
4.1 Layout of flood discharge structures ·································· 84
4.2 Spillway ·· 85
4.3 Flood tunnels on left and right banks ································ 123
4.4 Main design features and innovative technologies ············· 138

In the preparation of this book, we have received strong support and assistance from leaders and colleagues of POWERCHINA Kunming and we would like to extend our sincere thanks to them as well!

Due to the limitations of academic level of editors, omissions and shortcomings are inevitable. As a result, you are kindly requested to make comments.

Editor
Oct, 2020

nology for super-high embankment dams with independent intellectual property rights in China plays a guiding and important reference role for over twenty 300m-high embankment dam projects to be built in west China in the upper rea-ches of the Yellow River, Dadu River, Jinsha River, Lancang River, Upper Yalong River and Nujiang River.

This book summarizes the complete set of more than 20 innovative research re-sults with regards to dam construction technology for super-high core rockfill dams, high head, study and design for large flood-release and energy dissipation, study and design of hierarchal water intake for large Hydropower Project, study and design for excavation and support for large-scale underground powerhouse cav-erns, study on river diversion and closure of mountainous rivers with a large discharge, high velocity and high head and provides reference for similar projects in China.

Chapter 1 is prepared by LIU Xingning, Chapter 2 by YANG Zijun and LI Baoquan, Chapter 3 by YUAN Youren and DENG Jianxia, Chapter 4 by ZHENG Dawei, FENG Yelin, GU Yamin, Chapter 5 by ZHAO Hongming, GAO Zhiqin, YAN Tiejun, Chapter 6 by MU Qing, Chapter 7 by LI Shiji, ZHANG Fayu, LIU Qiongfang, CEN Dairong, Chapter 8 by YAN Lei, LIU Xingning, and Chapter 9 by LIU Xingning; the entire book is summarized by LIU Xingning, and reviewed by LIU Xingning, ZHAO Hongming, MU Qing and LIU Qiongfang.

Many of the results cited in this book are the summaries of specific designs, studies and scientific research results completed by POWERCHINA Kunming in the implementation of the feasibility study and tender design of the Nuozhadu Hydropower Project, including many scientific research cooperation units, such as Tsinghua University, Tianjin University, Wuhan University, Dalian University of Technology, Sichuan University, Hohai University, Kun-ming University of Science and Technology, China Institute of Water Resources and Hydropower Research, Nanjing Hydraulic Research Institute and Wuhan Institute of Rock and Soil Mechanics under Chinese Academy of Sciences. Great support and as-sistance are received from China Renewable Energy and Engineering Institute and the Project Developer-Huaneng Lancangjiang Hydropower Co., Ltd. We would like to extend our sincere thanks to all of them!

ceived the concern, help and trust of leaders, experts and all the participants for the development of the project. The project team of POWERCHINA Kunming carry forward the spirit of being *Unity*, *Hard-working and Dedicated* and implements the design philosophy of *Guaranteeing Safety*, *Understanding Nature*, *Focusing on Energy Conservation and Environmental Protection*, *Saving Natural Resources*, *Doing a Good Job in Resettlement*, *Promoting Technological Innovation*, *Reducing Project Cost and Improving Overall Benefit*. POWERCHINA Kunming have kept cooperating with colleges and universities and research institutes based on a high starting point, gaining Chinese and overseas experiences, widely learning from others' strong points, performing careful design and forging wisdom of many hydropower researchers according to the principle that the enterprises are the main part and *Production*, *Study*, *Research and Use* are well organized.

POWERCHINA Kunming overcomes many world-class technical problems such as the artificial gravel used as impermeable earth core, and the Digital Dam-Quality and Safety Control Information Management System. Many innovative achievements have been a beautiful chapter in China's hydropower engineering technology.

Nuozhadu Hydropower Project makes outstanding innovative achievements, and has won 6 National Science and Technology Progress Awards, 8 Provincial and Ministerial Science and Technology Progress Awards; wins Tien-yow Jeme Civil Engineering Prize, International Milestone Rockfill Dam Project Award, and the FIDIC Project Excellence Award. The project was completed two years ahead of schedule and achieved a direct economic benefit of about 4.6 billion RMB, and a power generation revenue of about 15.2 billion RMB; it provides scientific and technological support and practical experience for the survey, design, scientific research and construction of such super-high embankment dams as Gushui and Rumei Hydropower Projects on the Lancang River, Qizong Hydropower Project on the Jinsha River, Lianghekou Hydropower Project on the Yalong River, Shuangjiangkou and Changheba Hydropower Project on the Dadu River and brings significant promotion and application value; it has been highly praised by tens of Owners, Consultants, Designers, Scientific Research Institutes, Developers and Contractors, and Operators. The construction tech-

The Nuozhadu Hydropower Project is the fifth cascade of the *Two-Reservoir and Eight-Cascade Plan* for the middle and lower Lancang River. The objective of the project focuses on power generation, and such comprehensive utilization as the flood control for farmland, and improvement of downstream shipping for the downstream Jinghong City (about 110km downstream from the dam site). The project has an installed capacity of 5,850MW, which is the fourth largest Hydropower Project built in China and the largest power project in Yunnan Province. The firm output of the project is 2,406MW, and the average annual energy output is 23,912GW • h, which is equivalent to saving 9.56 million tons of standard coal for China each year and reducing carbon dioxide emissions by 18.77 million tons. The total storage capacity of the reservoir is 23,703 million m³, which is designed as per a multi-year regulation performance. The project complex consists of a core rockfill dam, an open spillway on the left bank, a flood tunnel on the left bank, a flood tunnel on the right bank, and an underground waterway and power generation system on the left bank. The core rockfill dam has a maximum dam height of 261.5m, which is the highest embankment dam built in China and is ranked third in the world; the scale of open spillway ranks first in Asia, with a maximum release of 31,318 m³/s and a release power of 55,860MW, ranking first in the side spillway of the world. The underground main and auxiliary powerhouses are 418m×29m× 81.6m in size, and the scale of underground caverns ranks first in the world. Nuozhadu Hydropower Project is a representative embankment dam project in the world.

POWERCHINA Kunming Engineering Co., Ltd. (hereinafter referred to as POWERCHINA Kunming) started planning for the Nuozhadu Hydropower Project in 1984. For more than 30 years, POWERCHINA Kunming has rekey technologies for real-time monitoring of construction quality of high core rockfill dams, such as the real-time monitoring technology of the transportation process for dam-filling materials to the dam and the real-time monitoring technology of dam filling and rolling, and research and develop the information monitoring system, realize the fine control of quality and safety for the high embankment dams; the achievements won the second prize of National Science and Technology Progress Award, representing the technological innovations in the construction of water conservancy and hydropower engineering in China. The dam is the first digital dam in China, and the technology has been successfully applied in a number of 300m-high extra high embankment dams such as Changhe Dam, Lianghekou Dam and Shuangjiangkou Dam.

I made a number of visits to the site during the construction of the Nuozhadu Hydropower Project, and it is still vivid in my mind. The project has kept precious wealth for hydropower development in China, including practicing the concept of green development, implementing the measures for environmental protection and soil and water conservation, effectively protecting local fish and rare plants, generating remarkable benefits of significant energy saving and emission reduction, significant benefits of drought resistance, flood control and navigation, and promoting the notable results of regional economic development. Nuozhadu Project will surely be a milestone project in the hydro-power technology development of China!

This book is a systematic summary of the research and practice of the Nuozhadu HPP Project by the author and his team, and a high-level scientific research monograph, with complete system and strong professionalism, featured by integration of theory with practice, and full contents. I believe that this book can provide technical reference for the professionals who participate in the water conservancy and hydropower engineering, and provide innovative ideas for relevant scientific researchers. Finally the book is of high academic values.

Zhong Denghua, Academician of Chinese Academy of Engineering   Jan., 2021

construction technology to a new step and won the Gold Award of Investigation and Silver Award of Design of National Excellent Project. These projects represent the highest construction level of the of embankment dams in China and play a key role in promoting the development of technology of embankment dams in China.

The Nuozhadu Hydropower Project represents the highest construction level of embankment dams in China. Before the completion of the Project, China had built few core wall rockfill dams with a height of more than 100m, and the highest one is Xiaolangdi Dam (160m). The height of Nuozhadu Dam is more than 100m, which exceeds the scope of China's applicable specifications in force. The existing dam filling technology and experience can no longer meet the demands for extra-high core wall rockfill dam. Under the conditions of high head, large volume, and large deformation, the extra-high core wall rockfill dam faced great challenges in terms of seepage stability, deformation stability, dam slope stability and seismic safety, for which systematic and in-depth studies are required. An Industry-University-Research Collaboration Team, led by Zhang Zongliang, the chief engineer of POWERCHINA Kunming Engineering Corporation Limited and National Engineering Design Master, has carried out more than ten years of research and development and engineering practice. The team has achieved a lot of innovations in such technological fields as impermeable soils mixed with artificially crushed rocks and gravels, application of soft rock for the dam shell on the upstream face, static and dynamic constitutive models for soil and rock materials, hydraulic fracturing mechanism of the core wall, calculation and analysis method of cracks, a set of design criteria, and the comprehensive safety evaluation system, which have reached the international leading level and ensured the safe construction of the dam. The dam is operating well, and the seepage flow and settlement of the dam are both far smaller than those of similar projects built at home and abroad, and it is evaluated as a *Faultless Project* by the Academician Tan Jingyi.

In terms of dam construction technology, I am also honored to lead the Tianjin University team to participate in the research and development work and put forward the concept of controlling the construction quality of high embankment dams based on information technology, and research and solve the

Preface II

Learning that the book *Pillars of a Great Powers-Super Hydropower Project of China Nuozhadu Volume* will soon be published, I am delighted to prepare a preface.

Embankment dams have been widely used and developed rapidly in hydropower development due to their strong adaptability to geological conditions, availability of material sources from local areas, full utilization of excavated materials, less consumption of cement and favorable economic benefits. For high-land and gorge areas of southwest China in particular, the advantages of embankment dams are particularly obvious due to the constraints of access, topographical and geological conditions. Over the past three decades, with the completion of a number of landmark projects of high embankment dams, the development of embankment dams has made remarkable achievements in China.

As a pioneer in the field of hydropower investigation and design in China, POWERCHINA Kunming Engineering Corporation Limited has the traditional technical advantages in the design of the embankment dams. Since 1950s, POWERCHINA Kunming has successfully implemented the core wall dam of the Maojiacun Reservoir (with a maximum dam height of 82.5m), known as "the first earth dam in Asia" at that time and has forged an indissoluble bond with the embankment dams. In the 1980s, the core wall rockfill dam of Lubuge Hydropower Project (with a maximum dam height of 103.8m) was featured by a number of indicators up to the leading level in China and approaching the international advanced level in the same period. The project won the Gold Awards both for Investigation and Design of National Excellent Project; in the 1990s, the concrete faced rockfill dam (CFRD) of the Tianshengqiao I Hydropower Project (with a maximum dam height of 178m) ranked first in Asia and second in the world in terms of similar dam types, and pushed China's CFRD

cation of this book is of important theoretical significance and practical value to promote the development of ultra-high embankment dams and hydropower engineering in China. In addition, it will also provide useful experiences and references for the practitioners of design, construction and management in hydropower engineering. As the technical director of the Employer of Nuozhadu Hydropower Project, I am very delighted to witness the compilation and publication of this book, and I am willing to recommend this book to readers.

Ma Hongqi, Academician of Chinese Academy of Engineering
Nov, 2020

technical achievements have greatly improved design and construction of earth rock dam in China, and have been applied in following ultra-high earth rock dams, like Changhe on Dadu River (with a dam height of 240m), Shuangjiangkou (with a dam height of 314m), Liangshekou on Yalong River (with a dam height of 295m), etc.

The scientific and technical achievements of Nuozhadu Hydropower Projects won six Second Prizes of National Science and Technology Progress Award, and more than ten provincial and ministerial science and technology progress awards. The project won a number of grand prizes both at home and abroad such as the International Rockfill Dam Milestone Award, FIDIC Engineering Excellence Award, Tien-yow Jeme Civil Engineering Prize, and Gold Award of National Excellent Investigation and Design for Water Conservancy and Hydropower Engineering. The Nuozhadu Hydropower Project is a landmark project for high core rockfill dams in China from synchronization to taking the lead in the world!

The Nuozhadu Hydropower Project is not only featured by innovations in the complex works, but also a large number of technological innovations and applications in mechanical and electrical engineering, reservoir engineering, and ecological engineering. Through regulation and storage, it has played a major role in mitigating droughts and controlling flood in downstream areas and guaranteeing navigation channels. By taking a series of environmental protection measures, it has realized the hydropower development and eco-environmental protection in a harmonious manner; with an annual energy production of 23,900 GW • h green and clean energy, the Nuozhadu Hydropower Project is one of major strategic projects of China to implement *West-to-East Power Transmission* and to form a new economic development zone in the Lancang River Basin which converts the resource advantages in the western region into economic advantages. Therefore, the Nuozhadu Hydropower Project is a veritable great power of China in all aspects!

This book systematically summarizes the scientific research and technical achievements of the complex works, electro-mechanics, reservoir resettlement, ecology and safety of Nuozhadu Hydropower Project. The book is full of detailed cases and content, with the high academic value. I believe that the publi-

search, all parties participating in the construction achieved many innovative a-chievements with China's independent intellectual property rights in fields of the investigation, testing and modification of dam construction materials for ul-tra-high core rockfill dams, design criteria and safety evaluation standards of core rockfill dam, digital monitoring on construction quality and rapid detection technology. Among them, there are two most prominent technology innova-tions. Firstly, the law that earth material of ultra-high core rockfill dam needs modification has been revealed for the first time. And complete technology that earth material needs modification by combining artificial crushed stones has been systematically presented. Since there are more clay particles, less gravels and high moisture content in natural earth materials of Nuozhadu Hydropower Project, it can meet the requirement of anti-seepage, but it fails to meet the re-quirements of strength and deformation of ultra-high core rockfill dam. There-fore, the natural earth material has been modified by combining 35% artificial crushed stones. Finally the strength and deformation modulus of core earth material increased, and deformation coordination between core and rockfill ma-terial achieved. Secondly, quality control technology of digitalized damming of high earth and rock dam has been studied, which is a pioneering work in the field of water resource and hydropower engineering in the aspect of national dig-italized and intelligentized construction. The quality control in the past was conducted by supervisors. But heavy workload and low efficiency may lead to o-missions. During Nuozhadu Hydropower Project construction, the technology of "digitalized dam" has realized the whole-day, fine and online real-time moni-toring onto the process of filling of dam and rolling. Thus it has ensured the good construction of dam with a total volume of 34×10^6 m^3, and it was known as the great innovation of quality control technology in the world dam construc-tion.

Key technologies such as core earth material modification of high earth rock dam and "digitalized dam" proposed by Nuozhadu Hydropower Project have fundamentally ensured the dam deformation stability, seepage stability, slope stability and seismic safety. The operation of impoundment is good till now, and the seepage amount is only 15L/s which is the smallest among the same type constructions at home and abroad. In addition, scientific and

Embankment dams, one of the oldest dam types in history, are most widely used and fastest-growing. According to statistics, embankment dams account for more than 76% of the high dams built with a height of over 100m in the world. Since the founding of the People's Republic of China 70 years ago, about 98,000 dams have been built, of which embankment dams account for 95%.

In the 1950s, China successively built such earth dams as Guanting Dam and Miyun Dam; in the 1960s, Maojiacun Earth Dam, the highest in Asia at that time, was built; since the 1980s, such embankment dams as Bikou Dam (with a dam height of 101.8m), Lubuge (with a dam height of 103.8m), Xiaolangdi (with a dam height of 160m), and Tianshengqiao I (with a dam height of 178m) were built. Since the 21st century, the construction technology of embankment dams in China has made a qualitative leap. Such high embankment dams as Hongjiadu (with a dam height of 179.5m), Sanbanxi (with a dam height of 185m), Shuibuya (with a dam height of 233m), and Changhe Dam (with a dam height of 240m) have been successively built, indicating that the construction technology of high embankment dams in China has stepped into the advanced rank in the world!

The core rockfill dam of Nuozhadu Hydropower Project with a total installed capacity of 5,850 MW is undoubtedly an international milestone project in the field of high embankment dams in China. It is with a reservoir volume of 23,700 million cube meters and a dam height of 261.5m. It is the highest embankment dam in China (the third in the world). It is 100m higher than Xiaolangdi Core Rockfill Dam which was the highest one. The maximum flood release of the open spillway is 31,318m³/s, and the release power is 66,940 MW, which ranks the top in the world side spillway. Through joint efforts and re-

Informative Abstract

This book is a sub volume of *Innovation Technology for the Project*, which is a national publishing fund funded project "Great Powers China Super Hydropower Project (*Nuozhadu volume*)". This book summarizes the survey, design, and scientific research work of Nuozhadu Hydropower Project in a systematic manner, and focuses on the innovative technology, which may be used as a reference for the research and design of similar projects. This book consists of 9 chapters, including introduction, project construction conditions, core rockfill dam, flood discharge structures, waterway and tailrace structures, powerhouse, river diversion and closure structures, BIM application, concluding remarks, etc.

This book can be used as a reference for designers and construction technicians who are engaged in large-scale water conservancy and hydropower engineering, as well as for scientific research personnel in related fields and teachers and students of colleges and universities.

Great Powers –China Super Hydropower Project

(*Nuozhadu Volume*)

Innovative Technology of Complex Enginnering

Liu Xingning   Yuan Youren   Li Shiqi   Li Baoquan   et al.

中国水利水电出版社

China Water & Power Press

· Beijing ·